图像分割原理与技术实现

彭凌西　唐春明　彭绍湖　陈　统　梁志炜　编著

科学出版社
北　京

内 容 简 介

本书在图像预处理方法、图像语义分割概念、评价指标等基础上，首先介绍了传统图像分割方法及发展历程，以及神经网络和深度学习的演变过程，然后介绍了经典语义分割网络如全卷积网络、U-Net、DeconvNet、DeepLab 系列算法、全局卷积网络、RefineNet 等，实时语义分割网络如 SegNet、ENet、BiSeNet、DFANet、Light-Weight RefineNet，室内 RGB-D 语义分割网络如 RedNet、RDFNet。本书不仅介绍了图像分割方法的原理，还给出了代码实例和注释说明，以便读者理解。

本书适合计算机科学或人工智能等专业的高校师生、科研人员阅读，也可供对人工智能相关研究感兴趣的读者参阅。

图书在版编目（CIP）数据

图像分割原理与技术实现 / 彭凌西等编著. -- 北京：科学出版社，2024.6. -- ISBN 978-7-03-078884-9

Ⅰ. TN911.73

中国国家版本馆 CIP 数据核字第 2024RL7305 号

责任编辑：郭勇斌 邓新平 / 责任校对：任云峰
责任印制：赵 博 / 封面设计：义和文创

科学出版社 出版
北京东黄城根北街 16 号
邮政编码：100717
http://www.sciencep.com

北京华宇信诺印刷有限公司印刷
科学出版社发行 各地新华书店经销

*

2024 年 6 月第 一 版 开本：720×1000 1/16
2025 年 7 月第三次印刷 印张：19 插页：4
字数：367 000
定价：158.00 元
（如有印装质量问题，我社负责调换）

序

  图像分割是计算机视觉领域至关重要的预处理技术，也是人工智能领域的核心技术之一，没有正确的分割就不可能产生正确的识别，其研究已有数十年的历史。迄今为止，该技术已提出了各种各样的分割算法，正朝着更快速、更精确的方向发展，各种新理论和新技术结合不断取得突破和进展。但是，图像分割技术涉及内容较多，理论性偏强，缺乏数学基础则难以理解和掌握。目前，简明扼要和深入浅出地介绍图像分割原理和技术，以及让读者快速高效掌握数字图像分割技术的书籍和资料相对较少。

  《图像分割原理与技术实现》主要介绍基于深度学习的图像语义分割原理、方法和技术，针对图像处理应用性较强的特点，将相关的理论、原理和方法应用于实际问题，如道路场景分割、室内场景分割等，具有深入浅出、通俗易懂和简洁明了等鲜明特色。

  相信该书的出版对想尽快掌握图像分割和基于深度学习的图像语义分割编程技术的读者大有裨益，对人工智能发展起到促进作用，同时也希望能够有更多的研究人员掌握图像语义分割技术，从事人工智能研究和教育工作，为推动我国新一代人工智能创新活动的蓬勃发展做出自己的贡献。

中国科学院院士

2023 年 10 月

前 言

　　图像分割是计算机视觉和模式识别领域的关键技术，是自动驾驶、医学影像诊断、遥感图像和卫星图像分析、行人检测、增强现实等领域的技术基础，具有广阔的应用前景。北京大学、华中科技大学、华南理工大学、中国科学院、百度、北京旷视科技有限公司和剑桥大学、斯坦福大学、谷歌等国内外众多高校、研究机构和企业都对此技术展开了深入研究，长期以来，图像分割都是学术界和产业界的研究热点之一。

　　图像分割具有很强的理论性和实用性。本书从图像预处理方法以及传统图像分割方法开始介绍，到深度学习的原理及过程，进而到基于深度学习的图像语义分割方法，内容通俗易懂、循序渐进，着重介绍了一些经典的图像分类网络，如VGG、ResNet、Inception 以及 Xception，并对很多分割方法给出代码实例以及注释说明，读者在阅读时可通过动手加强对计算机图像处理的理解以及常见图像处理算法的设计与编程能力。

　　本书内容主要涵盖了近年来研究人员在图像语义分割领域取得的研究成果：包括全卷积网络、U-Net 系列、DeconvNet、DeepLab 系列、全局卷积网络、RefineNet 等经典语义分割网络，SegNet、ENet、BiSeNet、DFANet、Light-Weight RefineNet 等实时语义分割网络，RedNet 和 RDFNet 等室内 RGB-D 语义分割网络，血管分割网络 AFNet 以及基于 U-Net 的少样本高性能缺陷检测模型等。各章均详细介绍网络的设计思想以及算法与结构之间的联系和区别，且均有相关研究介绍，高度概括了近年图像语义分割方向的相关研究工作。具体地，本书共 11 章，其中第 1 章是绪论，包括图像分割的定义、数字图像基础、图像预处理、图像语义分割基本操作以及图像分割评价指标。第 2 章是传统图像分割方法和数学形态学，主要介绍传统图像分割方法的原理和发展历程，以及数学形态学和图像金字塔。第 3 章是神经网络和深度学习，主要介绍神经网络以及深度学习的演变过程，同时重点介绍本书的重要基石——卷积神经网络，并给出具体的应用实例。从第 4 章开始介绍基于深度学习的图像语义分割方法。第 4 章为全卷积网络，是深度学习在图像语义分割方向的开创性研究成果。第 5 章重点介绍 U-Net 及其在医学图像分割领域取得的重大成果，U-Net 是当前医学图像分割领域中最热门的人工智能算法之一。第 6 章是实时语义分割领域的奠基之作——SegNet。第 7 章是 DeepLab 系列分割算法，包括 DeepLab v1～v3+，DeepLab 系列算法见证了图像分类和语义分割的发展。第 8 章是全局卷积网络 GCN，很好地解决了图像语义分割任务中的分类和定位问题，开拓了语义分割方向的新思想。第 9 章主要介绍实时语义分割领域中的三个经典轻量级网络，包括 ENet、BiSeNet 和 DFANet。第 10 章是 RGB-D 深度图像语义分割入门——RedNet。第 11 章介绍了 RGB-D 深度图像语义分割的另一项研究工作——RDFNet，还介绍了 RefineNet 和 Light-Weight RefineNet，它们分别对应经典语义分割和实时语义分割。

本书第 1 章由谢翔和彭绍湖完成，第 2 章由林锦辉完成，第 3 章由黄钦炫完成，第 4 章、第 5 章和第 8 章由罗雪冰完成，第 6 章和第 9 章由柯子颜完成，第 7 章、第 10 章由梁志炜完成，第 11 章由唐春明完成，电子资源由陈统完成，彭凌西和梁志炜对本书内容进行了修订和补充。本书得到了国家自然科学基金项目（编号 12171114 和 61100150）、广东省自然科学基金（编号 2024A1515011976）和广州大学研究生优秀教材建设项目的资助，并得到广东轩辕网络科技股份有限公司和广州粤嵌通信科技股份有限公司等的竭诚帮助，在此表示衷心的感谢！

本书提供可运行的源代码和配套的课件、大纲等资源，通过这些资源，读者可事半功倍地掌握数字图像语义分割原理和基于 PyTorch 的图像编程技术，相关电子资源可联系作者（flyingday@139.com）或扫描封面上的二维码获取。

本书内容虽涵盖图像分割的基础和最新研究成果，但读者需通过最新的研究成果不断积累和提升。近年来的研究成果中包含有延续经典语义分割方法中的思想或者部分组件结构等，因此本书对于掌握最新的图像分割研究工作进展大有裨益。读者在相关研究中遇到难题时，不妨回顾本书中的经典结构与设计思想，也许就能找到灵感并设计出相应的解决方案！

编 者

2023 年 10 月于广州大学城

目　　录

序
前言
第1章　绪论 ··1
　1.1　引言 ··1
　1.2　数字图像基础 ···3
　　　1.2.1　数字图像概念 ··4
　　　1.2.2　图像三要素 ··4
　　　1.2.3　数字图像文件格式 ··6
　1.3　图像预处理 ··7
　　　1.3.1　点运算 ··7
　　　1.3.2　直方图处理 ··12
　　　1.3.3　图像去噪 ··16
　1.4　图像语义分割基本操作 ··23
　　　1.4.1　卷积 ··23
　　　1.4.2　图像填充 ··25
　　　1.4.3　下采样 ··26
　　　1.4.4　上采样 ··27
　　　1.4.5　one-hot 编码 ··31
　1.5　图像分割评价指标 ··33
　　　1.5.1　准确率 ··33
　　　1.5.2　混淆矩阵 ··33
　　　1.5.3　交并比 ··34
　　　1.5.4　灵敏度 ··35
　　　1.5.5　特异性 ··36
　　　1.5.6　F1 分数 ···36
　参考文献 ··36
第2章　传统图像分割方法和数学形态学 ··38
　2.1　传统图像分割方法 ··38
　　　2.1.1　基于阈值的图像分割方法 ··38

2.1.2　基于区域的图像分割方法 ································· 42
　　2.1.3　基于边缘的图像分割方法 ································· 48
　　2.1.4　基于图论的图像分割方法 ································· 53
　　2.1.5　基于能量泛函的图像分割方法 ····························· 57
　　2.1.6　基于特定工具的图像分割方法 ····························· 62
　　2.1.7　其他分割方法 ·· 65
2.2　数学形态学 ··· 68
　　2.2.1　膨胀和腐蚀 ·· 68
　　2.2.2　闭运算与开运算 ·· 70
　　2.2.3　形态学梯度 ·· 70
　　2.2.4　顶帽运算 ·· 72
　　2.2.5　黑帽运算 ·· 72
2.3　图像金字塔 ··· 73
　　2.3.1　高斯金字塔 ·· 73
　　2.3.2　拉普拉斯金字塔 ·· 74
　　2.3.3　高斯差分 ·· 76
2.4　小结 ··· 77
参考文献 ··· 77

第3章　神经网络和深度学习 ··· 79
3.1　生物神经网络原理 ··· 79
3.2　人工神经网络发展 ··· 80
3.3　深度学习模型 ··· 87
　　3.3.1　卷积神经网络 ·· 88
　　3.3.2　基于多层神经元的自编码神经网络 ··························· 97
　　3.3.3　深度置信网络 ·· 99
3.4　小结及相关研究 ··· 101
　　3.4.1　小结 ··· 101
　　3.4.2　相关研究 ··· 102
参考文献 ··· 104

第4章　全卷积网络 ··· 107
4.1　引言 ··· 107
4.2　VGGNet ·· 110
　　4.2.1　VGGNet简介 ·· 110
　　4.2.2　VGG16具体代码实现 ······································· 113
4.3　FCN网络结构 ··· 113

4.4 FCN 算法原理 ·· 115
4.4.1 全卷积结构 ·· 115
4.4.2 上采样 ··· 116
4.4.3 特征融合 ·· 116
4.5 FCN 具体实现介绍 ··· 117
4.6 小结及相关研究 ··· 119
4.6.1 小结 ··· 119
4.6.2 相关研究 ·· 120
参考文献 ··· 120

第 5 章 U-Net ··· 122
5.1 引言 ·· 122
5.1.1 U-Net 简介 ·· 122
5.1.2 U-Net 发展历程 ··· 123
5.1.3 U-Net 的基本概念 ··· 125
5.2 U-Net 网络模型 ·· 126
5.2.1 网络结构 ·· 126
5.2.2 算法原理 ·· 128
5.2.3 算法流程及实现代码 ··· 131
5.3 AFNet 网络模型 ··· 133
5.3.1 AFNet 网络结构介绍 ·· 133
5.3.2 相关研究内容 ··· 135
5.3.3 算法流程及实现代码 ··· 139
5.4 小结及相关研究 ·· 142
5.4.1 小结 ··· 142
5.4.2 相关研究 ·· 142
参考文献 ··· 143

第 6 章 SegNet ··· 145
6.1 引言 ·· 145
6.1.1 SegNet 背景 ··· 145
6.1.2 SegNet 发展历程 ··· 146
6.2 SegNet 结构介绍 ··· 147
6.2.1 SegNet 网络结构介绍 ·· 147
6.2.2 相关内容介绍 ··· 148
6.3 实验 ·· 152
6.3.1 评价指标 ·· 152

6.3.2　参数及数据集 ·· 152
　　6.3.3　SegNet 性能对比 ··· 153
　　6.3.4　SegNet 结构代码 ··· 155
6.4　小结及相关研究 ·· 160
参考文献 ··· 161

第 7 章　DeepLab 系列算法 ·· 163
7.1　引言 ·· 163
　　7.1.1　DeepLab 系列算法简介 ······································ 163
　　7.1.2　DeepLab 发展历程 ·· 164
7.2　网络结构 ··· 165
　　7.2.1　网络结构介绍 ·· 165
　　7.2.2　主要创新点 ·· 172
7.3　算法流程以及实现代码 ··· 186
　　7.3.1　DeepLab v1 ·· 186
　　7.3.2　DeepLab v2 ·· 190
　　7.3.3　DeepLab v3 ·· 192
　　7.3.4　DeepLab v3+ ·· 195
7.4　小结及相关研究 ·· 208
　　7.4.1　小结 ··· 208
　　7.4.2　相关研究 ··· 209
参考文献 ··· 210

第 8 章　GCN ··· 212
8.1　引言 ·· 212
　　8.1.1　GCN 简介 ·· 212
　　8.1.2　GCN 相关基础概念 ··· 214
8.2　总体网络结构介绍 ·· 215
8.3　算法原理 ··· 216
　　8.3.1　全局卷积网络结构 ·· 216
　　8.3.2　边缘细化模块 ·· 218
8.4　实验 ·· 218
　　8.4.1　数据集性能测试 ··· 218
　　8.4.2　预训练模型嵌入 ··· 220
8.5　算法流程及实现代码 ··· 221
　　8.5.1　算法流程 ··· 222
　　8.5.2　具体实现代码 ·· 222

8.6 小结及相关研究 ·· 223
　　8.6.1 小结 ·· 223
　　8.6.2 相关研究 ·· 223
参考文献 ·· 224

第 9 章　轻量级实时分割 ···································· 226
9.1 引言 ·· 226
　　9.1.1 轻量级网络简介 ···································· 226
　　9.1.2 轻量级网络发展历程 ································ 226
9.2 ENet 网络 ·· 227
　　9.2.1 主要创新点 ·· 227
　　9.2.2 结构介绍 ·· 229
　　9.2.3 ENet 实验 ·· 230
9.3 BiSeNet 网络 ·· 233
　　9.3.1 主要创新点 ·· 234
　　9.3.2 结构介绍 ·· 236
　　9.3.3 BiSeNet 实验 ······································ 237
9.4 DFANet 网络 ·· 239
　　9.4.1 主要创新点 ·· 239
　　9.4.2 结构介绍 ·· 240
　　9.4.3 DFANet 实验 ······································ 242
9.5 小结及相关研究 ·· 244
　　9.5.1 小结 ·· 245
　　9.5.2 相关研究 ·· 245
参考文献 ·· 247

第 10 章　RedNet：RGB-D 语义分割入门 ···················· 249
10.1 引言 ··· 249
10.2 室内 RGB-D 语义分割和金字塔监督 ······················· 251
　　10.2.1 室内 RGB-D 语义分割 ····························· 251
　　10.2.2 金字塔监督 ······································· 255
10.3 算法流程以及实现 ······································· 257
　　10.3.1 算法流程 ··· 258
　　10.3.2 实现 ··· 260
10.4 小结及相关研究 ··· 264
　　10.4.1 小结 ··· 264
　　10.4.2 相关研究 ··· 264

参考文献 266

第 11 章 RDFNet 268
11.1 引言 268
11.1.1 背景以及相关工作 268
11.1.2 RefineNet 发展历程 270
11.2 网络结构 271
11.2.1 网络结构介绍 271
11.2.2 MMFNet 模块 279
11.3 算法流程及实现代码 280
11.3.1 RDFNet 280
11.3.2 RDFNet 实现 284
11.4 小结及相关研究 284
11.4.1 小结 284
11.4.2 相关研究 285
参考文献 286

彩图

第1章 绪　　论

本章主要介绍图像语义分割的概念与应用场景，并对数字图像处理相关知识进行简要介绍，其中包含点运算、直方图处理和图像去噪等预处理方法，这些方法可增强信息的可检测性，最后介绍图像语义分割任务涉及的操作及评价指标。

1.1 引　　言

图像语义分割是一种涉及计算机视觉、模式识别与信号处理的图像识别方法，作为当前人工智能领域的研究热点之一，目前已在增强现实[1]、无人机控制[2]、自动驾驶[3]等多个场景得到应用。语义信息可以泛指任何一种有意义的语言、符号、图像、音频等信号中所提供的信息，语义分割则是将信号中的信息划分为不同的可解释类别。

以一个语义分词任务为例：

I/love/you
主语/谓语/宾语

在这个例子中，一个句子按照主语、谓语和宾语被划分成了三个独立的单词，这是一个较为简单的语义分割任务。对于数字图像的语义分割而言，则是将构成图像的每个像素点进行标注（或密集预测），如图1-1所示，图像中每个像素被分配至不同物体类别（猫、奶牛、树、草地、天空）。

通俗地说，图像语义分割就是一个对图像逐像素分类的任务。语义分割技术在医学影像处理领域常被用来辅助医生检查病灶，图1-2展示的是眼底图像的血管分割结果。此外，语义分割也被用于自动驾驶领域中的场景理解与识别，如图1-3所示。在工业应用领域，语义分割技术被用于产品表面的缺陷检测，如图1-4所示。

从上述图像可看出，语义分割能够把同一类别的目标分割出来，而在某些场景下需要区分出同一类别的不同个体，此时就需要引入实例分割。如图1-5所示，在分割结果中不仅实现了对人的语义分割，还在此类别中区分了不同的实例。

此外还有全景分割，它是语义分割与实例分割相结合的一种分割方式。顾名思义，它不仅需要对整幅图像的所有场景进行检测并分割（包括背景），还需要区分同一类别中的不同实例，如图1-6所示。

图 1-1 图像语义分割（将图像中的每一个像素点划分至先验类别中）

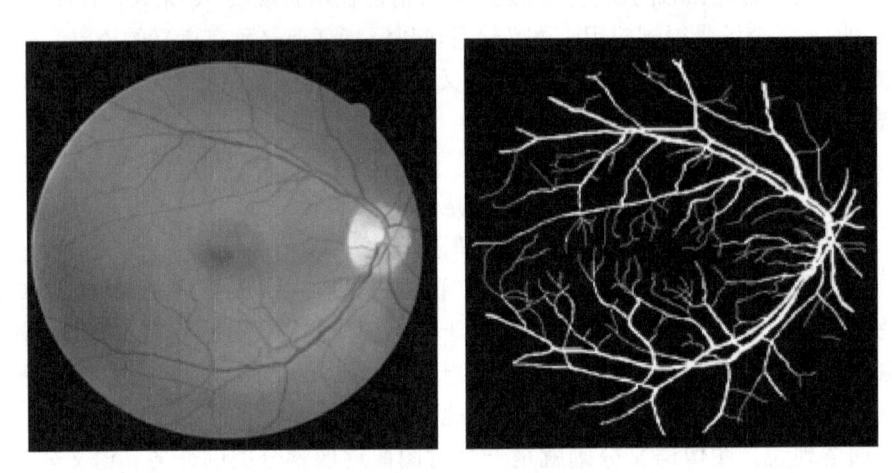

图 1-2 眼底图像的血管分割

图 1-3 自动驾驶场景中的语义分割

第1章 绪　　论

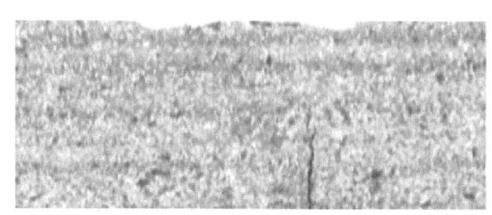

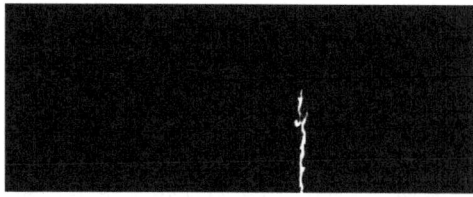

图 1-4　工业生产中的缺陷检测

图 1-5　实例分割

图 1-6　全景分割

可见，图像语义分割技术在多个领域内展现了充分的应用前景。图像语义分割相关原理和实现涉及的技术较多，本书将先介绍数字图像基础，然后介绍传统的图像分割方法，并着重介绍基于深度学习的图像语义分割方法，同时对上述方法进行深入浅出的分析总结，最后对该领域的技术发展进行展望。

1.2　数字图像基础

数字图像的处理是计算机视觉的重要基础，本节先介绍数字图像的概念和相关术语，方便读者理解后续章节的内容。

1.2.1 数字图像概念

数字图像又称数码图像或数位图像,是将二维图像用数值像素所展现的一种图像形式,通常由数组或矩阵表示。数字图像由模拟图像数字化得到,像素是它的基本组成元素,主要用于计算机或数字电路的存储与处理。

1.2.2 图像三要素

图像的三要素分别是图像尺寸、图像深度和图像通道。

1. 图像尺寸(size)

图像处理本质上是对二维图像矩阵中的每一个像素点进行处理,而图像的尺寸(或称分辨率)决定了图像中所含像素点的个数,通常以 H(高)$\times W$(宽)来描述一张图像的分辨率,图 1-7 展现的是一张分辨率为 220×220 的图像。

图 1-7 图像尺寸

2. 图像深度(depth)

计算机之所以能够显示颜色,是采用了一种称作"位"(bit)的计数单位来记录所表示颜色的数据。当这些数据按照一定的编排方式被记录在计算机中时,就构成了一个数字图像的计算机文件。位是计算机存储器里的最小单元,用来记录每一个像素颜色的值。

图像的深度又称为位深,它决定了每个像素值需要用多少位来表示,因此也决定了图像的色彩和灰度级的丰富程度。在数字图像处理中,人们接触的通常为

8 位的图像，即每一个像素值的取值区间为 0～255，共 $2^8 = 256$ 个灰度级。图 1-8 所展示的是 8 位灰度图像的灰度范围。

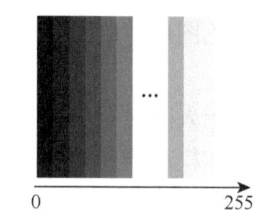

图 1-8　8 位灰度图像的灰度范围

3. 图像通道（channels）

在数字图像处理领域，通常是对灰度图像和彩色图像进行处理。灰度图像是一种靠不同灰度级来表达语义信息的一种图像形式，由于每个像素点只有一个灰度分量，通常也称为单通道图像，如图 1-9 所示。

图 1-9　单通道图像

在彩色图像中，每个像素点都由多个颜色分量组成，在视觉任务中大多是对 RGB 三通道的彩色图像进行处理，即用红（red）、绿（green）、蓝（blue）三原色来叠加生成颜色空间中的任意颜色，如图 1-10 所示。

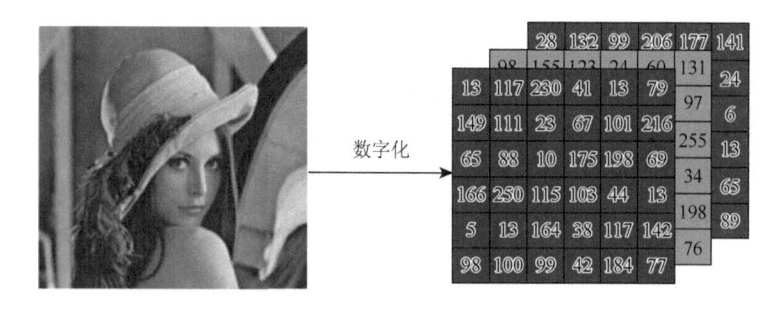

图 1-10　RGB 三通道图像

在图像处理时，如果采用 RGB 模式进行计算，需要分别对 RGB 的三个分量进行处理，而实际上 RGB 并不能反映图像的形态特征，只是从光学的原理上进行颜色调配。因此，将一张彩色图像转换为灰色图像，这个操作称为图像灰度化。

图像灰度化的处理通常有两种方法，分别为平均值法与加权平均法。平均值法直接将彩色图像中的三个分量求平均得到灰度值，计算公式如下：

$$\text{Gray}(x, y) = [R(x, y) + G(x, y) + B(x, y)]/3 \qquad (1\text{-}1)$$

由于人眼对绿色的敏感度最高，对蓝色的敏感度最低，因此，对 RGB 三个分量进行加权平均能得到更合理的图像，计算公式如下：

$$\text{Gray}(x, y) = R(x, y) \times 0.3 + G(x, y) \times 0.59 + B(x, y) \times 0.11 \qquad (1\text{-}2)$$

1.2.3 数字图像文件格式

对数字图像进行存储、处理、传播，必须采用一定的图像文件格式，它决定了像素信息的组织和存储方式，以及如何访问与交互数据。数字图像常用的文件格式如下。

1. JPEG

JPEG 即联合图像专家组（joint photographic experts group），是用于连续色调静态图像压缩的一种标准[4]，文件后缀名为.jpg 或.jpeg，是最为常用的一种图像文件格式。由于它能将图像压缩，占用的内存较小，减少了传输时间，且对色彩信息的保留程度较好，JPEG 文件格式被广泛应用于互联网。

2. BMP

BMP 是位图（bitmap）的简写，文件后缀名为.bmp，是 Windows 所采用的图像文件格式，在 Windows 环境下运行的所有图像处理软件都支持 BMP 文件格式。这种格式的特点是包含的图像信息较丰富，几乎不进行压缩，但由此导致了它与生俱来的缺点：占用磁盘空间过大。

3. PNG

PNG 为可移植性网络图像（portable network graphics），文件后缀名为.png。它是一种采用无损压缩算法的位图格式，支持索引、灰度、RGB 三种颜色方案以及 Alpha 通道等特性，此外还支持保存附加文本信息，以保留图像名称、作者、版权、创作时间、注释等信息，是互联网中能接受的较新的一种图像文件格式。

4. TIFF

TIFF 为标记图像文件格式（tag image file format），属于一种位图格式，文件后缀为.tif 或.tiff。TIFF 很复杂，但由于它对图像信息的存放灵活多变，可以支持很多色彩系统，而且独立于操作系统，因此得到了广泛应用。例如，在各种地理信息系统、摄影测量与遥感等应用中，要求图像具有地理编码信息，如图像所在的坐标系、比例尺、图像上点的坐标、经纬度、长度单位及角度单位等，因此 TIFF

格式在印刷排版、传真、光学字符识别（optical character recognition，OCR）等领域使用较多。

1.3 图像预处理

在对图像进行语义分割前对图像进行预处理，其目的是消除图像中无关的信息，恢复有用的真实信息，增强有关信息的可检测性，最大限度地简化数据，有利于分割模型的特征提取，从而提高分割结果的可靠性。下面将从点运算、直方图处理、图像去噪三个方面实现图像预处理。

1.3.1 点运算

绝大部分的图像预处理方法都是通过图像的点运算来实现的，通过对图像的每个像素值进行运算，将图像的像素分布按照特定规则映射到另一个值或区间，从而改变图像显示效果。点运算可归纳为线性运算和非线性运算。

1. 线性运算

线性运算的公式为

$$g(x,y) = w \cdot f(x,y) + b \tag{1-3}$$

其中，$g(x,y)$ 为输出图像的像素值，$f(x,y)$ 为输入图像的像素值，w 为线性变换函数的斜率，b 为截距（或称偏置）。

（1）当 $w>1$ 时，可用于增加图像的对比度。图像的像素值在变换后全部增大，整体显示效果被增强。

（2）当 $w=1$ 时，常用于调节图像亮度。

（3）当 $0<w<1$ 时，效果与 $w>1$ 时刚好相反，图像的对比度和整体效果都被削弱。

（4）当 $w<0$ 时，输入图像较亮的区域变暗，而较暗的区域会变亮。此时可以使函数中的 $w=-1$，$b=255$ 让图像实现反色效果。

下面通过例 1-1 进行说明。

例 1-1 线性运算图像亮度增强。

相关代码请见电子资源，程序运行结果如图 1-11 所示。

如图 1-11 所示，图像经线性运算后全域的亮度都明显增强。分段线性运算是线性运算中的一个具体应用。它主要是通过划分灰度区间将图像像素值分别进行处理，可以做到将感兴趣区域的灰度范围线性扩展，相对抑制不感兴趣的灰度区域。以下为三段线性变换法。

图 1-11 全域线性运算

$$g(x,y) = \begin{cases} c\dfrac{f(x,y)}{x_1} & 0 \leqslant f(x,y) < x_1 \\ c + \dfrac{d-c}{x_2-x_1}(f(x,y)-x_1) & x_1 \leqslant f(x,y) \leqslant x_2 \\ d + \dfrac{255-d}{255-x_2}(f(x,y)-x_2) & x_2 < f(x,y) \leqslant 255 \end{cases} \quad (1\text{-}4)$$

在式（1-4）中，$g(x,y)$ 为输出像素值，$f(x,y)$ 为输入像素值，灰度区间被划分成了三段：$[0, x_1)$，$[x_1, x_2]$，$(x_2, 255]$，并对这三个区间分别进行了变换，三个区间的最大灰度扩展值分别被设为 c，d，255。变换后的函数图像如图 1-12 所示，下面通过例 1-2 进行说明。

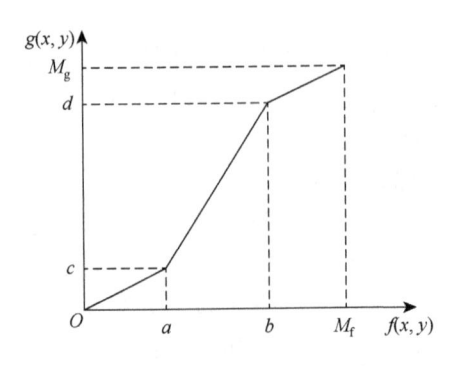

图 1-12 分段线性运算

例 1-2 函数分段变换。

详细代码请见电子资源，程序运行结果如图 1-13 所示。

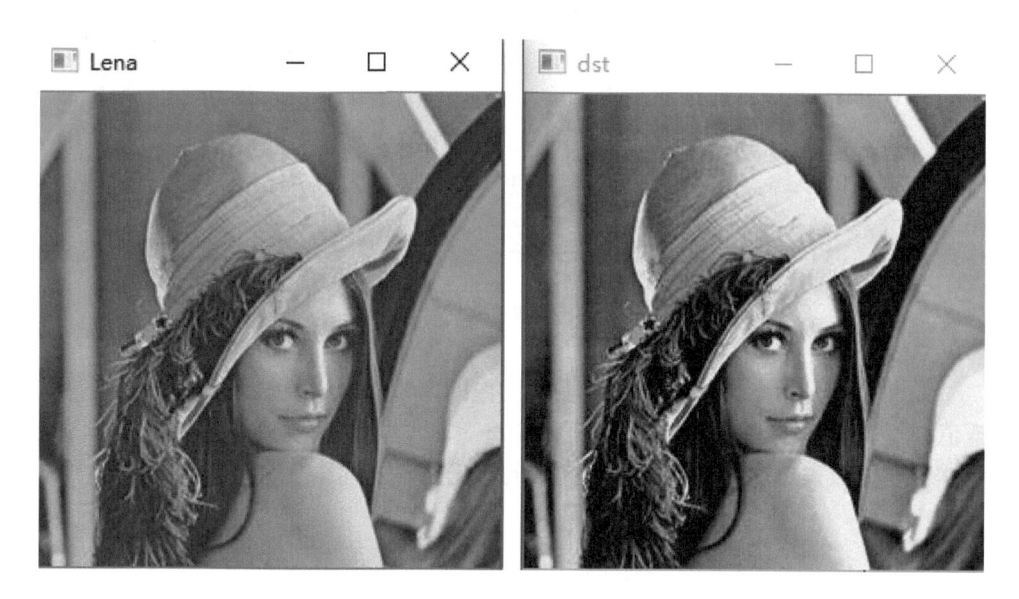

图 1-13 分段线性运算结果

图 1-13 中对[50, 200]的灰度区间进行了分段线性运算，使其扩展至[10, 230]。而原灰度区间在[0, 50)与(200, 255]的灰度级受到了压缩，可见分段线性运算后的对比度得到了一定程度的增强。通过细心调整折线拐点的位置及控制分段直线的斜率，可对任一灰度区间进行扩展或压缩。

2. 非线性运算

在线性运算中，像素值的变化本质上是一种比例变化，而非线性运算中的输入像素值和输出像素值则是呈非线性关系。幂律变换（伽马变换）、对数变换是较为常见的非线性运算方法。

伽马变换的计算公式为

$$s = cr^{\gamma} \qquad (1\text{-}5)$$

其中，s 表示图像处理后的像素值，r 为输入图像的像素值（需归一化到[0, 1]），c 为一个自定义的常数，γ 为伽马因子。下面通过例 1-3 进行说明。

例 1-3 伽马变换。

相关代码请见电子资源，程序运行结果如图 1-14 所示。

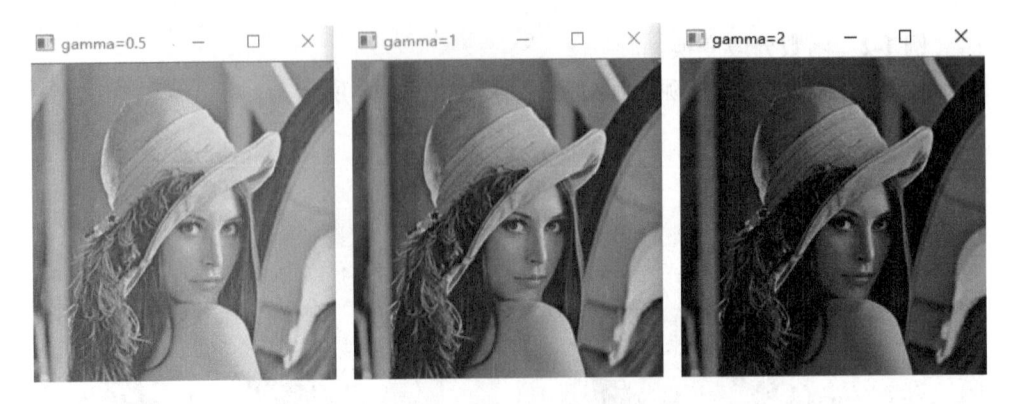

图 1-14 伽马变换结果

如图 1-15 所示，当 $\gamma > 1$ 时，输入图像的窄带暗像素值映射到宽带输出亮像素值，提高了图像中亮区域的对比度；当 $\gamma < 1$ 时，高灰度值映射为宽带，图像整体灰度值增大，提高了图像中暗区域的对比度。

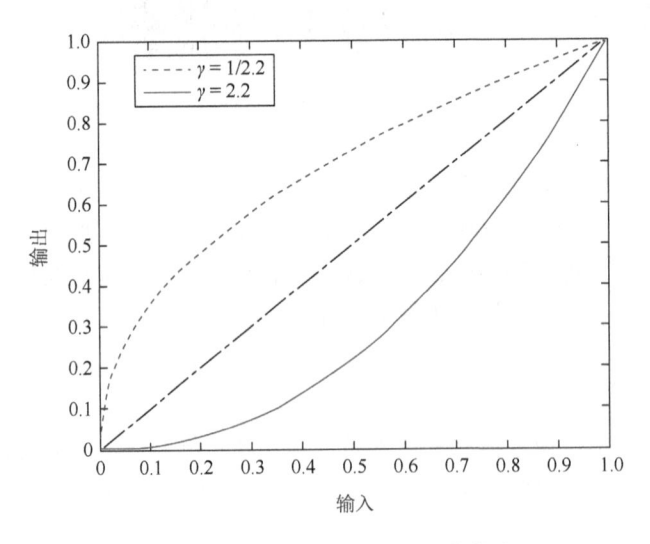

图 1-15 不同伽马因子下的函数曲线

另外一种较为常用的非线性运算方法为对数变换，对数变换可以拉伸范围较窄的低灰度值，同时压缩范围较宽的高灰度值，可以用来扩展图像中的暗像素值，同时压缩亮像素值。对数变换的一般表达式为

$$s = c \ln(1 + r) \tag{1-6}$$

其中，c 为自定义的常数，r 和 s 分别为输入图像和输出图像的像素值。图 1-16

为 $c=1$ 情况下的 r-s 曲线,可以看出对数变换着重于提升暗区域亮度,下面通过例 1-4 进行说明。

例 1-4 对数变换。

相关代码请见电子资源,程序运行结果如图 1-16 和图 1-17 所示。

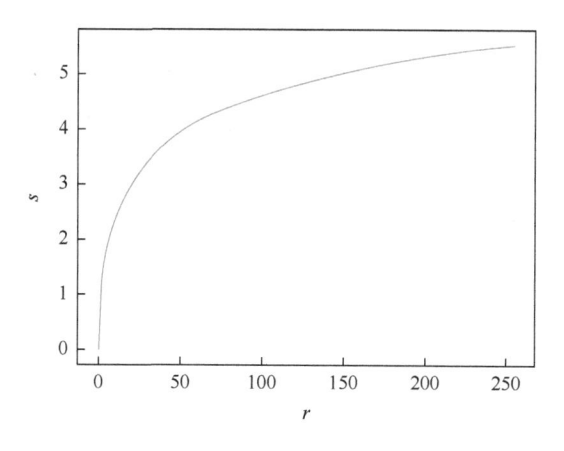

图 1-16　$c=1$ 下的 r-s 曲线

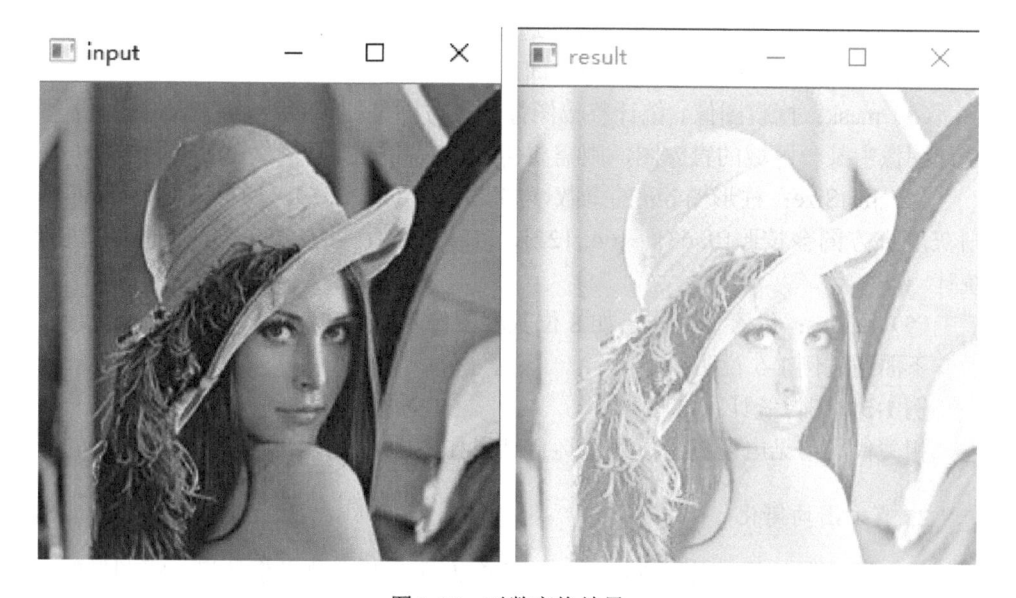

图 1-17　对数变换结果

从图 1-16 中可以看出,r-s 曲线在像素值较低的区域斜率大,在像素值较高的区域斜率小。对数变换将输入图像中范围较窄的低灰度值映射为范围较宽的灰度级，将输入图像中的高灰度值映射为范围较窄的灰度级。对数变换后，较暗区域的对比度提升，可以增强图像暗区域的细节。

1.3.2 直方图处理

从统计学的角度讲，直方图展示的是图像内像素值的统计特性，如图像内各个灰度级出现的次数。从直方图的图形上观察，横坐标是图像中各像素点的灰度级，纵坐标是具有该灰度级（像素值）的像素个数。直方图处理则是对直方图的分布进行重映射，从而实现调整对比度、光照等目的。

1. 直方图绘制

OpenCV 中提供了统计直方图的应用程序接口（application program interface，API）（Python 版）：

cv2.calcHist(images, channels, mask, histSize, ranges)，该函数用于计算统计图像的频数直方图，括号中各参数的解释如下。

（1）images：需要被统计的图像，格式为 uint8 或 float32，当传入时需要用中括号"[ ]"括起来，如[img]。

（2）channels：需要被统计图像的通道索引，同样需要使用中括号传入，如灰度图像传入[0]，RGB 图像可传入[0][1][2]。

（3）mask：掩膜图像。统计整幅图像的直方图是把该参数设为 None，但若要统计图像中某一区域的直方图，则需要传入对应的掩膜。

（4）histSize：柱形图 bin 的个数，如灰度值（0～255），如果该参数设为[4]，则灰度直方图会按照[0, 63]，[64, 127]，[128, 191]，[192, 255]的灰度范围进行统计。

（5）ranges：像素值范围，如 8 位灰度图传入[0, 255]。

下面通过例 1-5 说明。

例 1-5 图像统计直方图。

相关代码请见电子资源，程序运行结果如图 1-18 所示。

2. 直方图均衡化

直方图均衡化是一种增强图像对比度的方法，其主要思想是将一幅图像的直方图分布通过累积分布函数变成近似均匀分布，从而增强图像的对比度。为将原图像的亮度范围进行扩展，需要一个映射函数将原图像的灰度分布均衡映射到新直方图中，映射函数如下：

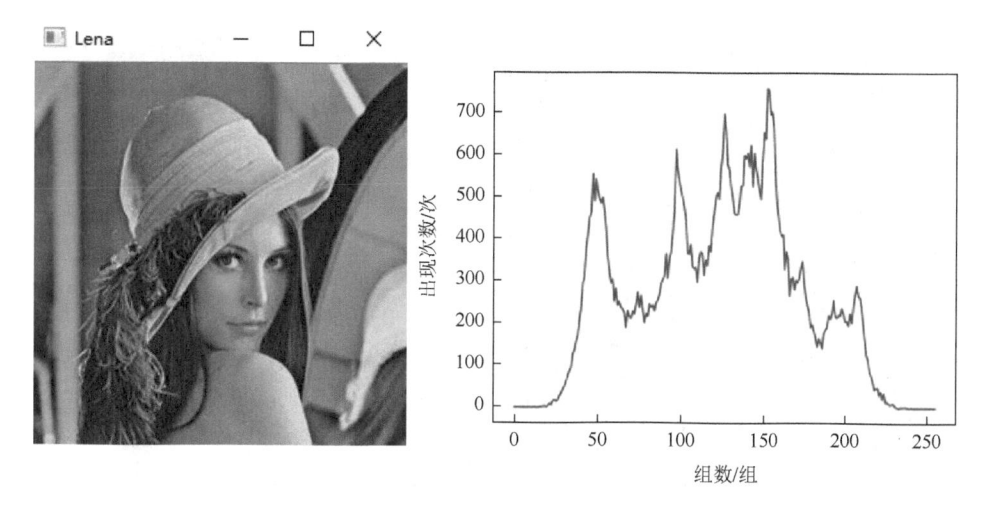

图 1-18 灰度直方图

$$s_k = \frac{L-1}{MN}\sum_{j=0}^{k}\sum n_j, k=0,1,2,\cdots,L-1 \qquad (1\text{-}7)$$

其中，s_k 是指该灰度级经过累积分布函数映射后的值，MN 是图像中像素个数的总和，n_j 是当前灰度级的像素个数，L 是灰度级总数。下面通过例 1-6 进行说明。

例 1-6 直方图均衡化。

详细代码请见电子资源，程序运行结果如图 1-19 和图 1-20 所示。

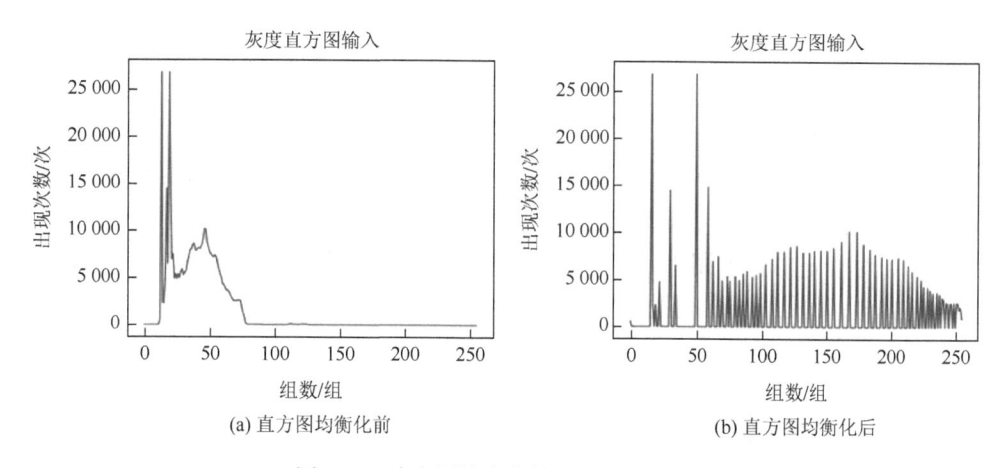

(a) 直方图均衡化前

(b) 直方图均衡化后

图 1-19 直方图均衡化前后的直方图对比

图 1-20 直方图均衡化结果对比

通过图 1-20 的对比可以看出，经过直方图均衡化后的图像灰度细节更加丰富且拥有更大的动态范围。

3. 直方图匹配

直方图匹配也叫作直方图规定化，是将某个图像的灰度分布按照某个特定的模式去变换的操作。

直方图均衡化是在整个灰度阶范围内对图像进行拉伸，但是在有的时候，这种整个范围内的拉伸也许并不是最好的，可能需要按照某个灰度分布进行拉伸，也就需要用到上面提到的直方图匹配/规定化。

直方图匹配的步骤如下：

（1）将原始图像的灰度直方图进行均衡化，得到一个变换函数 $s = T(r)$，其中 s 是均衡化后的像素，r 是原始图像的像素。

（2）对规定的直方图进行均衡化，得到一个变换函数 $v = G(z)$，其中 v 是均衡化后的像素，z 是规定的直方图的像素。

（3）进行直方图匹配，使得 $s = v$，即实现 $z = G^{-1}(v) = G^{-1}(T(r))$，其中 G^{-1} 是 G 的逆变换函数。这样，原始图像的像素值就被映射到规定的直方图的像素值上，从而实现直方图匹配。

下面通过例 1-7 进行说明。

例 1-7 直方图匹配。

详细代码请见电子资源，程序运行结果如图 1-21 所示。

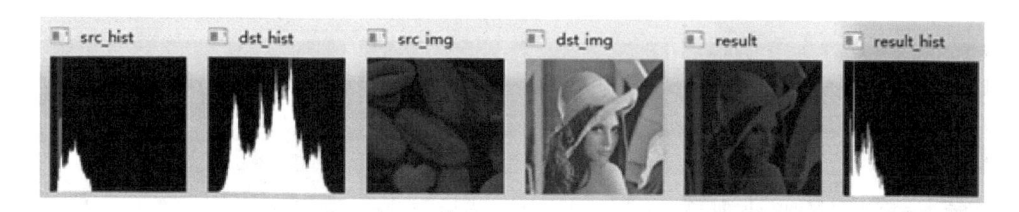

图 1-21　直方图匹配

在上述运行结果中，Lena 图 dst_img 为需要被处理的图，细胞图 src_img 为规定图，dst_hist 与 src_hist 分别为两者的灰度直方图，规定化后的结果为 result，可见其灰度直方图 result_hist 形成了近似 src_hist 的分布，因此规定化后的图像 result 亮度也与细胞图 src_img 一样偏暗。

4. 局部直方图处理

上述的全局直方图适用于整个图像的增强，但存在这样的情况：需要增强图像中小区域的细节，这些区域中一些像素的影响在全局变换的计算中可能被忽略了，因为全局直方图没有必要保证期望的局部增强。解决方法是以图像中每个像素邻域中的灰度分布为基础设计变换函数。首先需要定义一个邻域，在这个邻域内完成直方图均衡化，但变换结果只用于邻域中心点的像素修正。然后，邻域的中心被移至一个相邻像素位置，重复该过程。当邻域进行逐像素平移时，由于只有邻域中的一行或一列改变，所以可以在移动时以新数据更新前一个位置得到直方图。

局部直方图处理的具体步骤如下：

（1）求第一个邻域内的直方图。

（2）根据直方图均衡化将该邻域中心点的像素更新。

（3）将中心点移向下一个邻域。例如，将中心点（3,3）（第一个数为行，第二个值为列）先向下移动一个像素，中心点变为（4,3），假设局部直方图大小为 7×7，则此时得到的邻域与前一个邻域相比只有一行像素不同，即（0,0）（0,1）…（0,6），与（7,0）（7,1）…（7,6）可能不同，此时通过比较第 0 行和第 7 行相对应的元素是否相同来更新直方图，如果直方图有变化，则更新当前中心点的像素值。

（4）对所有的像素点执行（3）。

下面通过例 1-8 进行说明。

例 1-8　局部直方图处理。

详细代码请见电子资源，程序运行结果如图 1-22 所示。

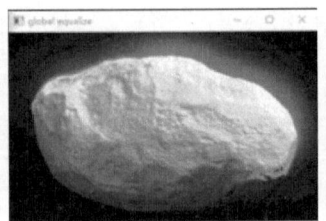

(a) 输入图像　　　　　(b) 全局直方图处理图像　　　　(c) 局部直方图处理图像

图 1-22　局部直方图均衡化

从图 1-22 三个分图可看出，由于输入图像［图 1-22（a）］的背景是大块的黑色区域，全局直方图均衡化［图 1-22（b）］导致图像中出现了失真，并产生了很多噪声，而局部直方图处理［图 1-22（c）］则避免了这种情况，细节也得到了更多的保留。

1.3.3　图像去噪

图像去噪是指减少图像噪声。现实中的数字图像在数字化和传输过程中常受到成像设备与外部环境噪声干扰等影响，这些图像称为含噪图像或噪声图像。噪声是图像干扰的重要原因。一幅图像在实际应用中可能存在各种各样的噪声，这些噪声可能在传输中产生，也可能在量化等处理中产生。

图像噪声包括以下几个方面：

（1）存在于图像数据中的不必要的或多余的干扰信息。

（2）图像中各种妨碍人们接受其信息的因素。

噪声的特点如下：

（1）噪声在图像中的分布和大小不规则。

（2）噪声与图像之间具有相关性。

（3）噪声具有叠加性。

以下将介绍图像处理中常用的去噪方法。

1. 均值滤波

均值滤波的原理是：首先设定一个固定大小的模板（如 3×3，5×5）及其锚点（通常为模板的正中心），然后将模板在图像中进行遍历，用模板覆盖区域像素点的均值来代替锚点处的像素值。计算公式为

$$g(x,y)=\frac{1}{M}\sum_{f\in s}f(x,y) \tag{1-8}$$

其中，$g(x,y)$ 为均值滤波后的像素值，$f(x,y)$ 为邻域 s 内的像素值，M 为邻域内像素点的个数。下面通过例 1-9 进行说明。

例 1-9 均值滤波。

相关代码请见电子资源，程序运行结果如图 1-23 所示。

图 1-23 均值滤波

从图 1-23 可看出，原图像中的许多噪声点被过滤掉，在处理噪声的同时存在一个明显的问题就是原图的一些细节变得模糊。在实际处理中，要在失真和去噪效果之间取得平衡，需要选取大小合适的滤波核。

2. 高斯滤波

高斯滤波是一种线性平滑滤波，适用于消除高斯噪声，广泛应用于图像处理的去噪过程。对于均值滤波来说，其邻域内每个像素的权重是相等的。在高斯滤波中，会将中心点的权重值加大，远离中心点的权重值减小，在此基础上计算邻域内各个像素值不同权重的和。

二维高斯分布函数为

$$g(x,y) = \frac{1}{2\pi\sigma^2} e^{-(x^2+y^2)/2\sigma^2} \tag{1-9}$$

其中，x 和 y 分别是像素的坐标，σ 是标准差，用于控制模糊的程度。假定中心点的坐标是（0,0），那么距离它最近的 8 个点的坐标如图 1-24 所示。

(-1, 1)	(0, 1)	(1, 1)
(-1, 0)	(0, 0)	(1, 0)
(-1, -1)	(0, -1)	(1, -1)

图 1-24　坐标点（对应公式中 x 和 y 的取值）

要获得高斯核权重矩阵，需要设定 σ 的值。当 $\sigma=1.5$ 时，根据高斯分布函数计算的高斯核权重矩阵如图 1-25 所示。这 9 个点的权重总和等于 0.478 714 7，因此对这 9 个值还要分别除以 0.478 714 7 并进行归一化，最终的高斯核权重矩阵如图 1-26 所示。

0.0453542	0.0566406	0.0453542
0.0566406	0.0707355	0.0566406
0.0453542	0.0566406	0.0453542

图 1-25　高斯核权重矩阵

0.0947416	0.118318	0.0947416
0.118318	0.147761	0.118318
0.0947416	0.118318	0.0947416

图 1-26　最终高斯核权重矩阵

然后将图 1-26 中的高斯核权重矩阵对图 1-27 中的像素分别做运算后（图 1-28），得到最终的运算结果，见图 1-29。

14	15	16
24	25	26
34	35	36

图 1-27　图像中的像素值

14×0.0947416	15×0.118318	16×0.0947416
24×0.118318	25×0.147761	26×0.118318
34×0.0947416	35×0.118318	36×0.0947416

图 1-28　坐标点值×高斯核权重矩阵

1.32638	1.77477	1.51587
2.83963	3.69403	3.07627
3.22121	4.14113	3.4107

图 1-29　乘积结果

对图像中的每一个像素点做上述操作，即可完成对整幅图像的高斯滤波。OpenCV 已给出可直接调用的函数：

cv2.GaussianBlur(src, ksize, sigmaX, sigmaY, borderType)

其中，src：输入图像。

ksize：滤波核大小，需设置为奇数。

sigmaX：X 轴（水平）方向的标准差。

sigmaY：Y 轴（垂直）方向的标准差，若设为 0，则将 sigmaX 的值用于 sigmaY。

borderType：边界样式。

下面通过例 1-10 进行说明。

例 1-10 均值滤波。

相关代码请见电子资源，程序运行结果如图 1-30 所示。

图 1-30　高斯滤波结果

高斯滤波对被高斯噪声污染的图像具有较好的处理效果。均值滤波的平均权重无法解决边缘像素信息丢失的问题，而高斯滤波在一定程度上避免了该缺陷，但也无法完全避免，因为权重分配是基于中心点距离的，边缘信息有所损失。

3. 中值滤波

中值（中位值）滤波的实现原理是，把数字图像中一点的值用以该点为中心的窗口内像素点的中值（排序后的中值）代替。定义一个特定长度或形状的邻域，称为窗口，那么对于二维图像的中值滤波，一般采用 3×3 或 5×5 的窗口进行滤波。中值滤波在某些情况下可以做到既去除噪声又保护图像的边缘，是一种非线性的去除噪声的方法。

中值滤波的计算步骤如下：

（1）将窗口中心与图中某个像素位置重合。

（2）读取窗口内对应像素的灰度值。

（3）将这些灰度值从小到大排列。

（4）找出上述排列中的中值。

（5）将这个中值赋给对应模板中心位置的像素。

图 1-31 为一个 5×5 窗口内的像素分布，将其按大小排序后中值为 9，因此中心点像素 255 会被重新赋值为 9。

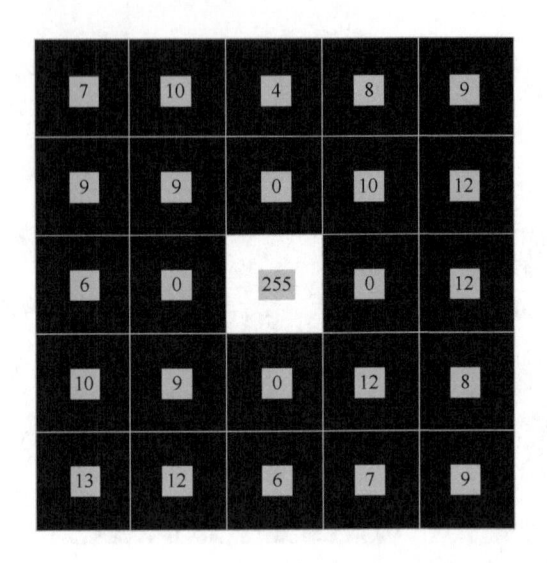

图 1-31　图像中一个 5×5 区域的像素分布

下面通过例 1-11 进行说明。

例 1-11　中值滤波。

相关代码请见电子资源，程序运行结果如图 1-32 所示。

从运行结果可以看出，中值滤波相较于均值滤波在去除噪声的同时更多地保留了图像的细节。中值滤波处理对去除椒盐噪声比较有效。所谓椒盐噪声也称为脉冲噪声，是图像中经常见到的一种噪声，它是一种随机出现的白点或黑点，可能是亮的区域有黑色像素或者是在暗的区域有白色像素（或两者皆有）。

图 1-32 中值滤波结果

4. 双边滤波

双边滤波是一种非线性的滤波方法，是结合图像的空间邻近度和像素值相似度的一种折中处理，同时考虑空域信息和灰度相似性，达到保边去噪的目的。均值滤波、中值滤波和高斯滤波，都属于各向同性滤波，它们对待噪声和图像的边缘信息都采取一样的方式，噪声被磨平的同时，图像中具有重要地位的边缘、纹理和细节也被磨平了，这是不希望看到的。相比较而言，双边滤波可以很好地保护边缘，即可以在去噪时，保护图像的边缘特性，同时考虑空间距离信息与像素距离信息，如图 1-33 所示，类似于"阶梯间信息（边缘）被保留，阶梯内磨平模糊"。

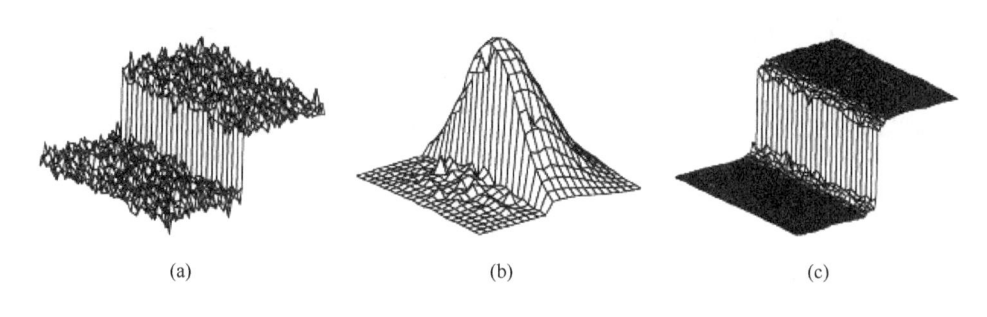

(a)   (b)   (c)

图 1-33 双边滤波示意图

双边滤波的基本思想是：对高斯滤波（空间邻近）中各个点到中心点的空间

邻近度计算的各个权值进行优化，将其优化为空间邻近度计算的权值和像素值相似度计算的权值的乘积，优化后的权值再与图像进行卷积运算，从而达到保边去噪的效果。

OpenCV 中函数原型如下：

cv2.bilateralFilter(src, d, sigmaColor, sigmaSpace, borderType)

其中，src：输入图像。

d：空间距离参数，这里表示以当前像素点为中心点的直径。如果该值为非正数，则会自动从参数 sigmaSpace 计算得到。

sigmaColor：滤波处理时选取的颜色差值范围，该值决定了周围哪些像素点能够参与到滤波中来。与当前像素点的像素值差值小于 sigmaColor 的像素点，能够参与到当前的滤波中。该值越大，说明周围有越多的像素点可以参与到运算中。

sigmaSpace：坐标空间中的 sigma 值。它的值越大，说明有越多的点能够参与到滤波计算中来。当 $d>0$ 时，无论 sigmaSpace 的值如何，d 都指定邻域大小；否则，d 与 sigmaSpace 的值成比例。

borderType：边界样式，一般情况下使用默认值即可。

下面通过例 1-12 进行说明。

例 1-12 双边滤波。

相关代码请见电子资源，程序运行结果如图 1-34 所示。

(a) 原图（含有噪声）　　　　(b) 高斯滤波结果　　　　(c) 双边滤波结果

图 1-34　例 1-12 程序运行结果

从运行结果能够明显看出，双边滤波相较于高斯滤波极大限度地保留了图像的细节，并在去噪效果上也不输于高斯滤波，因此它也被广泛应用于图像预处理的去噪过程中。

1.4 图像语义分割基本操作

本节将介绍在神经网络实现语义分割时涉及的基本操作，这些操作是构成语义分割模型的基本模块，掌握这些模块的原理将有利于后续对语义分割模型的学习。

1.4.1 卷积

卷积（convolution）现在是深度学习中最重要的概念之一，也正是靠着卷积和卷积神经网络（convolutional neural network，CNN），深度学习才超越了几乎其他所有的机器学习手段。在深度学习流行起来之前，许多研究工作通过手工设计算子实现对图像的特征提取，如图 1-35 所示，通过横向或者纵向的 Sobel 算子，可以提取到图像在水平或者垂直方向上的线条或轮廓。Sobel 算子（或 Sobel 滤波器）本质上是一个手工设计的 3×3 矩阵。同样，1.3 节的图像去噪操作本质上也是通过矩阵点乘的方式进行的。

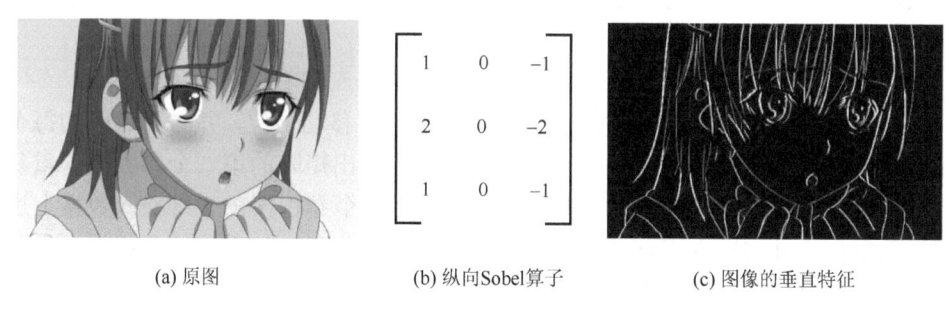

(a) 原图　　　　　(b) 纵向Sobel算子　　　　　(c) 图像的垂直特征

图 1-35　Sobel 算子的图像特征提取

卷积是图像处理中常用的一种算子，基于卷积神经网络的深度学习模型已在图像分割领域大放异彩。随着硬件设备的不断发展以及算力的提升，通过手工设计卷积核提取特征的方法在时间上耗费多且未必适用于所有的识别任务，而通过卷积神经网络的不断训练以及梯度反向传播训练的更新优化，让机器自学习获得该识别或分割任务中最适合的卷积，同样通过大量连续的卷积操作能获取到更深层、更抽象的特征，这不管在效率上还是效果上都不是传统手工设计算子所能达到的。在 1.3 节的图像去噪中，滤波核本质上也是卷积核，区别在于卷积神经网络中的卷积核参数是可以通过训练来不断更新的。图 1-36 为卷积原理示意图（可在计算的结果上加上偏置或偏差）。

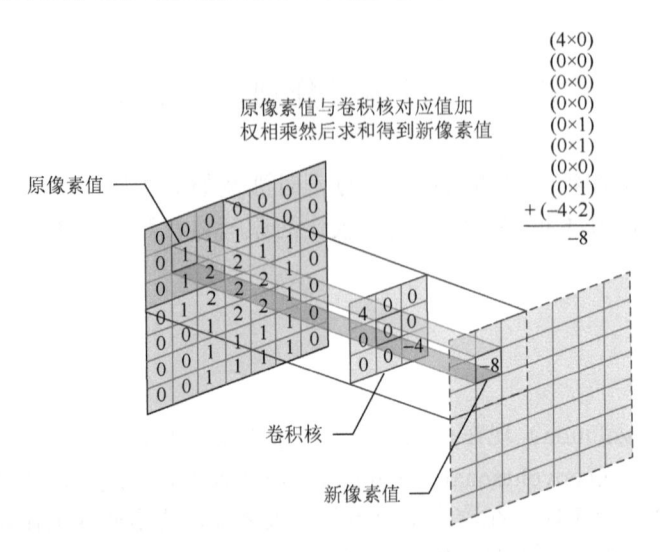

图 1-36 卷积原理示意图

卷积可总结为以下步骤。

（1）求点积：如图 1-36 所示，用一个 3×3 的卷积核与对应每个元素进行相乘，并对所有结果进行相加。得到的最终结果即为 3×3 输出特征图的第一个元素。

（2）滑动窗口：3×3 卷积核的移动方向为先从左向右，再从上到下。

（3）重复操作：同理，将 3×3 的权值矩阵向右移动一位，并与其对应的每个元素相乘最后再相加。最后求和所得的结果就是输出矩阵的第二个参数值。重复上述运算，并求出输出矩阵的所有参数值。使用一个卷积核在 2 维输入数据上进行滑动操作，并与输入矩阵的每个元素相乘，接着将所有的乘积结果相加求和作为输出像素值，对整张图像进行遍历的过程就称为卷积运算。

在卷积神经网络中会使用大量的卷积核，实现对图像纹理、颜色、边界以及其他抽象特征的提取。

在 PyTorch 中卷积操作定义如下：

```
torch.nn.Conv2d(in_channels,out_channels,kernel_size,stride=1,padding=0,dilation=1,groups=1,bias=True,padding_mode='zeros')
```

其中，in_channels 参数代表输入特征矩阵的通道数，如输入一张 RGB 3 通道彩色图像，则 in_channels = 3。

out_channels 参数代表卷积核的个数，也是输出特征矩阵的通道数，即使用 n 个卷积核输出的特征矩阵通道数就是 n。

kernel_size 参数代表卷积核的尺寸，输入可以是 int 类型，如 kernel_size = 3 代表卷积核的大小是 3×3。

stride 参数代表卷积核的步长（步距），默认为 1，输入可以是 int 类型，也可以是 tuple 类型。

padding 参数代表在输入特征矩阵四周补零的情况，默认为 0，在 1.4.2 节中有更详细的介绍。

bias 参数表示是否使用偏置（默认使用）。

dilation 是空洞卷积的相关参数，在第 7 章将有更详细的讲解。

groups 是高阶用法，这里不做介绍。

1.4.2 图像填充

从图 1-36 中不难发现，输入图像矩阵通过 3×3 卷积后，输出的特征图尺寸得到了缩减，如若堆叠更多的卷积层，特征图的尺寸会进一步缩小，与此同时，图像中的一些边界信息会丢失，即输入图像中的角落和边界信息在卷积网络中丢失而没有被提取。为了使得卷积前后的矩阵保持一致的尺寸，并且输入图像的边缘数据也能被利用，需要在卷积前使用图像填充（padding），如图 1-37 所示。

0	0	0	0	0
0	1	1	1	0
0	1	1	1	0
0	1	1	1	0
0	0	0	0	0

图 1-37 图像填充

图 1-37 中深灰色区域是像素矩阵，浅灰色区域为填充的像素。图像填充通常是通过对矩阵外围补零来实现的，因为 0 不会影响卷积结果。需要注意的是，图像填充是在卷积前补零，因此补零后再对上图使用一个 3×3 卷积核进行运算，输入与输出矩阵能保持一样的尺寸，从而保留图像边缘的信息。在设计卷积层时需要精心设置卷积核大小、步长、填充圈数以保证图像的尺寸不发生变化，它们之间的关系如下：

$$\text{Output} = \frac{\text{Input} + 2p - k}{s} + 1 \tag{1-10}$$

其中，Output 和 Input 分别为输出和输入矩阵的高或宽，p 为填充的圈数（padding = 1 即在原始输入的基础上，上下左右各补一行），k 为卷积核大小，s 为卷积核滑动的步长。

1.4.3 下采样

下采样通常使用池化（pooling）或带步长的卷积来实现。池化层在网络中一般位于卷积层之后。池化的作用是对卷积特征进行非线性下采样，不仅能降低网络处理数据时所需的计算能力，也能够减少卷积层之间的连接参数。此外，池化层也滤去了部分噪声产生的响应以及冗余的特征，为网络增加了平移不变性、抗抖动能力，使得网络的泛化能力更强。池化主要有两种方式，即最大池化和平均池化。

如图 1-38 所示，最大池化通过在每个 $K×K$（K 为内核大小 kernal_size）邻域内取最大值，丢弃其余值来实现下采样，计算公式为

$$g(x,y) = \max(f(x,y)), f \in S \qquad (1\text{-}11)$$

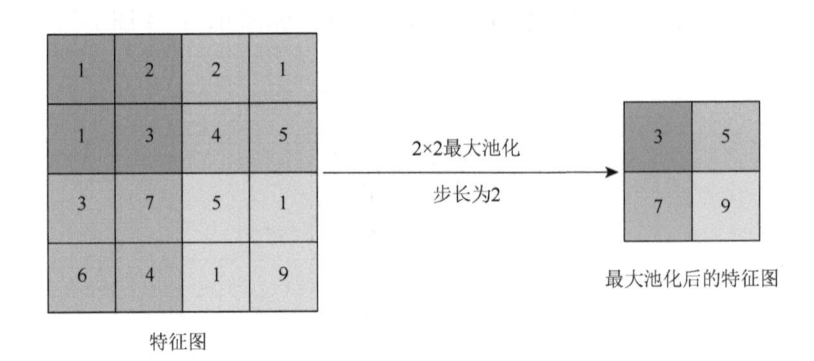

图 1-38　最大池化下采样示意图

其中，$f(x,y)$ 为邻域 S 内的所有像素值，$g(x,y)$ 为最大池化后的输出值。

平均池化计算方式与最大池化相似，区别在于平均池化是求一个邻域内的平均值，如图 1-39 所示。

另外一种在语义分割中常使用的下采样方法为带步长的卷积，其计算方式与卷积一致，对应位数值相乘然后累加，区别在于其卷积核的滑动步长大于 1，从而实现下采样，如图 1-40 所示。

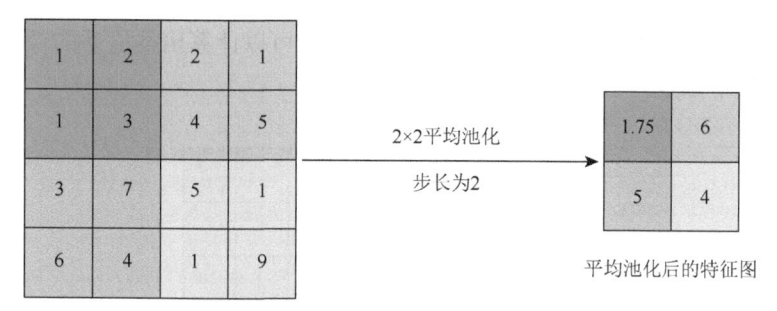

图 1-39 平均池化下采样示意图

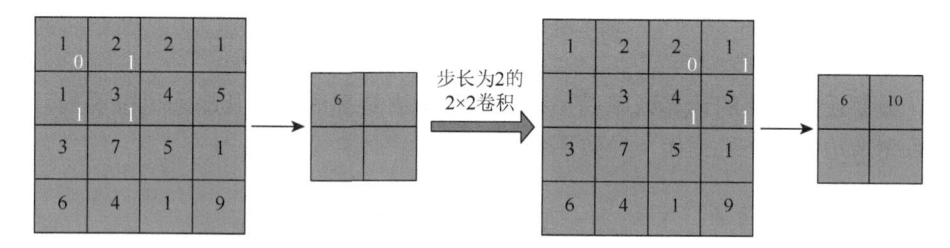

图 1-40 带步长（stride = 2）的卷积

根据上述示意图不难发现，池化层是一种先验的下采样方式，即人为确定好下采样规则，没有引入额外的参数；而对于带步长的卷积来说，其参数是通过学习得到的，采样的规则是不确定的，模型可以选择性丢弃数据，但增加了计算开销。

1.4.4 上采样

在实现图像分割时，会涉及将低分辨率图像恢复到高分辨率图像的需求，此时需要通过上采样来实现，上采样的主要实现方式为插值、反卷积[5]，使用的插值法为最邻近插值法和双线性插值法。

1. 最邻近插值法

顾名思义，最邻近插值法就是在需要新产生的像素点处填充离它最近的原图像素值，见图 1-41。坐标可以用式（1-12）和式（1-13）表示。

$$srcX = dstX \cdot (srcWidth/dstWidth) \quad (1-12)$$
$$srcY = dstY \cdot (srcHeight/dstHeight) \quad (1-13)$$

其中，srcWidth 和 srcHeight 分别代表原图的宽和高，dstWidth 和 dstHeight 分别代表目标图的宽和高，$srcX$ 和 $srcY$ 分别代表原图的 X 轴和 Y 轴坐标，$dstX$ 和 $dstY$

为目标图的坐标。根据式（1-12）和式（1-13），可以计算出插值后的像素点取自原图中的哪个像素点。

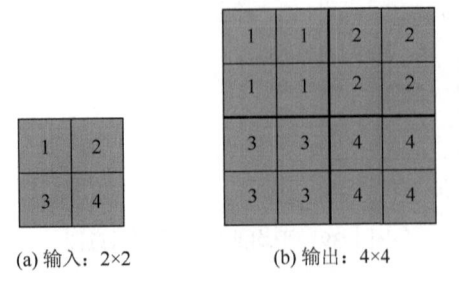

(a) 输入：2×2

(b) 输出：4×4

图 1-41　最邻近插值示意图

最邻近插值法的计算效率是所有插值方法中最高的，但其缺陷也很明显，插值后图像边缘会产生锯齿，导致图像失真。

2. 双线性插值法

双线性插值法是在图像的 X 和 Y 方向上分别进行线性插值。以图 1-42 为例，假设已知原图像中四个像素点 Q_{11}、Q_{21}、Q_{12}、Q_{22} 的像素值和坐标，为了完成上采样，需要在这四个点中插入新像素值 P。

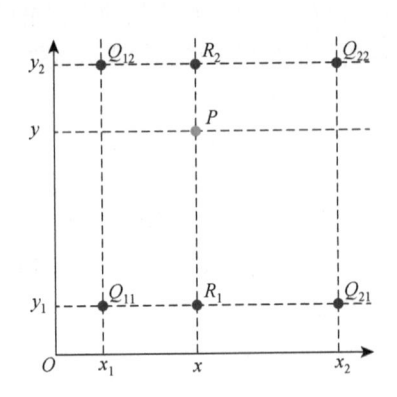

图 1-42　双线性插值示意图

首先，在 X 方向进行单线性插值分别计算 R_1 和 R_2 的像素值，计算公式如下：

$$f(x, y_1) \approx \frac{x_2 - x}{x_2 - x_1} f(Q_{11}) + \frac{x - x_1}{x_2 - x_1} f(Q_{21}),$$

$$f(x, y_2) \approx \frac{x_2 - x}{x_2 - x_1} f(Q_{12}) + \frac{x - x_1}{x_2 - x_1} f(Q_{22})$$

（1-14）

其中，$f(Q_{11})$、$f(Q_{12})$、$f(Q_{21})$、$f(Q_{22})$ 为原图的四个像素值，x_1、x_2、x 也均为已知坐标，求出的 $f(x,y_1)$ 与 $f(x,y_2)$ 即为 R_1、R_2 的像素值。

其次，在 Y 方向基于 R_1、R_2 的像素值再使用一次单线性插值得到 P 点的像素值。

$$f(x,y) \approx \frac{y_2 - y}{y_2 - y_1} f(x,y_1) + \frac{y - y_1}{y_2 - y_1} f(x,y_2) \tag{1-15}$$

下面通过例 1-13 进行说明。

例 1-13 最邻近插值法与双线性插值法效果对比。

相关代码请见电子资源，程序运行结果如图 1-43 和图 1-44 所示。

(a) 最邻近插值法效果　　　　　(b) 双线性插值法效果

图 1-43　最邻近插值法与双线性插值法效果

(a) 最邻近插值法效果　　(b) 双线性插值法效果

图 1-44　最邻近插值法效果与双线性插值法效果局部细节对比

从运行结果不难看出，双线性插值法能够使得上采样后的图像细节更加平滑，相较于最邻近插值法，不易出现锯齿效应，因此在大多数场景下都是使用双线性插值法，在后续的研究工作中也多选择使用双线性插值法进行上采样。

3. 反卷积

反卷积（deconvolution）是卷积的反向操作，也叫逆置卷积（又称转置卷积或逆卷积），但它并不是正向卷积的完全逆过程，其目的是恢复由于卷积、池化等操作而降低的分辨率。Long 等[5]首次将反卷积操作引入到图像分割任务中，并提出了全卷积网络（fully convolutional network，FCN），最终获得了较好的分割效果。卷积是将多个激活值映射到一个值，而反卷积是从一个激活值获得多个激活值。此外，反卷积中的卷积核倾向于捕捉类别特定的形状，即使在噪声的影响下，激活值仍会与目标类别进行相关联。

反卷积的实现过程如图 1-45 所示，先将输入的 3×3 的矩阵通过像素间填充 0 后获得一个 7×7 的稀疏矩阵，填充 0 的个数为步长 s−1，接着经过图像填充操作后大小变成 9×9，使用 3×3 大小步长为 1 的卷积进行运算，最终得到的特征图大小为 7×7。通常使用反卷积是为了实现整数倍的上采样，因此将矩阵裁剪得到 6×6 的矩阵，实现 2 倍上采样（注意：不同深度学习框架实现反卷积的方式略有区别）。

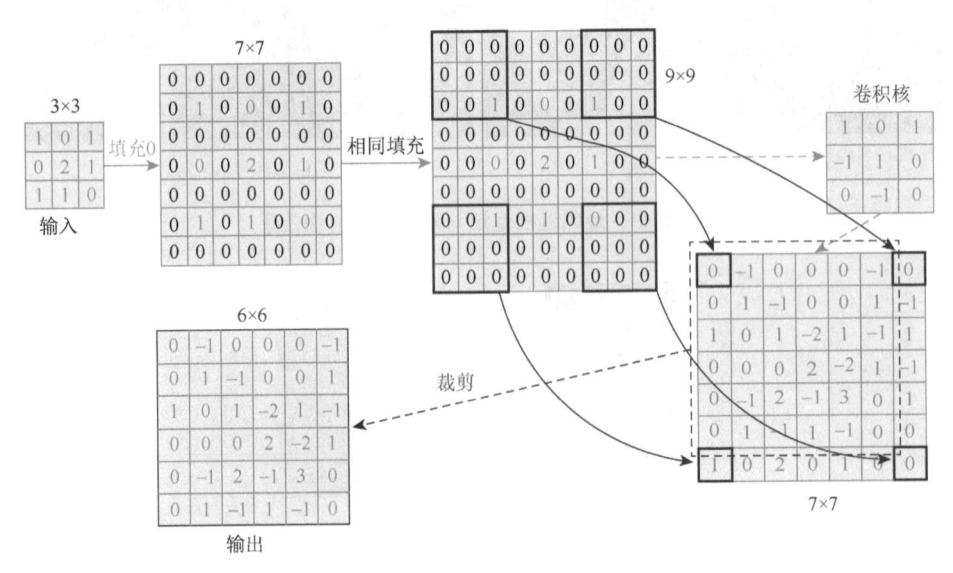

图 1-45　反卷积（$k=3$，$s=2$，$p=1$）示意图

反卷积中的输入与输出关系为

$$\text{Output} = s(\text{Input} - 1) + k - 2p + (\text{Output} + 2p - k)\%s \qquad (1\text{-}16)$$

其中，Output 为输出矩阵的高或宽，Input 为输入矩阵的高或宽，s 为步长（在反卷积中，$s-1$ 为相邻像素补充 0 的个数），k 为卷积核大小，p 为填充的圈数，%为取余。

PyTorch 中反卷积的定义操作如下：

```
nn.ConvTranspose2d(in_channels,out_channels,kernel_size,stride=1,
padding=0,output_padding=0,groups=1,bias=True,dilation=1)
```

其中，in_channels（int）表示输入图像的通道数；
  out_channels（int）表示反卷积的通道数；
  kerner_size（int or tuple）是卷积核的大小；
  stride（int or tuple，optional）是卷积的步长，即要将输入扩大的倍数；
  padding（int or tuple，optional）表示输入图像中填充 0 的层数；
  output_padding（int or tuple，optional）表示输出图像中填充 0 的层数；
  dilation（int or tuple，optional）表示卷积核元素之间的间距（空洞卷积，将在第 7 章详细介绍）。

相较于最邻近插值法与双线性插值法，反卷积最大的不同在于参数可以学习，在还原一些图像细节时更加精准，因此在分割、图像生成的神经网络中十分常见。需要特别注意的是，反卷积操作只是恢复了对应特征图矩阵的尺寸大小，并不能恢复原来下采样前的矩阵的每个元素值。

1.4.5 one-hot 编码

one-hot 编码（又称一位有效编码）是将类别变量转换为机器学习算法易于利用的一种形式的过程，如对于 MNIST 手写数字识别数据集中有 10 个类别 0~9，如果对这 10 个类别使用 one-hot 编码，它们对应的标签值分别为[1, 0, 0, 0, 0, 0, 0, 0, 0, 0]，…，[0, 0, 0, 0, 0, 0, 0, 0, 0, 1]。

语义分割实际上是像素级的分类，如常用的基准数据集 PASCAL VOC 2012 中就包括 21 个类别（包含 20 个对象类别和 1 个背景类别），即最后网络输出的得分图尺寸和原始图大小一致，其得分图中每个像素的意义是原始图所在像素对应的类别，如图 1-46 所示。此外，以 PyTorch 为例，网络模型最后的输出尺寸 shape 为[N, C, H, W]（N 是 batch_size 批量大小，C 为预测的类别数，H 和 W 分别表示得分图的高度和宽度），而与之对应的真实标签图 GT 的尺寸 shape 一般为[$H, W, 3$]（彩色图或 RGB 图）或[H, W]（灰度图）。

如图 1-46 所示，假设分割任务里面有 5 个目标需要分割，而且给定的图像是彩色的，则网络模型最后的输出尺寸 shape 为[N, 5, H, W]，这和图像的 shape[H, W, 3]不匹配，因此在训练时两者不能进行损失值计算。因此，就需要使用 one-hot 编码对原始图像进行编码，将其编码为[H, W, 5]，最后再对维度进行 transpose 转置转换即可变成[5, H, W]，与网络模型输出对应（本质上是要给每个可能的类别创建一个输出通道，如图 1-47 所示）。

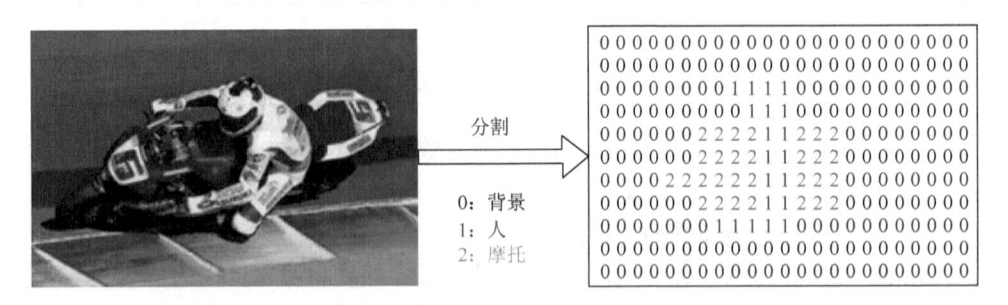

图 1-46 编码前原图以及类别图

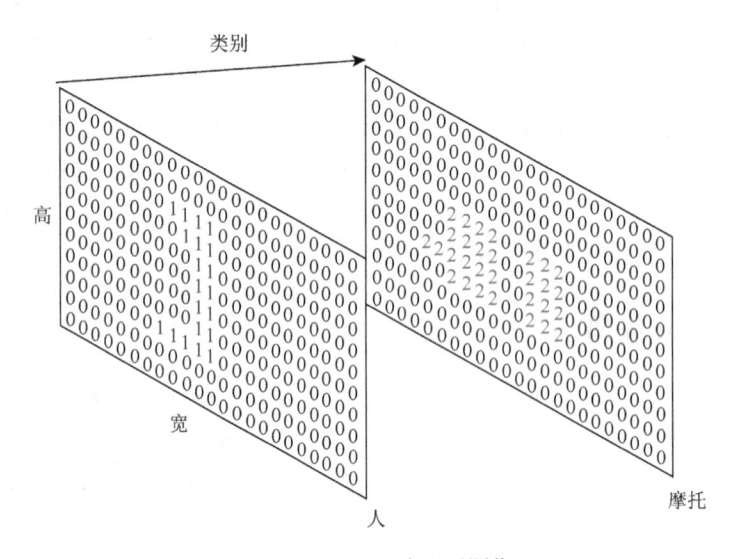

图 1-47 one-hot 编码后图像

下面代码是 one-hot 编码的一种实现方法，实际上需要通过哈希表 cm2lbl 先存储 GT 图像中每种像素颜色 cm 对应的类别值 i（即如图 1-46 中人物区域的像素对应类别 1），然后即可将标签图根据逐像素转换成对应类别的 one-hot 编码。

下面通过例 1-14 进行说明。

例 1-14 one-hot 编码。

详细代码请见电子资源。

1.5　图像分割评价指标

语义分割是像素级别的分类，为了评估模型的分割性能，需要使用相关的评价指标进行定量评价。本节将先介绍语义分割的准确率和混淆矩阵这两项基础评价指标，并且叙述它们在实际项目中的计算方式，然后介绍一些其他的评价指标。

1.5.1　准确率

在图像分割领域，准确率（accuracy，Acc）指的是所有被正确分类的像素点个数占总像素点的比例，是一个对逐像素点进行评价的指标。准确率可分为像素准确率（pixel accuracy，PA）和类准确率（class accuracy，CA）。其中，像素准确率 PA 指的是预测类别正确的像素数占总像素数的比例，PA 的计算公式如下：

$$PA = \frac{\sum_{i=0}^{k} p_{ii}}{\sum_{i=0}^{k}\sum_{j=0}^{k} p_{ij}} \tag{1-17}$$

其中，i 为真实值，j 为预测值，p_{ij} 表示将 i 预测为 j 的像素个数，k 为需要被分割的类别总数。PA 指标能够反映模型整体的分割效果，但对类别不平衡较为敏感，即当不同类别的样本数量相差较大时，PA 的数值容易被样本量较多的那一类的分割结果主导。试想一个场景：一张含有 100 个像素点的图像，其中仅有 10 个像素点是需要被分割的前景，即使模型把整张图像都预测为背景，模型的 PA 也能达到 0.9。

类准确率 CA 则是对分割结果图像中每一类单独计算准确率，最后对所有类的准确率取均值，因此也称平均准确率（mean accuracy，MAcc），计算公式如下：

$$MAcc = \frac{1}{M}\sum_{i=1}^{M} Acc_i \tag{1-18}$$

其中，M 为总类别数，Acc_i 为第 i 类的准确率，表示第 i 类预测正确的像素数占第 i 类总像素数的比例，Acc_i 的计算公式同式（1-17）。

1.5.2　混淆矩阵

在机器学习中，混淆矩阵是一个误差矩阵，常用来可视化地评估分类算法的性能。混淆矩阵是大小为 $n \times n$ 的方阵，其中 n 表示类的数量。以表 1-1 为例，它是二分类场景（语义分割实际上是像素级的多分类场景）下的混淆矩阵，每一行表示真实类中的实例，每一列表示预测类中的实例。通过混淆矩阵，可以很容易看出模型是否会弄混这两类，这也是混淆矩阵名字的由来。

表 1-1　二分类场景下的混淆矩阵

真实值	预测值 = 1	预测值 = 0
真实值 = 1	TP	FN
真实值 = 0	FP	TN

注：TP（true positive），即真阳性；FP（false positive），即假阳性；FN（false negative），即假阴性；TN（true negative），即真阴性。

因此，在模型评估时，通常先统计得出相应的混淆矩阵，然后再计算出相应的 PA、CA、交并比（intersection over union，IoU）、平均交并比（mean intersection over union，MIoU）以及其他指标。根据式（1-17）和表 1-1 可知，PA 也可为混淆矩阵对角线元素（即 TP 和 TN）之和除以矩阵中所有元素之和，即

$$PA = \frac{TP + TN}{TP + TN + FP + FN} \qquad (1\text{-}19)$$

对于多分类场景，如三分类场景，如表 1-2 所示，实际上混淆矩阵也是对图像中每一个像素的分类结果统计，其混淆矩阵的获取、评价指标公式的计算都是一样的。

表 1-2　多分类下的混淆矩阵

真实值	预测值 = 1	预测值 = 2	预测值 = 3
真实值 = 1	a	b	c
真实值 = 2	d	e	f
真实值 = 3	g	h	i

下面通过例 1-15 说明。

例 1-15　准确率评价指标求解。

详细代码请见电子资源。

1.5.3　交并比

交并比（IoU）最早用于衡量目标检测任务[6]中的真实目标框与预测目标框的重叠程度，即两个框的交集面积除以并集面积，后被引入至图像分割任务

中，表示模型对某一类别预测结果和真实值的交集与并集的比值。IoU 的示意图如图 1-48 所示。

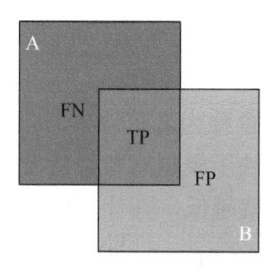

图 1-48　IoU 示意图

图 1-48 中，A（或 ground truth，GT）为真实标签，B（或 result，RS）为预测结果，中间的 TP 部分为两个集合的交集，而整个有颜色部分则为并集。因此 IoU 的计算公式可写为

$$\text{IoU} = \frac{|\text{GT} \cap \text{RS}|}{|\text{GT} \cup \text{RS}|} = \frac{\text{TP}}{\text{FN} + \text{TP} + \text{FP}} \quad (1\text{-}20)$$

IoU 的运算结果取值区间为[0, 1]，它同时考虑了灵敏度 SE、特异性 SP 中所存在的问题，能充分展现模型的分割性能。在几乎所有图像分割的文献中，通常报道的是模型的平均交并比（MIoU）指标。它实际上是对每一类的预测结果与真实值按照式（1-20）计算 IoU，最后求和计算均值，表达式如下：

$$\text{MIoU} = \frac{1}{m} \sum_{i=1}^{m} \text{IoU}_i \quad (1\text{-}21)$$

其中，m 为类别数，IoU_i 为第 i 类的交并比。

1.5.4　灵敏度

灵敏度（sensitivity，SE）也称为真阳性率，表示正确分割为前景的像素占真实前景像素的比例，即有多少前景被正确分割出来了。灵敏度反映了模型分割前景像素的能力，灵敏度越高，表明前景像素分割越准确，漏检率就越低，其计算公式如下：

$$\text{SE} = \frac{\text{TP}}{\text{TP} + \text{FN}} \quad (1\text{-}22)$$

SE 指标衡量的是模型找出前景的能力，当它的值为 1 时，表明图像中的所有前景均被分割出来了，但它没有考虑虚警（误报）的影响。试想这么一个极端的场景：模型把整张图像的所有像素点均分割为前景，根据式（1-22），其 SE 也能达到 1。因此，SE 指标通常应用于对虚警有一定容忍度，但不能容忍漏检的场景，如医学图像分割、工业产品缺陷检测等。

1.5.5 特异性

特异性（specificity，SP）也称为真阴性率，表示正确分割为背景的像素占真实背景像素的比例。特异性反映了模型对背景的分割能力，特异性越高，表明背景像素分割得越准确，虚警率就越低，其计算公式如下：

$$SP = \frac{TN}{TN + FP} \qquad (1\text{-}23)$$

SP 指标衡量的是模型分割背景像素的能力，但类似地，它也存在和灵敏度相类似的问题：整张图像被模型分类为背景后，SP 也能达到 1。因此，SP 指标通常用于对漏检有一定的容忍度，但无法容忍虚警的场景。

1.5.6 F1 分数

F1 分数（F1-Score）是衡量二分类模型性能的一个综合性指标，它兼顾了模型的精确率（Precision）和召回率（Recall），因此可以看作精确率和召回率的调和平均值。Precision、Recall 和 F1-Score 的计算公式分别为

$$\text{Precision} = \frac{TP}{TP + FP} \qquad (1\text{-}24)$$

$$\text{Recall} = \frac{TP}{TP + FN} \qquad (1\text{-}25)$$

$$\text{F1-Score} = 2 \cdot \frac{\text{Precision} \cdot \text{Recall}}{\text{Precision} + \text{Recall}} \qquad (1\text{-}26)$$

从公式中可以看出，精确率是真阳性样本占预测为阳性样本的比例；召回率的计算公式与灵敏度一致，是真阳性样本占真实阳性样本的比例，它对灵敏度指标中所存在的问题进行了惩罚，并且运算结果也落在[0, 1]，因此在分类问题尤其是二分类问题上被广泛使用。

下面通过例 1-16 进行说明。

例 1-16 灵敏度等指标求解。

详细代码请见电子资源。

参 考 文 献

[1] Wan J, Wang D Y, Hoi S C H, et al. Deep learning for content-based image retrieval: A comprehensive study[C]//Proceedings of the 22nd ACM international conference on Multimedia November, 2014: 157-166.

[2] 侯永宏，叶秀峰，张亮，等．基于深度学习的无人机人机交互系统[J]．天津大学学报（自然科学与工程技术版），2017，50（9）：967-974．

[3] Geiger A，Lenz P，Urtasun R. Are we ready for autonomous driving？The KITTI vision benchmark suite[C]//IEEE Conference on Computer Vision and Pattern Recognition，Providence，IEEE，2012：3354-3361．

[4] 朱秀昌，刘峰，胡栋．数字图像处理与图像信息[M]．北京：北京邮电大学出版社，2016．

[5] Long J，Shelhamer E，Darrell T. Fully convolutional networks for semantic segmentation[C]//IEEE Conference on Computer Vision and Pattern Recognition（CVPR），Boston，IEEE，2015：3431-3440．

[6] Redmon J，Divvala S，Girshick R，et al. You only look once：Unified，real-Time object detection[C]//IEEE Conference on Computer Vision and Pattern Recognition（CVPR），Las Vegas，IEEE，2016：779-788．

第 2 章　传统图像分割方法和数学形态学

图像分割是将图像中的内容，划分出若干个互不相交的区域。同一个区域内的特征具有一定的相似性，不同区域的特征则具有一定的差异性。图像分割的抠图与图像语义分割逐像素分类在概念上有所区别。图像分割是图像处理中的重要问题，对图像的目标识别、场景解析、提取图像特征信息等后续任务的处理效率的提升具有关键作用。本章将介绍传统的图像分割方法，主要包括基于阈值、区域、边缘、图论、能量泛函、特定工具等的图像分割方法。数学形态学是一种用于数字图像处理与识别的新理论和新方法。数学形态学算子的性能主要以几何方式进行刻画，传统的理论以解析方式的形式描述算子的性能，而几何描述似乎更适合视觉信息的处理和分析。

2.1　传统图像分割方法

图像分割是把图像分成若干个特定的、具有独特性质的区域并提取出感兴趣的目标的技术和过程，是从图像处理到图像分析的关键步骤。随着计算机的发展，从 20 世纪 70 年代中期开始，图像分割问题就已经迈入更加实质性的发展，研究如何使用计算机来解释图像，从而实现机器视觉系统理解外部世界的行为[1]。

2.1.1　基于阈值的图像分割方法

基于阈值的图像分割方法是一种被较早提出的传统图像分割方法，已经有几十年的应用研究历史。其思想是用一个或几个阈值将图像的灰度级分为几个部分，认为图像中灰度值在同一个灰度范围内的像素属于同一个物体[2]。其最大特点是计算简单，在重视运算效率的场合有较为广泛的应用。

1. 全局阈值法

全局阈值（global threshold）法利用全局信息（如整幅图像的灰度直方图）对整幅图像求出最优分割阈值，只与点的灰度相关。全局阈值法分割步骤如下：

（1）对灰度取值在最小值 g_{min} 和最大值 g_{max} 之间确定一个阈值 T 并满足 $g_{min} < T < g_{max}$。

（2）将图像中每个像素的灰度值与阈值 T 比较，并将对应的像素根据比较结果（分割）划为两类：像素的灰度值大于或等于阈值的为一类，像素的灰度值小于阈值的为另一类。

图像阈值化处理的变换函数表达式如下：

$$g(x,y) = \begin{cases} 0 & f(x,y) < T \\ 255 & f(x,y) \geqslant T \end{cases} \text{ 或 } g(x,y) = \begin{cases} 255 & f(x,y) < T \\ 0 & f(x,y) \geqslant T \end{cases} \quad (2\text{-}1)$$

选用不同的阈值其处理结果差异很大。阈值过大，会提取多余的部分；而阈值过小，又会丢失所需的部分，因此阈值的选取非常重要。OpenCV 提供了 cv2.threshold( )函数进行处理。下面通过例 2-1 进行说明。

例 2-1 给定灰度的全局阈值法。

具体程序请见电子资源，程序运行结果如图 2-1 所示。

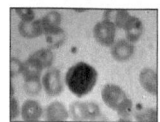

(a) Original　　(b) BINARY_110　　(c) BINARY_130　　(d) BINARY_150

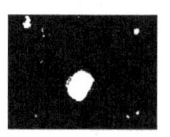

图 2-1　例 2-1 程序运行结果

从图 2-1 可以看到阈值分别为 110、130、150 时，分割出来的图像有不同的效果。

以上是手动给定阈值的方法，这种方法通过眼睛观察来实现，不仅需要时间调试，分割的效果往往不是最佳的。基于阈值的图像分割方法只考虑像素本身的灰度值，不考虑图像的空间分布，且对噪声非常敏感，对先验知识依赖大。

2. 直方图双峰法

普鲁伊特等于 20 世纪 60 年代中期提出的直方图双峰法，也称 Mode 法，是典型的全局单阈值分割方法。该方法的基本思想是：假设图像中有明显的目标和背景，则其灰度直方图呈双峰分布，当灰度直方图具有双峰特性时，选取两峰之间的谷对应的灰度级作为阈值。如果背景的灰度值在整个图像中可以合理地看作恒定的，而且所有物体与背景都具有几乎相同的对比度，那么，选择一个正确的、固定的全局阈值会有较好的效果。

在直方图双峰法中，直方图是由图像中的像素统计而来的，并且直方图的波峰和波谷用于定位图像中的簇。颜色和强度可以作为衡量。

算法实现：找到第一个峰值和第二个峰值，再找到第一峰值和第二个峰值之间的谷值，谷值就是分割阈值。

下面通过例 2-2 进行说明。

例 2-2 直方图双峰法。

具体程序请见电子资源，运行结果如下及图 2-2 所示。

FirstPeak: 155, SecondPeak: 212, Threshold:184

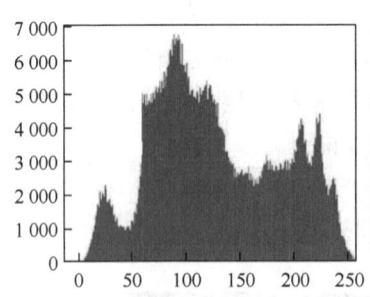

图 2-2 例 2-2 程序运行结果

在图 2-2 的直方图中，横坐标表示灰度值的大小，纵坐标表示相应灰度值所对应的像素数量统计。在计算得到的灰度直方图中，通过寻找局部最大值（峰值），找到潜在的双峰。这些峰值代表了图像中灰度分布的主要集中区域。双峰通常对应于图像中两种不同类型的组织或物体。以图 2-2 的直方图为例，算法查找到的两个区域所处的灰度值分别为 155 和 212，因此取谷值为 184。

3. 迭代阈值分割法

1978 年，里德勒和卡尔瓦德曾提出一种通过迭代法选择阈值的方法——迭代阈值分割法（iterative threshold segmentation），但比较耗时。1979 年，特鲁塞尔对该方法进行了简化，简化后的迭代阈值分割法的流程如下[3]：

（1）预定义两阈值之差 dt。

（2）选定初始阈值 T（一般为图像的平均灰度）。

（3）用 T 值将图像分割为 G_1、G_2 两组（可理解为前景和背景），G_1 由灰度值大于 T 的所有像素组成，G_2 由灰度值小于或等于 T 的所有像素组成。

（4）对 G_1 和 G_2 的像素分别计算平均灰度值 m_1 和 m_2。

（5）计算出新的阈值：$T_1 = (m_1 + m_2)/2$。

（6）重复步骤（3）～（5），直到连续迭代中的阈值之间的差小于预定义的阈值差 dt 为止。

下面通过例 2-3 进行说明。

例 2-3 迭代阈值分割法。

具体程序请见电子资源，程序运行结果如图 2-3 所示。

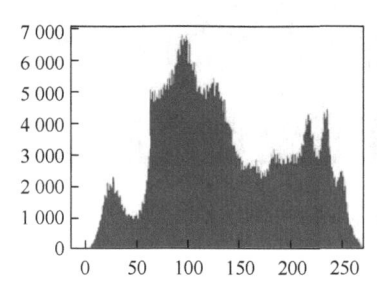

图 2-3 例 2-3 程序运行结果

4. OTSU 阈值法

1979 年，日本学者大津提出的 OTSU 阈值法，也称为最大类间方差法，是一种属于全局阈值分割的方法[4]。不同的是，它能够自适应阈值的大小，是图像分割中选取阈值的最佳算法。

该方法计算简单，不受图像亮度和对比度的影响，按图像的灰度特性，可将图像分成背景（background）和前景（foreground）。方差是灰度分布均匀性的一种度量，背景和前景之间的类间方差越大，说明构成图像的两部分的差别越大。因此，使类间方差最大的分割意味着错分概率最小。它的数学推导如下。

设 t 为设定的阈值，w_0 为分开后前景像素点数占图像的比例，u_0 为分开后前景像素点的平均灰度，w_1 为分开后背景像素点数占图像的比例，u_1 为分开后背景像素点的平均灰度。

图像总平均灰度的计算公式如下：

$$u = w_0 \times u_0 + w_1 \times u_1 \tag{2-2}$$

在图像的所有 L 个灰度级中遍历 t，当 t 为某个值的时候，前景和背景的方差最大，则这个 t 值便是要求的阈值。其中，方差 g 的计算公式如下：

$$g = w_0 \times (u_0 - u)^2 + w_1 \times (u_1 - u)^2 \tag{2-3}$$

此公式计算量较大，可以采用以下形式简化。

$$g = w_0 \times w_1 \times (u_0 - u_1)^2 \tag{2-4}$$

最终将分割背景和前景两类像素间方差和最大的灰度值作为图像分割阈值。在 OpenCV 中可通过函数 cv2.threshold( ) 使用 OTSU 阈值法，下面通过例 2-4 进行说明。

例 2-4 OTSU 阈值法。

具体程序请见电子资源，程序运行结果如图 2-4 所示。

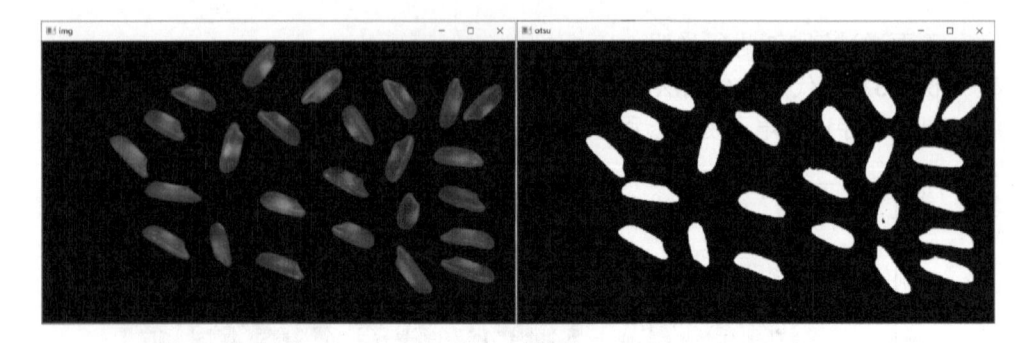

图 2-4　例 2-4 程序运行结果

5. 自适应阈值法

由于光照的影响，图像的灰度可能是不均匀分布的，此时单一阈值的方法分割效果不好，所处理的图像往往得不到理想的效果。为了得到个体与边缘信息更为准确的分割结果，引入局部阈值分割的方法。

自适应阈值（adaptive threshold）法可以根据图像不同区域的亮度分布计算其局部阈值，通常在有噪声或者对比度较低的图像中表现出色，但是计算量较大，不适用于实时的图像处理。它通过计算某个邻域（局部）的均值、中值、高斯加权平均（高斯滤波）确定阈值。

OpenCV 提供了 cv2.adaptiveThreshold( )函数，下面通过例 2-5 进行说明。

例 2-5　自适应阈值法。

具体程序请见电子资源，程序运行结果如图 2-5 所示。

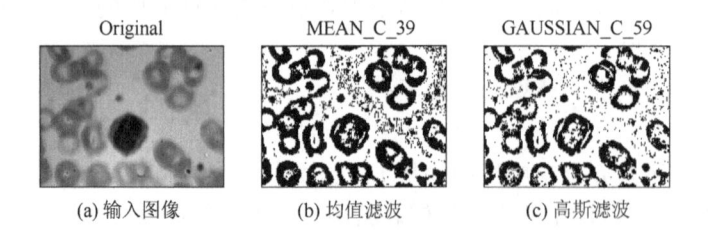

图 2-5　例 2-5 程序运行结果

2.1.2　基于区域的图像分割方法

区域分割（region segmentation）利用同一区域内灰度值的相似性，将相似的区域合并，不相似区域分开，最终形成不同的分割区域。其中，较常用的有区域生长法和区域分裂合并法。

1. 区域生长法

区域生长（region growing）也叫种子填充。最早的区域生长图像分割方法是由 Levine 等提出的。其基本思想是将具有相似性质的像素集合起来构成区域。首先对每个需要分割的区域找出一个种子像素作为生长的起点，然后将种子像素周围区域中与种子有相同或相似性质的像素（根据事先确定的生长或相似准则来确定）合并到种子像素所在的区域中。而新的像素继续作种子向四周生长，直到再没有满足条件的像素可以合并进来，一个区域就生长而成了。现在给出一个区域生长的过程示例，对于像素点构成的矩阵 A：

$$\begin{bmatrix} 1 & 0 & 4 & 7 & 5 \\ 1 & 0 & 4 & 7 & 7 \\ 0 & 1 & 5 & 5 & 5 \\ 2 & 0 & 5 & 6 & 5 \\ 2 & 2 & 5 & 6 & 4 \end{bmatrix} \qquad (2\text{-}5)$$

大于 5 的为种子，从种子开始向周围每个像素的值与种子值取灰度差的绝对值，当绝对值小于某个阈值 T 时，该像素便生长成为新的种子，而且向周围每个像素进行生长；如果取阈值 $T=1$，则区域生长的结果为

$$\begin{bmatrix} 1 & 0 & 5 & 7 & 5 \\ 1 & 0 & 5 & 7 & 7 \\ 0 & 1 & 5 & 5 & 5 \\ 2 & 0 & 5 & 5 & 5 \\ 2 & 2 & 5 & 5 & 5 \end{bmatrix} \qquad (2\text{-}6)$$

可见种子周围灰度值为 4、5、6 的像素都被很好地包进了生长区域之中，而到了边界处灰度值为 0、1、2、7 的像素都成为了边界，右上角的 5 虽然也可以成为种子，但由于它周围的像素不含有一个种子，因此它也位于生长区域之外。现在取阈值 $T=3$，新的区域生长结果为

$$\begin{bmatrix} 5 & 5 & 5 & 5 & 5 \\ 5 & 5 & 5 & 5 & 5 \\ 5 & 5 & 5 & 5 & 5 \\ 5 & 5 & 5 & 5 & 5 \\ 5 & 5 & 5 & 5 & 5 \end{bmatrix} \qquad (2\text{-}7)$$

整个矩阵都被分到一个区域中了，由此可见阈值的选取是很重要的。

在实际应用区域生长法时需要解决三个问题：

（1）选择或确定一组能正确代表所需区域的种子像素（选取种子）。

（2）确定在生长过程中能将相邻像素包括进来的准则（确定阈值）。

（3）确定让生长过程停止的条件或规则（停止条件）。

下面通过例 2-6 进行说明。

例 2-6 区域生长法。

具体程序请见电子资源，程序运行结果如图 2-6 所示。

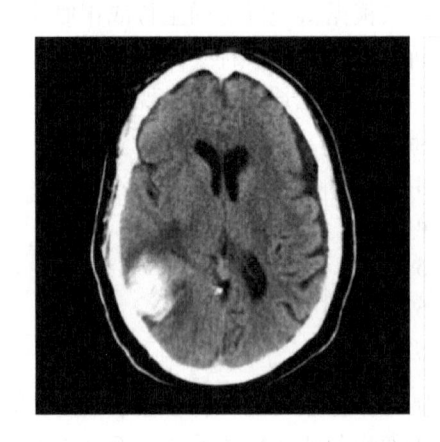

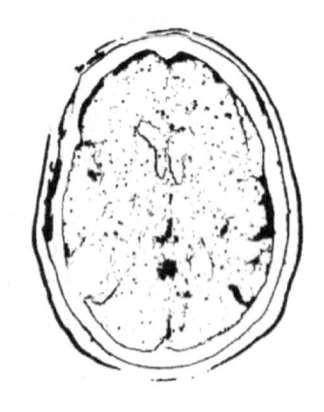

图 2-6　例 2-6 程序运行结果

2. 漫水填充法

通过漫水填充法（flood fill algorithm）进行观察，能够更好地理解区域生长法的实际效果。

漫水填充法将与种子点相连接的区域换成特定的颜色，通过设置连通方式或像素的范围可以控制填充的效果。漫水填充法通常用来标记或分离图像的一部分并对其进行处理或分析，或者通过掩码来加速处理过程，可以只处理掩码指定的部分或者对掩码上的区域进行屏蔽不处理。其主要作用就是，选出与种子点连接的且颜色相近的点，对像素点的值进行处理。如果遇到掩码，根据掩码进行处理，该方法实现步骤如下：

（1）选定种子点 (x, y)。

（2）检查种子点的颜色，如果该点颜色与周围连接点的颜色不相同，则将周围点颜色设置为该点颜色；如果相同，则不做处理。但是，周围点不一定都会变成和种子点相同的颜色，只有周围连接点在给定的范围内（loDiff 和 upDiff 的差）或在种子点的像素范围内才会改变颜色。

（3）检测其他连接点，进行步骤（2）的处理，直到没有连接点，即到达检测区域边界停止。

OpenCV 提供了 cv2.floodFill( )函数，下面通过例 2-7 进行说明。

例 2-7　指定颜色的漫水填充法。

具体程序请见电子资源，程序运行结果如图 2-7 所示，其中（a）为输入图像，（b）～（d）分别取像素坐标（0,0）、（300,400）、（475,150）为种子点。

(a) 输入图像　　(b) (0,0)　　(c) (300,400)　　(d) (475,150)

图 2-7　例 2-7 程序运行结果

3. 区域分裂合并法

冈萨雷斯在 2002 年提出了区域分裂合并（spilt and merge）法。区域分裂合并法与区域生长法相似，但无须预先指定种子点，它是按某种一致性准则分裂或合并区域，对分割复杂的场景图像比较有效。

该方法的步骤如下：

（1）先把图像分成 4 块，若其中的一块符合分裂条件，那么这一块又分裂成 4 块，一直分裂下去。

（2）分裂到一定数量时，以每块为中心，检查相邻的各块，满足条件，就将它们合并。

（3）循环上述操作。

（4）把一些小块图像合并到邻近的大块图像中。

例 2-8　区域分裂合并法（图 2-8）。

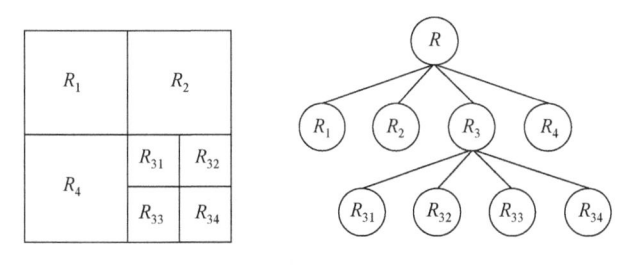

图 2-8　区域分裂合并法原理图

具体程序请见电子资源，程序运行结果如图 2-9 所示。

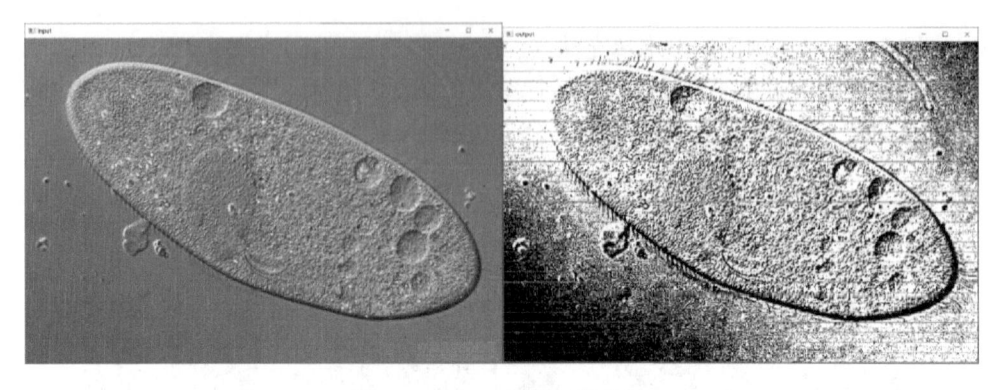

图 2-9　例 2-8 程序运行结果

4. 分水岭算法

1990 年，梅耶提出了分水岭（watershed）算法，它是一种基于拓扑学理论的数学分割算法。以灰度图为例，其基本思想是，把图像中像素的位置看成经纬度，像素的值看成海拔高度，把图像比喻为一个高低不平的地面。当有水流进这个区域时，水会汇聚在"盆地"中，随着水的增加，最终两个盆地的水会汇聚，而分水岭算法的核心为阻止这些水汇聚，在交接的边缘线上（即分水岭），建一个坝，来阻止两个盆地的水汇集成一片水域，如图 2-10 所示。

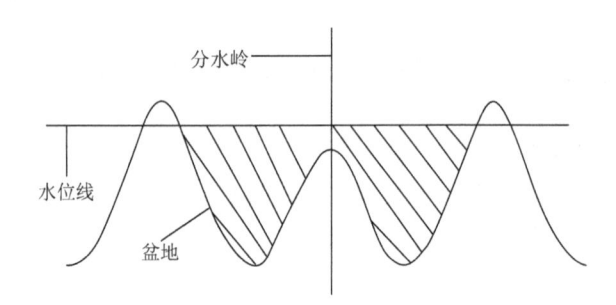

图 2-10　分水岭建造位置

在两个盆地的边缘山峰处，建立一个分水岭，使两个盆地的水无法汇聚。这个分水岭就是图像分割的边缘。与区域生长法不同的是，区域生长法的终止条件为两个像素间的差值高于阈值，而分水岭算法终止的条件是遇到"山脊"。与区域生长法相似，分水岭算法也需要一个种子点，可设为全局最低点，用于"灌入洪水"。完成分水岭算法步骤如下：

（1）输入图像。

（2）阈值分割，将图像分割为黑白两个部分。

（3）对图像进行开运算，先腐蚀后膨胀。
（4）再次进行膨胀操作，得到大部分是背景的区域。
（5）通过距离变换，使用 cv2.distanceTransform( )函数获取前景区域。
（6）背景区域和前景区域相减，得到既有前景又有背景的重叠区域。
（7）连通区域处理。
（8）最后使用分水岭算法。

在真实图像中，由于噪声点或者其他干扰因素的存在，导致很多很小的局部极值点的存在，从而使分水岭算法常常存在过度分割的现象。为了解决该问题，在某个区域定义一些灰度层级，在这个区域的洪水淹没过程中，水平面都是从定义的高度开始的，这样可以避免一些很小的噪声极值区域的分割。

下面通过例 2-9 来进行说明。

例 2-9 分水岭算法。

具体程序请见电子资源，程序运行结果如图 2-11 所示。

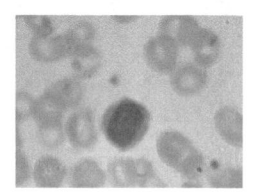

(a) 输入图片

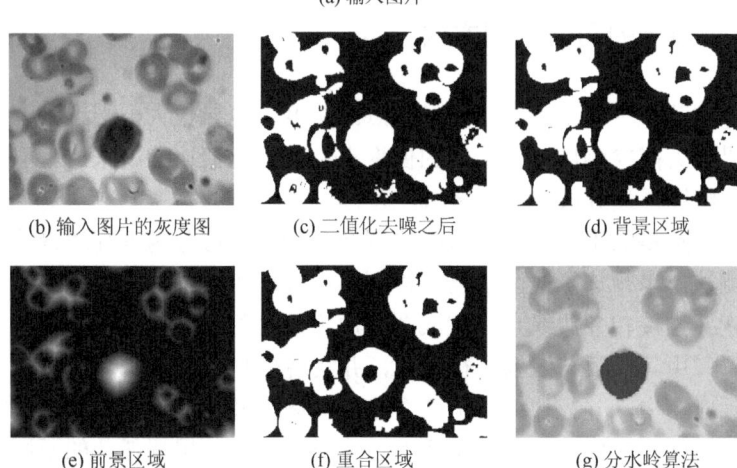

(b) 输入图片的灰度图　　(c) 二值化去噪之后　　(d) 背景区域

(e) 前景区域　　(f) 重合区域　　(g) 分水岭算法

图 2-11　例 2-9 程序运行结果

5. 最大稳定极值区域

在分水岭算法的基础上，马塔斯提出了最大稳定极值区域（maximally stable

extremal region，MSER）的仿射不变性算子[5]。它的思想是：对图像进行二值化，二值化的阈值取 0~255，这样二值化的图像就会由全黑的变成全白的，就像是分水岭算法中水位不断上升一样。在这个过程中，有些连通区域的面积随阈值的上升变化非常小，这种区域就叫最大稳定极值区域。例如，给定一张只有黑色和白色的图片：假设阈值为 t，小于 t 的区域变成白色，大于或等于 t 的区域变成黑色。当阈值 t 达到最大时，此时图片全为黑色。同样，也可以令阈值 t 达到最小，此时图片全为白色。在这两种颜色变化的过程中，阈值 t 在某个数值变动时，有连续区域的大小不随阈值的变化发生明显变化，则该区域为最大稳定极值区域。MSER 示例如图 2-12 所示。

图 2-12　MSER 示例

2.1.3　基于边缘的图像分割方法

在图像中若某个像素点与相邻像素点的灰度值差异较大，则认为该像素点可能处于边界。若能检测出这些边界的像素点，并将它们连接起来，就可形成边缘轮廓，从而将图像划分成不同的区域。

根据处理策略的不同，基于边缘的图像分割方法可分为串行边缘检测法和并行边缘检测法。串行边缘检测法需先检测出边缘起始点，从起始点出发通过相似性准则搜索并连接相邻边缘点，完成图像边缘的检测；并行边缘检测法则借助空域微分算子，用其模板与图像进行卷积，并实现分割。

在实际应用中，并行边缘检测法直接借助微分算子进行卷积实现分割，过程简单快捷，性能相对优良，是最常用的边缘检测方法。根据任务的不同，可灵活选择边缘检测算子，实现边缘检测完成分割。常用的边缘检测算子有 Roberts 算子、Prewitt 算子、Sobel 算子、Laplace 算子和 Canny 算子等。

1. Roberts 算子

1963 年，劳伦斯·罗伯茨提出了 Roberts 算子，又称罗伯茨算子。Roberts 算子采用交叉微分算法，是一种利用局部差分算子寻找边缘的算子。Roberts 算子通过局部差分计算检测边缘线条，常用于处理具有陡峭的低噪声图像，当图像边缘接近于±45°时，处理效果最佳。Roberts 算子边缘定位较准，但对噪声极敏感，适用于边缘明显且噪声较少的图像分割。

Roberts 算子卷积核如下：

$$s_x = \begin{bmatrix} 1 & 0 \\ 0 & -1 \end{bmatrix}, \quad s_y = \begin{bmatrix} 0 & 1 \\ -1 & 0 \end{bmatrix} \tag{2-8}$$

其中，s_x 表示水平方向，s_y 表示垂直方向。

在 Python 中，Roberts 算子主要是通过 Numpy 定义模板，再调用 OpenCV 中的 cv2.filter2D( )函数实现边缘提取，该函数主要是利用核实现对图像的卷积运算，下面通过例 2-10 进行说明。

例 2-10 Roberts 算子。

具体程序请见电子资源，程序运行结果如图 2-13 所示。

(a) 输入图像　　(b) Roberts算子处理效果

图 2-13　例 2-10 程序运行结果

2. Prewitt 算子

1970 年，普鲁伊特提出了 Prewitt 算子，这是一种图像边缘检测的微分算子。由于 Prewitt 算子采用 3×3 模板对区域中的像素进行计算，而 Roberts 算子是利用 2×2 模板，因此，Prewitt 算子的边缘检测结果在水平方向和垂直方向均比 Roberts 算子更加明显。Prewitt 算子适合用来处理噪声较多、灰度渐变的图像。

Prewitt 算子卷积核如下：

$$s_x = \begin{bmatrix} -1 & -1 & -1 \\ 0 & 0 & 0 \\ 1 & 1 & 1 \end{bmatrix}, \quad s_y = \begin{bmatrix} -1 & 0 & 1 \\ -1 & 0 & 1 \\ -1 & 0 & 1 \end{bmatrix} \tag{2-9}$$

在 Python 中，Prewitt 算子处理过程与 Roberts 算子较为相似，主要是通过 Numpy 定义模板，再调用 OpenCV 中的 cv2.filter2D( )函数实现图像的卷积运算，最终通过 cv2.convertScaleAbs( )和 cv2.addWeighted( )函数实现图像边缘提取。

cv2.convertScaleAbs( )函数对输入数组的每个元素按顺序执行三个操作：缩放，取绝对值，将值转换为无符号 8 位类型。cv2.addWeighted( )函数用于将两张相同大小、相同类型的图片（数组）融合，是一种线性混合操作。下面通过例 2-11 进行说明。

例 2-11 Prewitt 算子。

具体程序请见电子资源，程序运行结果如图 2-14 所示。

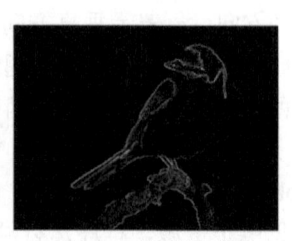

(a) 输入图像　　　　　(b) Prewitt算子处理效果

图 2-14　例 2-11 程序运行结果

从处理后的图像可以明显看出，Prewitt 算子在垂直方向和水平方向其边缘检测结果均比 Roberts 算子边缘检测轮廓要更明显。

3. Sobel 算子

1968 年，伊尔文·索贝尔在一次博士生课题讨论会上提出 Sobel 算子，又称索贝尔算子，并在 1973 年出版的专著 *Pattern Classification and Scene Analysis* 的脚注里作为注释出现和公开。Sobel 算子在 Prewitt 算子的基础上增加了权重，认为相邻点的距离远近对当前像素点的影响是不同的，距离越近的像素点对当前像素的影响越大，从而实现图像锐化并突出边缘轮廓。

Sobel 算子根据像素点上下、左右邻点灰度加权差，在边缘处达到极值这一现象检测边缘，对噪声具有平滑作用，可提供较为精确的边缘方向信息，但边缘定位精度不够高，常用于噪声较多、灰度渐变的图像。当对精度要求不是很高时，它是一种较为常用的边缘检测方法。

Sobel 算子卷积核如下：

$$s_x = \begin{bmatrix} -1 & 0 & 1 \\ -2 & 0 & 2 \\ -1 & 0 & 1 \end{bmatrix}, \quad s_y = \begin{bmatrix} -1 & -2 & -1 \\ 0 & 0 & 0 \\ 1 & 2 & 1 \end{bmatrix} \quad (2\text{-}10)$$

其中，s_x表示水平方向，s_y表示垂直方向。

OpenCV 提供了 cv2.Sobel( )函数，下面通过例 2-12 进行说明。

例 2-12 Sobel 算子。

具体程序请见电子资源，程序运行结果如图 2-15 所示。

(a) 输入图像　　(b) Sobel 算子处理效果

图 2-15　例 2-12 程序运行结果

4. Laplace 算子

Laplace 算子是 n 维欧几里得空间中的一个二阶微分算子，常用于图像增强领域和边缘提取。它通过灰度差分计算邻域内的像素。其算法过程如下：

（1）判断图像中心像素灰度值与它周围其他像素的灰度值，如果中心像素的灰度更高，则提升中心像素的灰度；反之，降低中心像素的灰度，从而实现图像锐化操作。

（2）在算法实现过程中，Laplace 算子通过对邻域中心像素的四方向或八方向求梯度，再将梯度相加来判断中心像素灰度与邻域内其他像素灰度的关系。

（3）最后通过梯度运算的结果对像素灰度进行调整。

Laplace 算子四邻域卷积核：

$$H = \begin{bmatrix} 0 & -1 & 0 \\ -1 & 4 & -1 \\ 0 & -1 & 0 \end{bmatrix} \quad (2\text{-}11)$$

Laplace 算子八邻域卷积核：

$$H = \begin{bmatrix} -1 & -1 & -1 \\ -1 & 8 & -1 \\ -1 & -1 & -1 \end{bmatrix} \quad (2\text{-}12)$$

OpenCV 提供了 cv2.Laplacian( )函数，下面通过例 2-13 进行说明。

例 2-13 Laplace 算子。

具体程序请见电子资源，程序运行结果如图 2-16 所示。

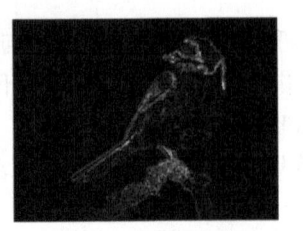

(a) 输入图像　　　　　　　　(b) Laplace 算子处理效果

图 2-16　例 2-13 程序运行结果

各类算子的优缺点如下。

（1）Roberts 算子。Roberts 算子利用局部差分算子寻找边缘，边缘定位精度较高，但容易丢失一部分边缘，不具备抑制噪声的能力。该算子对具有陡峭边缘且含噪声少的图像效果较好，尤其是边缘±45°较多的图像，但定位准确率较差。

（2）Sobel 算子。Sobel 算子考虑了综合因素，对噪声较多的图像处理效果更好。Sobel 算子边缘定位效果不错，但检测出的边缘容易出现多像素宽度。

（3）Prewitt 算子。Prewitt 算子对灰度渐变的图像边缘提取效果较好，但没有考虑相邻点的距离远近对当前像素点的影响，与 Sobel 算子类似，不同的是在平滑部分的权重大小有些差异。

（4）Laplace 算子。Laplace 算子不依赖于边缘方向的二阶微分算子，对图像中的阶跃型边缘点定位准确。该算子对噪声非常敏感，它使噪声成分得到加强，这两个特性使得该算子容易丢失一部分边缘的方向信息，造成一些不连续的检测边缘，同时抗噪声能力比较差。由于图像可能会出现双像素边界，该算子常用来判断边缘像素是位于图像的明区还是暗区，很少用于边缘检测。

5. Canny 算子

Canny 边缘检测算法是约翰·F. 坎尼于 1986 年开发出来的一个多级边缘检测算法。他研究了最优边缘检测方法所需的特性，给出了评价边缘检测算子的三个指标：

（1）好的信噪比，即在所有边缘被检测出的同时，减少将非边缘误判为边缘的概率。

（2）高的定位性能，即检测出的边缘是真正的边界。

（3）对单一边缘仅有唯一响应，检测到的边界是单像素宽。

遵循上述三个指标，Canny 算子设计的步骤如下。

（1）灰度化：将彩色图像转换成灰度图像。

（2）高斯滤波：滤波的主要目的是去噪，使图像变得平滑（模糊）。

（3）计算梯度值和方向：边缘的灰度值变化是最大的，在图像中，用梯度来表示灰度值的变化程度和方向。图像梯度方向与边缘方向互相垂直。

（4）非极大值抑制（non-maximum suppression，NMS）：在高斯滤波过程中，边缘有可能被放大了。通过这一步过滤不是边缘的点，使边缘的宽度尽可能为1个像素点。如果1个像素点属于边缘，那么这个像素点在梯度方向上的梯度值是最大的；不是边缘，将这个像素点的灰度值设为0。

（5）双阈值的选取：在这里设置两个阈值，分别为 maxVal 和 minVal。其中大于 maxVal 的都被检测为边缘，而低于 minVal 的都被检测为非边缘。对于在两个阈值之间的像素点，如果与确定为边缘的像素点邻接，则判定为边缘；否则为非边缘。

Canny 边缘检测算法通过例 2-14 进行说明。

例 2-14 Canny 边缘检测算法。

具体程序请见电子资源，程序运行结果如图 2-17 所示。

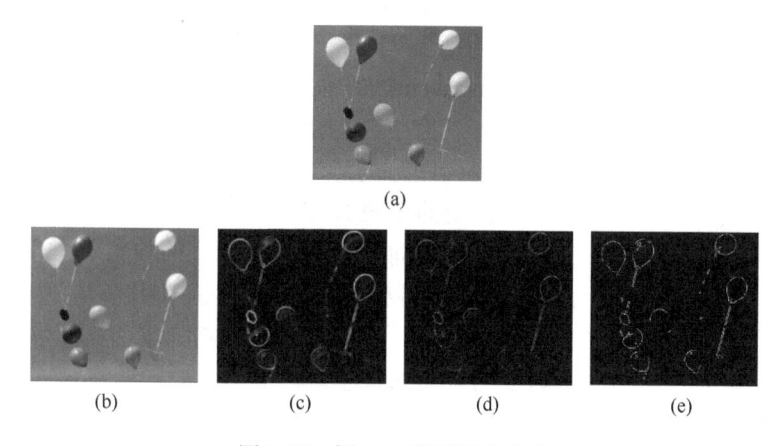

图 2-17 例 2-14 程序运行结果

图 2-17 中，（a）是输入图像，（b）～（e）依次为：输入图像灰度化后高斯滤波得到的图像；通过计算梯度幅值对图像进行增强后得到的图像；非极大值抑制后得到的图像；经过双阈值筛选后 Canny 边缘检测算法最终的结果。

2.1.4 基于图论的图像分割方法

图（graph）是由一定的顶点以及连接这些顶点的边组成的，假如图 G 由顶点集 V 和边集 E 组成，则表示为 $G=(V,E)$。如果图中的边是没有方向的，那么这个图称为无向图；反之，为有向图。因此对于无向图来说，若 (V_i,V_j) 属于图 G,

则必有（V_j, V_i）属于图 G。有向图则不然。如果图中的边是有一定权值的，这个图就被称为带权图。

基于图论的图像分割方法是把要进行分割的图像看作一个带权无向图。原图像中的各像素点就是带权无向图中的节点。边是在各节点之间形成的。边的权值 $W(i, j)$ 可用作反映顶点 i 与顶点 j 之间的相似程度，按照上述所说，该方法可以将各个像素之间的相似程度切割成若干个子集区域。每个子集区域内的像素相似度较高，不同的子集区域的像素相似度较低。切割的过程实际上是去除相似度低的节点之间的边。基于图论的图像分割方法有 Graph Cut 算法、Grab Cut 算法、SEEDS 算法等。

1. Graph Cut 算法

博伊科夫和乔利于 2001 年提出了 Graph Cut 算法[6]。它是一种基于图切割的图像分割方法，在计算机视觉领域普遍应用于图像分割（image segmentation）、立体视觉（stereo vision）、抠图（image matting）等。Graph Cut 算法用于解决低级计算机视觉问题，将图像分割问题与图的最小割（minimum cut）算法问题相关联。

在图论中，图的最小割是其在某种意义上最小的切割（图形的顶点划分为由至少一条边连接的两个不相交的子集）。图的最小割可以分很多情况进行讨论，如有向图、无向图、边的权重等。图 2-18 是一张无向无权重图和它的两条割线，左边的虚线割掉了三条边，而右边的虚线割掉了两条边，则右边的虚线为该图的最小割。

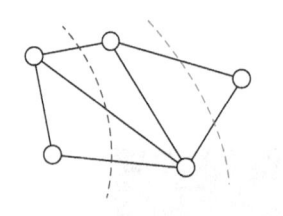

图 2-18 图的最小割示意图

Graph Cuts 图比普通图多了 2 个顶点，分别用符号"S"和"T"表示，统称为终端顶点，如图 2-19 所示。

2. Grab Cut 算法

罗瑟于 2004 年在 Graph Cut 算法的基础上提出了 Grab Cut 算法[7]。该算法从要被分割对象的指定边界框开始，使用高斯混合模型估计被分割对象和背景的颜色分布（将图像分为被分割对象和背景两部分）。只需确认前景和背景输入，就可以完成前景和背景的最优分割。该算法利用图像中纹理（颜色）信息和边界（反差）信息，只要少量的用户交互操作就可得到较好的分割效果，和分水岭算法比较相似，但计算速度比较慢，得到的结果比较精确。若从静态图像中提取前景物体（如从一个图像剪切到另外一个图像），采用 Grab Cut 算法是最好的选择。Grab Cut 示意图如图 2-20 所示。

(a) 带有种子
(d) 分割结果
(b) 图
(c) 分割

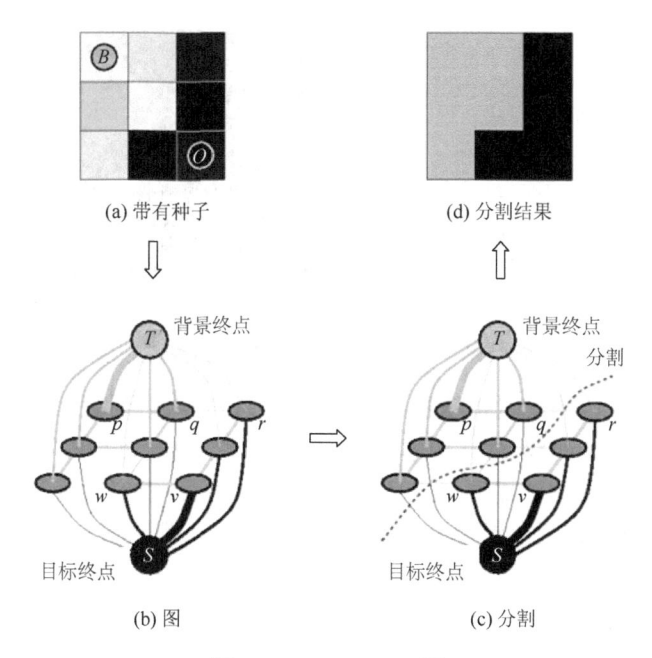

图 2-19 Graph Cuts 图

图 2-20 Grab Cut 示意图

只需要框选目标，那么在方框外的像素全部当成背景，OpenCV 中实现了该算法，下面通过例 2-15 进行说明。

例 2-15 Grab Cut 算法。

具体程序请见电子资源，程序运行结果如图 2-21 所示。在图 2-21（a）中，先后点击①和②选定矩形框大小，可得到图 2-21（b）的效果。

Grab Cut 算法和 Graph Cut 算法的不同点：

（1）Graph Cut 算法的目标和背景的模型是灰度直方图，Grab Cut 算法取代为 RGB 三通道的高斯混合模型（GMM）。

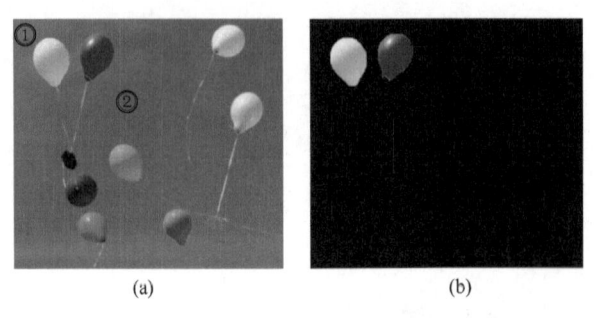

图 2-21　例 2-15 程序运行结果

（2）Graph Cut 算法的能量最小化（分割）是一次达到的，而 Grab Cut 算法取代为一个不断进行分割估计和模型参数学习的交互迭代过程。

（3）Graph Cut 算法需要指定目标和背景的一些种子点，但是 Grab Cut 算法只需要提供背景区域的像素集，即只需要框选目标，那么在方框外的像素全部当成背景，这时候就可以对 GMM 进行建模和完成良好的分割了。

3. SEEDS 算法

为了取得更好的分割效果，目标函数通常较为复杂，造成算法时间复杂性高、不能满足实时应用的要求。针对这一情况，2012 年伯格等提出了 SEEDS（superpixels extracted via energy-driven sampling）算法，这是一种基于能量驱动的采样算法，通过不断地修正边界求精获得最优分割效果[8]。SEEDS 算法的效果如图 2-22 所示。

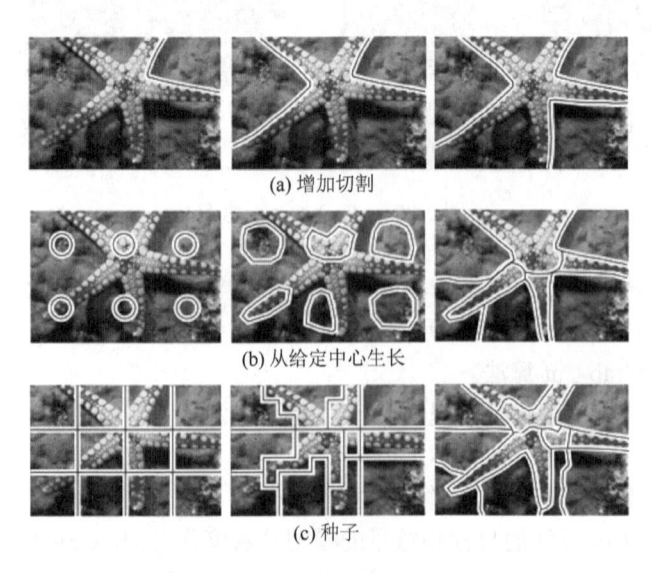

(a) 增加切割

(b) 从给定中心生长

(c) 种子

图 2-22　SEEDS 算法的效果

例 2-16 将使用 OpenCV 的扩展包 OpenCV-contrib，可在 Anaconda 的 Prompt 命令行中键入以下命令进行安装。如果使用的 OpenCV 不是本书使用的 4.4.0.46 版，在安装时需注意修改命令中 OpenCV 的版本，与本书 OpenCV 版本保持一致。

pip install opencv-contrib-python == 4.4.0.46-i https://pypi.tuna.tsinghua.edu.cn/simple/

SEEDS 算法效果通过例 2-16 进行说明。

例 2-16 SEEDS 算法。

具体程序请见电子资源，程序运行结果如图 2-23 所示。

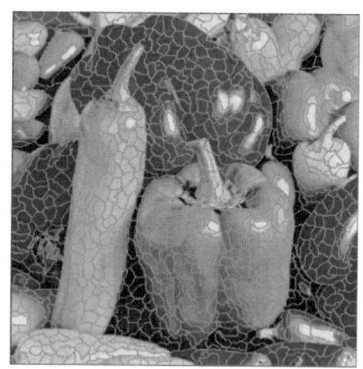

图 2-23 例 2-16 程序运行结果

2.1.5 基于能量泛函的图像分割方法

基于能量泛函的图像分割方法主要指的是主动轮廓模型（active contour model）以及在其基础上发展出来的算法，其基本思想是使用连续曲线表达目标边缘，并定义一个能量泛函使得其自变量包括边缘曲线，因此分割过程就转变为求解能量泛函的最小值的过程，一般可通过求解函数对应的欧拉-拉格朗日（Euler-Lagrange）方程实现，能量达到最小时的曲线位置就是目标的轮廓所在。按照模型中曲线表达形式的不同，主动轮廓模型可以分为两大类：参数主动轮廓模型（parametric active contour model）和几何主动轮廓模型（geometric active contour model）。

1. 参数主动轮廓模型

参数主动轮廓模型直接以曲线的参数化形式表达曲线，最具代表性的是 1987 年由卡斯等提出的 Snakes 算法[9]。Snakes 算法中建立了一个模型，它是一条可变形的参数曲线，有相应的能量函数，以最小化能量函数为目标，控制参数曲线变形，具有最小能量的闭合曲线就是目标轮廓。该类模型在早期的生物图像分割领域得到了成功的应用，但其存在分割结果受初始轮廓的设置影响较大以及难以处理曲线拓扑结构变化等缺点，此外其能量泛函只依赖于曲线参数的选择，与物体的几何形状无关，这也限制了其进一步的应用。但根据 Snakes 算法的思想，后来演变出了许多具有重要价值的轮廓线模型[10]。Snakes 算法实现嘴唇轮廓跟踪如图 2-24 所示。

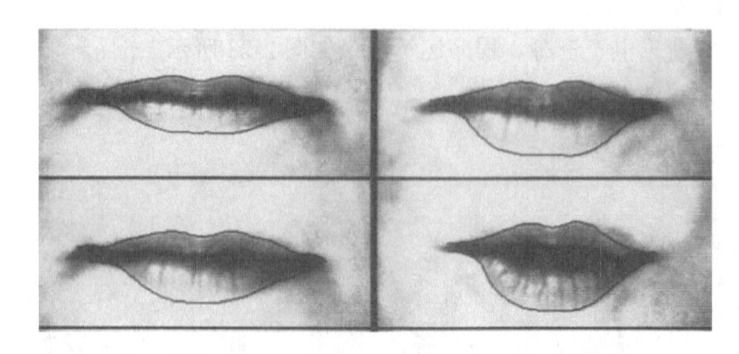

图 2-24　Snakes 算法实现嘴唇轮廓跟踪

卡斯等提出的原始 Snakes 算法模型由一组控制点组成：
$$v(s) = [x(s), y(s)], \quad s \in [0,1] \quad (2\text{-}13)$$
其中，$x(s)$ 和 $y(s)$ 分别表示每个控制点在图像中的坐标位置，s 是以傅里叶变换形式描述边界的自变量。在 Snakes 的控制点上定义能量函数（反映能量与轮廓之间的关系）：

$$E_{\text{total}} = \int_s \left(\alpha \left| \frac{\partial}{\partial s} v^\varpi \right|^2 + \beta \left| \frac{\partial^2}{\partial s^2} v^\varpi \right|^2 + E_{\text{ext}}(v^\varpi(s)) \right) ds \quad (2\text{-}14)$$

$$E_{\text{ext}}(v^\varpi(s)) = P(v^\varpi(s)) = -|\nabla I(v)|^2 \quad (2\text{-}15)$$

式（2-14）的积分项中，第一项称为弹性能量，是 v 的一阶导数的模；第二项称为弯曲能量，是 v 的二阶导数的模；第三项是外部能量（外部力），也称为图像力，在基本 Snakes 算法模型中一般只取控制点或连线所在位置的图像局部特征。

在能量函数极小化过程中，弹性能量迅速把轮廓线压缩成一个光滑的圆，弯曲能量驱使轮廓线成为光滑曲线或直线，而图像力则使轮廓线向图像的高梯度位置靠拢。

下面通过例 2-17 对 Snakes 算法进行演示，所使用的是 skimage 库中的例子。

例 2-17　Snakes 算法。

具体程序请见电子资源，程序运行结果如图 2-25 所示。

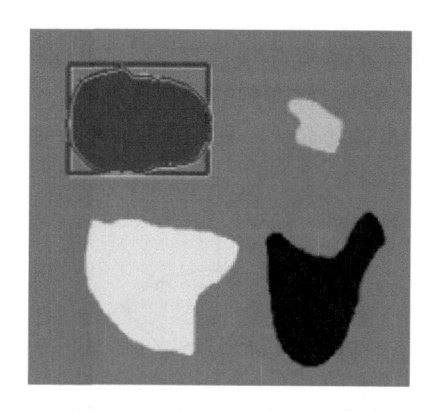

图 2-25 例 2-17 程序运行效果

图 2-25 中方框是手动设置的控制点，作为 Snakes 算法模型计算的起始位置，方框中的曲线则是分割曲线。

2. 几何主动轮廓模型

几何主动轮廓模型也称为水平集（level set）方法，是 1988 年由奥谢尔提出的。通过求解最小能量泛函，得到目标轮廓的表达式。主要的思想是利用三维（高维）曲面的演化表示二维曲线的演化过程。在计算机视觉领域，利用水平集方法可以实现很好的图像分割效果。为了直观地理解该思想，下面模拟水面波纹的曲线并跟踪其运动[11]。

假设 $t=1$，波纹的曲线如图 2-26 所示。

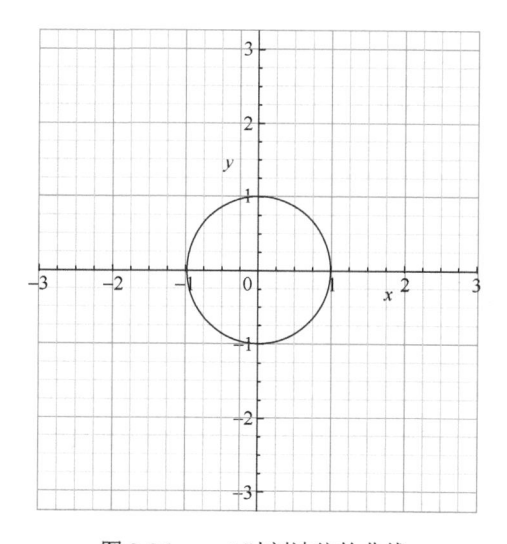

图 2-26 $t=1$ 时刻波纹的曲线

随着时间的推移，水面的波纹荡开。为了跟踪波纹曲线的移动，需要对下一时刻的曲线进行采样记录。将采样得到的点按其法线方向移动至新的位置，最后用平滑的曲线将所有新的点连接起来，即得所求结果，如图 2-27 所示。

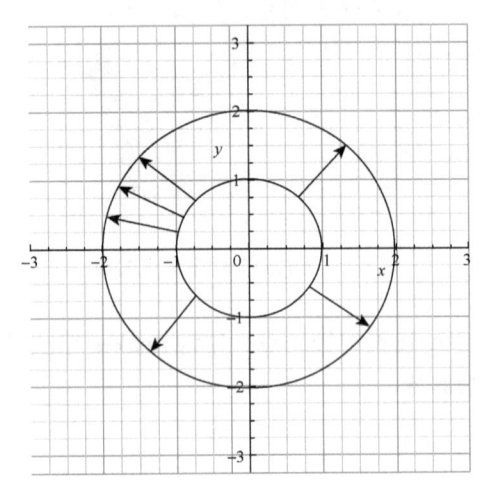

图 2-27　下一时刻波纹的曲线变化

上面是只有一个波纹时的情况，当有两个波纹时，它们还会"融合"，此时可以引入水平集模型（level set model，LSM）（图 2-28）。水平集模型利用三维曲面的演化表示二维曲线的演化过程。通过水平集模型，可以更好地理解多个波纹的相互作用以及它们如何随时间演化并最终融合在一起。

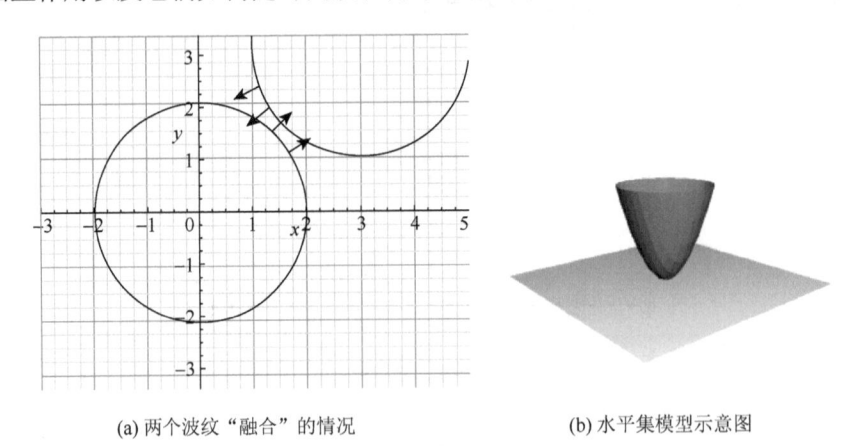

(a) 两个波纹"融合"的情况　　　　　　(b) 水平集模型示意图

图 2-28　两个波纹"融合"的情况及水平集模型示意图

通过曲面、平面和曲线三者之间的关系，可以用三维的曲面隐式地对二维曲线进行建模，调整曲面，使曲面与平面相交，如图 2-29 所示。它们相交的结果就是条曲线。此时，曲线就是水平集函数在特定自变量取值下的函数值集合。这就是水平集方法的思想。

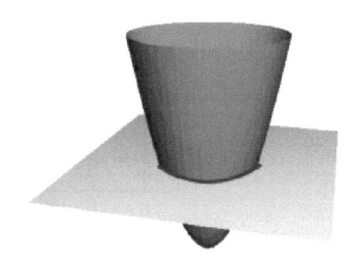

图 2-29　水平集模型与平面相交

水平集模型通过对曲线的合并或分裂进行建模，回答了上述两个波纹"融合"的问题。用有单个极小值的曲面演化到拥有两个局部最小值的曲面，此时将会得到两条曲线，这就是曲线分裂，同理可得曲线合并，如图 2-30 所示。

用高度为 c 的平面去截曲面 $\phi(x)$，所得截面线就是所求曲线。

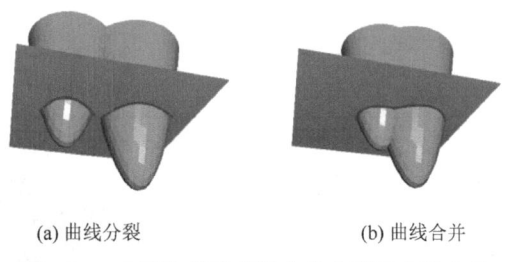

(a) 曲线分裂　　　　　　　(b) 曲线合并

图 2-30　水平集模型模拟曲线分裂及曲线合并

其数学过程不在此推导。借助文献[11]提供的代码，运行结果如图 2-31 所示，其中图 2-31（a）、（c）、（e）、（g）为三维立方体，图 2-31（b）、（d）、（f）、（h）为水平面投影。

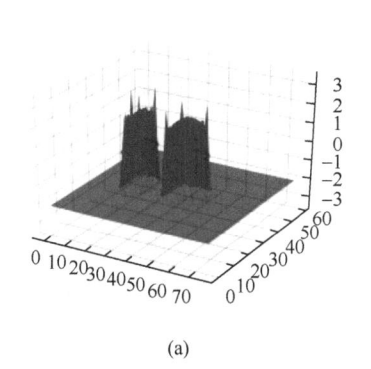

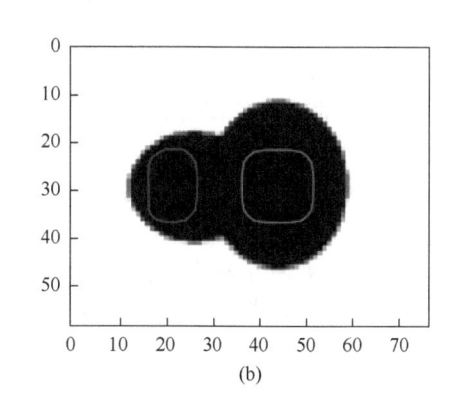

(a)　　　　　　　　　　　　(b)

(c) (d)
(e) (f)
(g) (h)

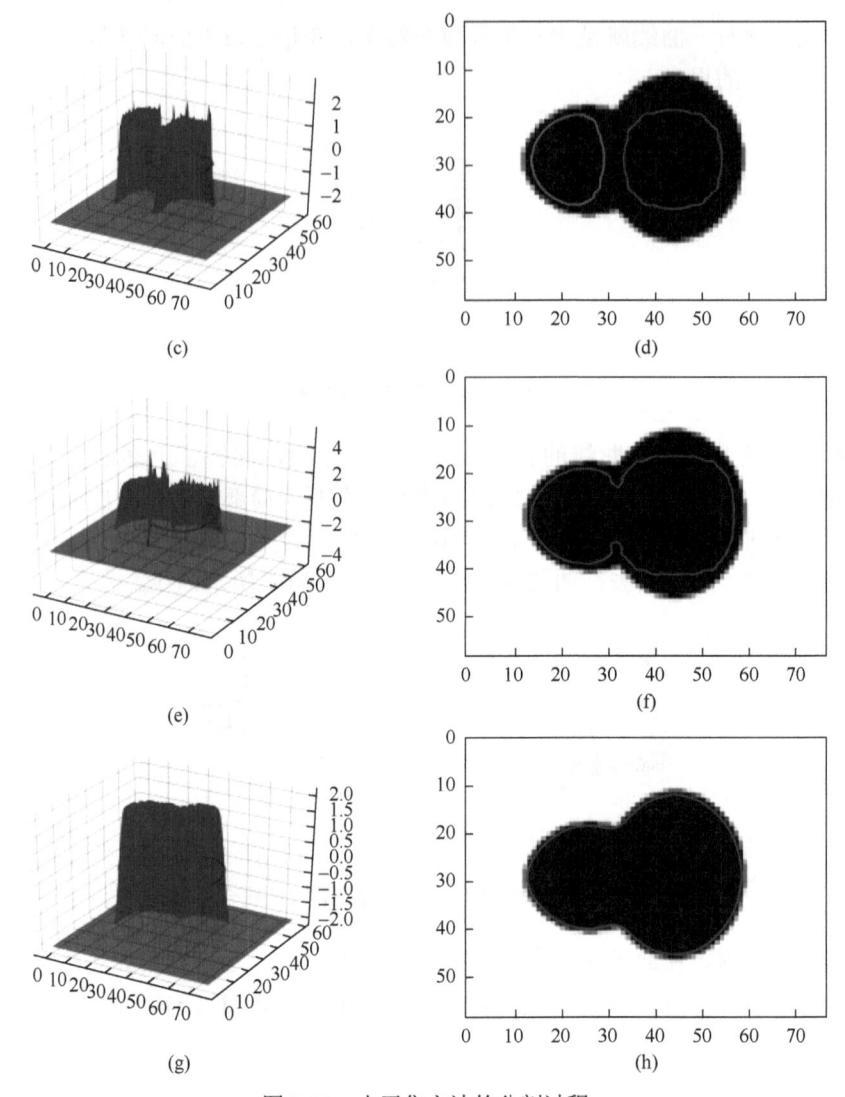

图 2-31 水平集方法的分割过程

从图 2-31 的变化过程可看到,"波纹"逐渐融合并最终实现了图像的分割。

2.1.6 基于特定工具的图像分割方法

近年来,随着各学科许多新理论和方法的提出,人们也提出了许多基于特定工具的分割方法,如基于小波变换的分割方法、基于遗传算法的分割方法、基于数学形态学的分割方法、基于神经网络的分割方法、基于信息论的分割方法和基于模糊集合理论的分割方法等。下面选取一些方法作简要介绍。

1. 基于小波变换的图像分割方法

小波变换是一种多尺度多通道分析工具，比较适合对图像进行多尺度的边缘检测，有以下优点：

（1）通过选取合适的滤波器，小波变换可以最大程度地减小或消除提取信息的不同特征之间的相关性。

（2）小波变换有快速算法和 Mallat 小波分解算法。

（3）小波变换具有"变焦"特性，在高频段可以用低频率分辨率和高时间分辨率，在低频段可以用高频率分辨率和低时间分辨率。

（4）小波分解可以覆盖整个频域，从而在数学上可以提供一个完备的描述。

小波变换的计算复杂度较低，抗噪声能力较强。理论证明，以零点为对称点的对称二进小波适合检测屋顶状边缘，而以零点为反对称点的反对称二进小波适合检测阶跃状边缘。近年来，多通道小波也开始用于边缘检测。另外，利用正交小波基的小波变换也可提取多尺度边缘，并可通过对图像奇异度的计算和估计区分一些边缘的类型。

小波理论在图像处理方面的应用日益成熟，小波变换具有方向性、多分辨率特性、非冗余性，小波系数具有重拖尾和持续的非高斯分布等特性，对于刻画图像的非平稳性，小波理论提供了有效的工具。

Jean-Christophe Olivo 提出了用小波变换对直方图进行处理的方法，实现多阈值自动提取，而小波变换的波峰和波谷点可以分别代表图像中灰度代表值和阈值点，利用小波变换多尺度特性实现对图像的阈值分割。又由于小波变换具有多分辨率的特性，因此可以通过对医学图像直方图的小波变换，实现由粗到细的多层次结构的阈值分割[12]，实现效果如图 2-32 所示。

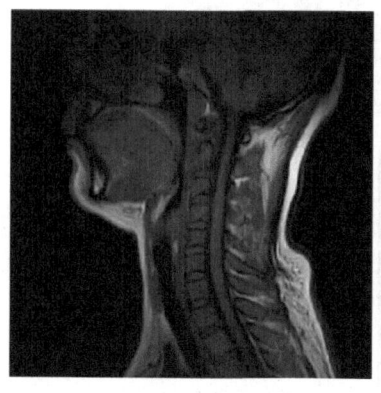

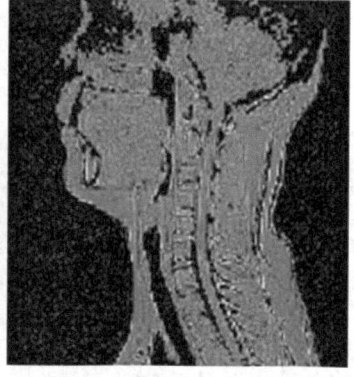

图 2-32 基于小波变换的图像分割效果

2. 基于遗传算法的图像分割方法

1973 年，遗传算法（genetic algorithms，GA）由美国霍兰教授提出，这是一种借鉴生物界自然选择和自然遗传机制的随机搜索算法[13]，是仿生学在数学领域的应用。其基本思想是，模拟一些由基因串控制的生物群体的进化过程，把该过程的原理应用到搜索算法中，以提高寻优的速度和质量。

遗传算法的搜索过程不直接作用在变量上，而是作用在参数集进行了编码的个体，这使得遗传算法可直接对结构对象（图像）进行操作。整个搜索过程是从一组解迭代到另一组解，采用同时处理群体中多个个体的方法，降低了陷入局部最优解的可能性，并易于并行化。搜索过程采用概率的变迁规则指导搜索方向，而不采用确定性搜索规则，而且对搜索空间没有任何特殊要求（如连通性、凸性等），只利用适应性信息，不需要导数等其他辅助信息，适应范围广。

遗传算法擅长全局搜索，局部搜索能力不足，所以常把遗传算法和其他算法结合起来应用。将遗传算法运用到图像处理，主要是考虑遗传算法具有与问题领域无关且快速随机的搜索能力。其搜索从群体出发，具有潜在的并行性，可以进行多个个体的同时比较，能有效地加快图像处理的速度。遗传算法多阈值分割的实现效果如图 2-33 所示。

但是遗传算法也有缺点：搜索所使用的评价函数的设计、初始种群的选择有一定的依赖性等。

(a) 输入图像

(b) OTSU 分割

(c) 遗传算法多阈值分割

图 2-33　输入图像、OTSU 分割及遗传算法多阈值分割

2.1.7 其他分割方法

除了上述常见的图像分割方法,还有一些其他分割方法,下面进行简单介绍。

1. 基于聚类的图像分割方法

聚类(clustering)是将对象的集合分成由类似的对象组成的多个类的过程。聚类的思想可以应用到图像分割中,将图像中具有相似性质的像素聚类到同一个区域或图像块,并不断迭代修正聚类结果,直至收敛,从而形成图像分割结果。

Meanshift 算法最初由福永等在 1975 年提出,其基本思想是利用概率密度的梯度爬升寻找局部最优,先算出当前点的偏移均值,然后以此为新的起始点,继续移动,直到满足一定的结束条件。1995 年,美国辛辛那提大学程奕谅教授等提出可用于计算机视觉和图像处理的均值漂移算法,该算法定义了核函数和权值系数,使 Meanshift 算法得到了广泛应用。2002 年,科马尼丘等提出了基于核密度梯度估计的迭代式搜索算法,其基本思想是通过定位密度函数的局部最大,将具有相同模点的像素聚类在一起形成超像素(superpixel)区域。2009 年,莱温施泰因等提出了一种几何流(geometric flows)的超像素快速生成算法,称为 TurboPixels,该算法将图像分割成近似网格结构的图像块。2012 年,阿昌塔提出了简单线性迭代聚类(simple linear iterative cluster,SLIC)算法,这是一种简单的迭代聚类算法,该算法用来生成超像素区域,如图 2-34 所示[14]。

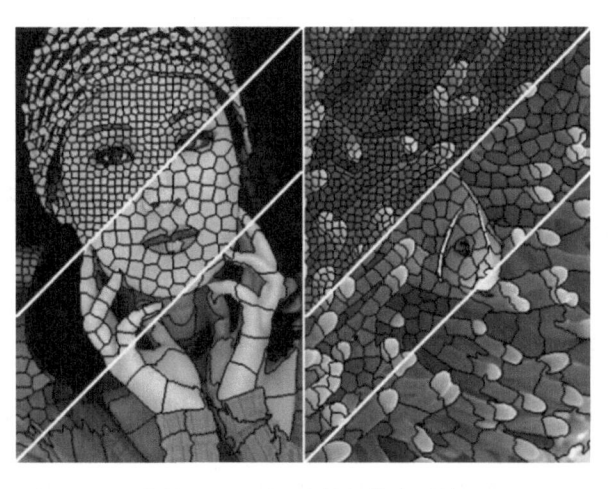

图 2-34 SLIC 中的超像素区域

SLIC 算法步骤如下。

（1）图像分割块的初始化：每一个图像块都是一个聚类，聚类的中心称为超像素，聚类的个数 K 是人为设定的，SLIC 算法先将图像分成大小一致的图像块。假设输入图像的像素个数为 N，需要分割的图像块个数为 K，那么每个图像块的大小为 $S \times S$，其中 $S = \sqrt{N/k}$。

（2）聚类中心的初始化：在划分好的图像块里，随机采样一个点作为聚类的中心。为了避免采样的初始点是噪声或者是在边缘部分，在采样点附近 3×3 的区域计算邻近像素点的梯度，选择邻近点中梯度最小的点为聚类中心。

（3）选好每一个图像块的聚类中心后，接下来需要计算图像中每一个像素点离聚类中心的距离。这里与通常的聚类算法不一样，一般的聚类算法会计算像素点离每一个聚类中心的距离，SLIC 算法简化了这一步，只计算每个聚类中心周围 $2S \times 2S$ 范围内的像素点与该聚类中心的距离，这样可以节省很多的运算时间。为了可以衡量距离，SLIC 算法考虑两种距离，即颜色距离和空间距离，分别如式（2-16）和式（2-17）所示。

$$d_c = \sqrt{(l_j - l_i)^2 + (a_j - a_i)^2 + (b_j - b_i)^2} \qquad (2\text{-}16)$$

$$d_s = \sqrt{(x_j - x_i)^2 + (y_j - y_i)^2} \qquad (2\text{-}17)$$

$$D' = \sqrt{\left(\frac{d_c}{N_c}\right)^2 + \left(\frac{d_s}{N_s}\right)^2} \qquad (2\text{-}18)$$

算法最后衡量距离的式子为

$$D = \sqrt{d_c^2 + \left(\frac{d_s}{S}\right)^2 m^2} \qquad (2\text{-}19)$$

式中，$S = \sqrt{N/k}$，$m^2 = N_c^2$，m 为常数。

（4）计算距离之后，每一个像素点都会更新自己所属的图像块，将同一个图像块的像素点取平均，得到新的聚类中心，然后重复前面的步骤，直到两次聚类中心的距离小于某个阈值。SLIC 算法分割示意图如图 2-35 所示。

2. 基于分类的图像分割方法

1995 年，科尔特斯与万普尼克发表了支持向量机（support vector machine，SVM）的论文。SVM 是一种性能良好的分类器，也是解决图像分割问题的方法，通过从图像中提取像素级特征，使用 SVM 进行逐像素分类，从而实现图像分割。SVM 对线性可分的图像分割效果良好，但图像的信息往往是非线性可分的，不能简单地以线性划分作为结果，因此引入核函数（图 2-36）。

图 2-35 SLIC 算法分割示意图

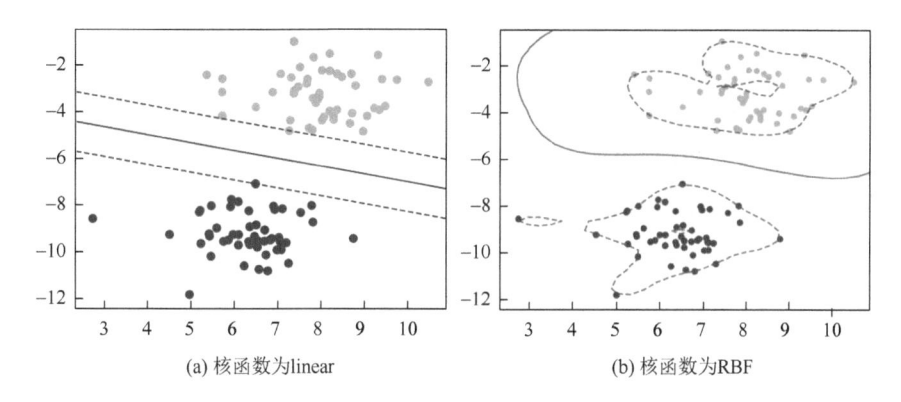

图 2-36 核函数为 linear 和 RBF 的支持向量机

首先需要定义输入空间与特征空间两个概念。输入空间是定义样本点的空间，由于问题线性不可分，所以无法用一个超平面将两类点分开，但是总可以找到一个合适的超曲面将两类点正确划分，即在低维线性不可分的情况下，总可以找到合适的从低维到高维的映射，使得在高维线性可分。于是，核函数所要解决的问题就是找这个从低维到高维的映射。

在给定核函数的情况下，可以利用求解线性分类问题的方法求解非线性分类问题的支持向量机，学习是隐式地在特征空间（映射之后的高维空间）进行的，这被称为核技巧。在实际应用中，往往直接依赖经验选择核函数，再验证其是有效的即可。

但是，支持向量机存在一定的问题。首先，图像的像素级特征是从图像亮度或颜色不同通道提取的，如 RGB、HSV 之间的差别，未考虑各通道之间的关系；其次，SVM 的训练速度比较缓慢。王向阳等提出了四元指数矩（quaternion exponent moments，QEM）方法，使用四元指数矩，考虑包括图像各颜色通道之间的关系在内的像素级特征,将特征作为孪生支持向量机(twin support vector machine,TSVM)输入,TSVM 先使用 Arimoto 熵阈值选择训练样本进行训练,最后利用训练好的 TSVM 模型对图像逐像素分类,根据分类结果实现彩色图像分割。

3. 模糊集理论的图像分割方法

1965 年,美国的查德教授提出了著名的模糊集理论(fuzzy sets theory),将人们认知中传统的二值 0 和 1 的观念,转变为对区间[0, 1]的思考。这种思想能够描述事物的不确定性,改变了非 1 即 0 片面的逻辑,提供了隶属度函数这一数学模型。模糊集理论更像人类对事物的判断和认知,这一方法也被推广到了许多专业领域[15]。模糊集理论的图像分割方法有模糊阈值分割、模糊聚类分割、模糊神经网络分割和模糊连接度分割等。

承恒达等将模糊测度函数概念引入最大熵(maximum entropy)原则,提出了基于模糊 C 分类的最大熵原则来选取图像分割阈值[16]。薛景浩等[17]提出了一种新的图像模糊散度阈值化分割方法。Udupa 等[18]提出用模糊连接度(fuzzy connectedness)刻画分割对象,认为目标是以某种凝聚力凝聚在一起而形成的物体,该方法在医学图像分割中得到了较好的应用。

2.2 数学形态学

数学形态学(mathematical morphology)由法国地质统计学家马特隆和塞拉创立。数学形态学是一门建立在格论和拓扑学基础之上的图像分析学科,是数学形态学图像处理的基本理论,刚开始针对二值图像,继而针对灰度图像,是数字图像处理领域中的一门新兴学科。其基本的运算包括:二值腐蚀和膨胀、二值开闭运算、骨架抽取、极限腐蚀、击中击不中变换、形态学梯度、顶帽运算、黑帽运算、颗粒分析、流域变换、灰值腐蚀和膨胀、灰值开闭运算、灰值形态学梯度等。数学形态学可作为工具从图像中提取表达和描绘区域形状的有用图像分量,如边界、骨架等。

2.2.1 膨胀和腐蚀

膨胀(dilate)和腐蚀(erode)是数学形态学最基本的两种操作,能实现多种功能,其主要功能如下:

(1)消除图像中小的噪声块。

(2)分割(isolate)出独立的图像元素,在图像中连接(join)相邻的元素。

(3)寻找图像中明显的极大值区域或极小值区域。

(4) 求出图像的梯度。

膨胀和腐蚀是对白色部分（高亮部分）而言的，不是黑色部分。"膨胀"就是图像中的高亮部分进行膨胀（"领域扩张"），效果图拥有比输入图像更大的高亮区域。

在 OpenCV 中，调用膨胀和腐蚀函数之前，一般会通过 cv2.getStructuringElement( ) 函数返回指定形状和尺寸的结构元素，用于传递内核的形状和大小。接着使用 cv2.dilate( )函数来进行膨胀处理，下面通过例 2-18 进行说明。

例 2-18 膨胀。

具体程序请见电子资源，程序运行结果如图 2-37 所示。

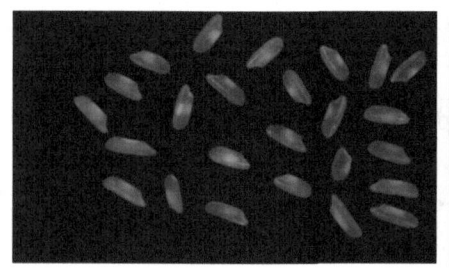

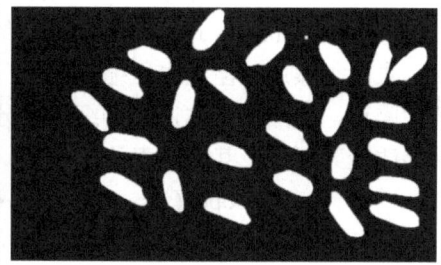

图 2-37 例 2-18 程序运行结果

"腐蚀"是指输入图像中的高亮部分被腐蚀（"领域被蚕食"），效果图拥有比输入图像更小的高亮区域。

在 OpenCV 中提供了 cv2.erode( )函数来进行腐蚀处理，下面通过例 2-19 进行说明。

例 2-19 腐蚀。

具体程序请见电子资源，程序运行结果如图 2-38 所示。

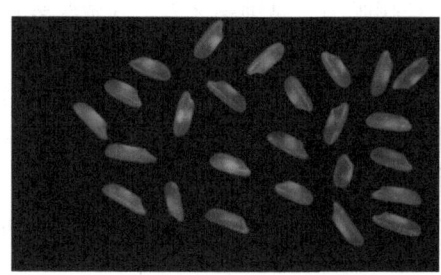

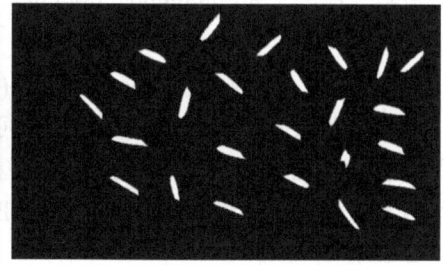

图 2-38 例 2-19 程序运行结果

2.2.2 闭运算与开运算

图像闭（closing）运算是图像依次经过膨胀、腐蚀处理后的过程。图像先膨胀，后腐蚀，有助于关闭前景物体内部的小孔或物体上的小黑点（闭合图像轮廓），平滑物体轮廓，弥合窄的间断点、沟壑，填补轮廓线断裂，其数学表达式如下：

$$dst = close(src, element) = erode(dilate(src, element)) \quad (2-20)$$

其中，dst 表示目标图像，src 表示原始图像，erode 表示腐蚀操作，dilate 表示膨胀操作，element 表示卷积核，可以选择矩形、椭圆形和交叉型等。

图像开（opening）运算是图像依次经过腐蚀、膨胀处理后的过程。图像被腐蚀后，去除了噪声，但是也压缩了图像；接着对腐蚀过的图像进行膨胀处理，可以去除噪声，消除小物体，在纤细点处分离物体，平滑较大物体的边界的同时并不明显改变其面积，其数学表达式如下：

$$dst = open(src, element) = dilate(erode(src, element)) \quad (2-21)$$

OpenCV 中有一个数学形态学常用的 cv2.morphologyEx( ) 函数，只需通过更改它的参数类型即可实现多种数学形态学的基本变换，下面通过例 2-20 与例 2-21 进行说明。

例 2-20 闭运算。

具体程序请见电子资源，程序运行结果如图 2-39 所示。

例 2-21 开运算。

具体程序请见电子资源，程序运行结果如图 2-40 所示。

2.2.3 形态学梯度

形态学梯度（morphological gradient）是膨胀图与腐蚀图之差，其数学表达式如下：

$$dst = morph\_grad(src, element) = dilate(src, element) - erode(src, element) \quad (2-22)$$

对二值图像进行形态学梯度运算，可以突出物体边缘。通常采用形态学梯度来保留物体的边缘轮廓，在 OpenCV 中通过 cv2.morphologyEx( ) 函数实现，具体参数见 2.2.2 节，其中参数 cv2.MORPH_GRADIENT 表示梯度处理。下面通过例 2-22 进行说明。

例 2-22 形态学梯度运算。

具体程序请见电子资源，程序运行结果如图 2-41 所示，可看出形态学梯度是突出图中高亮区域的外围。

(a) 输入图像

(b) 黑色噪声点　　　　　　　(c) 黑色噪声点图进行闭运算的结果

图 2-39　例 2-20 程序运行结果

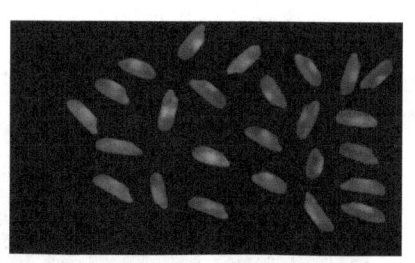

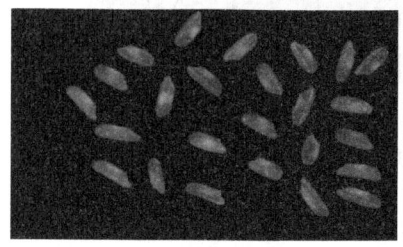

(a) 输入图像

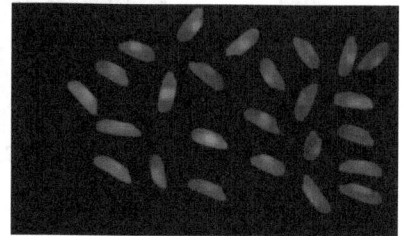

(b) 白色噪声点　　　　　　　(c) 白色噪声点图进行开运算的结果

图 2-40　例 2-21 程序运行结果

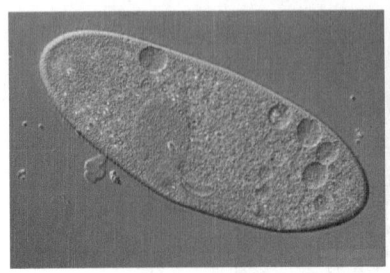

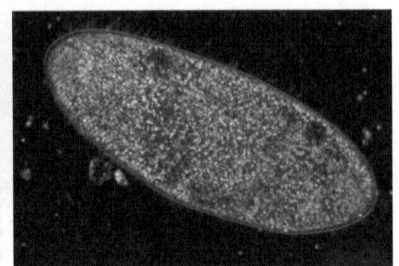

(a) 输入图像　　　　　　　　　(b) 形态学梯度运算效果图

图 2-41　例 2-22 程序运行结果

2.2.4　顶帽运算

顶帽（top-hat）运算是输入图像与开运算结果图之差。开运算的结果放大了裂缝或局部降低亮度的区域，因此从输入图像中减去开运算后的图得到的效果图能够突出比输入图像轮廓周围的区域更明亮的区域，且这一操作与选择的核的大小有关。顶帽运算往往用来分离比邻近点亮一些的板块，在一幅图像具有大幅背景而微小物品比较有规律的情况下，可以使用顶帽运算进行背景提取，具体数学表达式如下：

$$dst = tophat(src, element) = src-open(src, element) \quad (2-23)$$

下面通过例 2-23 进行说明。

例 2-23　顶帽运算。

具体程序请见电子资源，程序运行结果如图 2-42 所示。

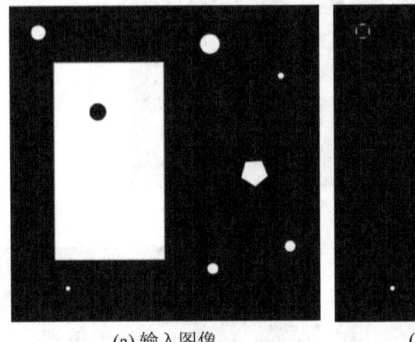

(a) 输入图像　　　　　　　　　(b) 顶帽运算效果图

图 2-42　例 2-23 程序运行结果

2.2.5　黑帽运算

黑帽（black-hat）运算其实就是闭运算的效果图与输入图像之差。黑帽运算后的效果图突出了比输入图像轮廓周围的区域更暗的区域,且这一操作和选择的核大小相关。因此,黑帽运算用来分离比邻近点暗一些的斑块,具体数学表达式如下:

$$dst = blackhat(src, element) = close(src, element) - src \qquad (2\text{-}24)$$

下面通过例 2-24 进行说明。

例 2-24 黑帽运算。

具体程序请见电子资源,程序运行结果如图 2-43 所示。

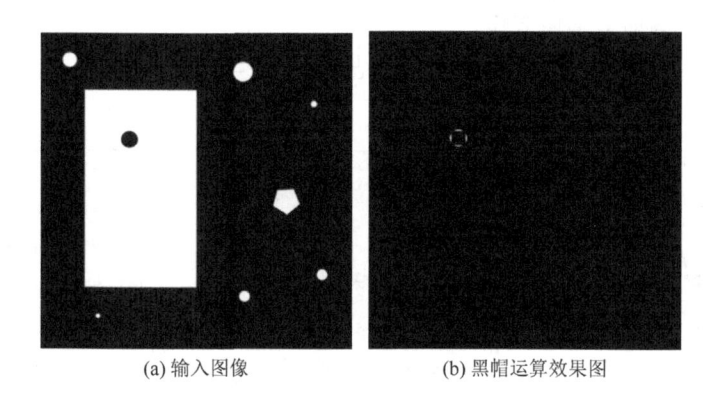

(a) 输入图像　　　　　　　(b) 黑帽运算效果图

图 2-43　例 2-24 程序运行结果

2.3　图像金字塔

图像金字塔(image pyramid)是图像多尺度分析(multi-scale analysis,MRA)技术的一种,以多分辨率解释图像的有效但概念简单的结构。一幅图像的金字塔是一系列以金字塔形状排列的分辨率逐步降低且来源于同一张原始图的图像集合。其通过梯次向下采样获得,直到达到某个终止条件才停止采样。将一层一层的图像比喻成金字塔,层级越高,则图像越小,分辨率越低。

常用的图像金字塔有高斯金字塔(Gaussian pyramid)和拉普拉斯金字塔(Laplace pyramid)。高斯金字塔用来向下采样(图像变小),而拉普拉斯金字塔用来从金字塔底层图像重建上层未采样图像(图像变大)。

2.3.1　高斯金字塔

高斯金字塔是一种多分辨率图像表示方法,通过逐步进行下采样和高斯模糊操作,将原始图像分解为一系列分辨率逐渐降低的图像层级,从而在保留主要特征的同时减少计算量,常用于图像处理中的特征提取、图像压缩等任务。

高斯金字塔的生成,主要包括以下四个步骤:

(1)输入图片。

(2)对图像进行高斯内核卷积。

(3)将所有偶数行和偶数列去除,得到(1)中图片的 1/4 大小。

(4)将步骤(3)中得到的图片重复步骤(2)和(3),直到得到 n 级图像金字塔。

OpenCV 提供了 cv2.pyrDown( )函数进行变换,下面通过例 2-25 进行说明。

例 2-25 高斯金字塔变换。

具体程序请见电子资源,程序运行结果如图 2-44 所示。

图 2-44 例 2-25 程序运行结果

高斯金字塔得到的图像即为放大后的图像,但是与原来的图像相比会比较模糊,因为在缩放的过程中已经丢失了一些信息,如果想在缩小和放大整个过程中减少信息的丢失,则需要采用拉普拉斯金字塔。

2.3.2 拉普拉斯金字塔

1983 年,Burt 和 Adelson 提出了拉普拉斯金字塔方法,以改善图像信息丢失问题。

拉普拉斯金字塔的生成,主要是基于高斯金字塔以及上采样操作,其生成原理如下:

(1)通过高斯金字塔步骤中的(2)和(3)将输入图像分别进行高斯滤波和下采样。

(2)将步骤(1)得到的图像在每个方向扩大为原来的两倍,新增的行和列以 0 填充。

(3)进行高斯内核卷积。

（4）用步骤（3）得到的图像减去步骤（1）中经过上采样后再进行高斯滤波的图像，得到具有高频信息的图像。

（5）重复（2）~（4），直到得到 n 级图像金字塔。

高斯金字塔用来向下降采样图像，而拉普拉斯金字塔则用来从金字塔底层图像中向上采样重建一个图像，因此可以将拉普拉斯金字塔理解为高斯金字塔的逆形式，如图 2-45 所示。

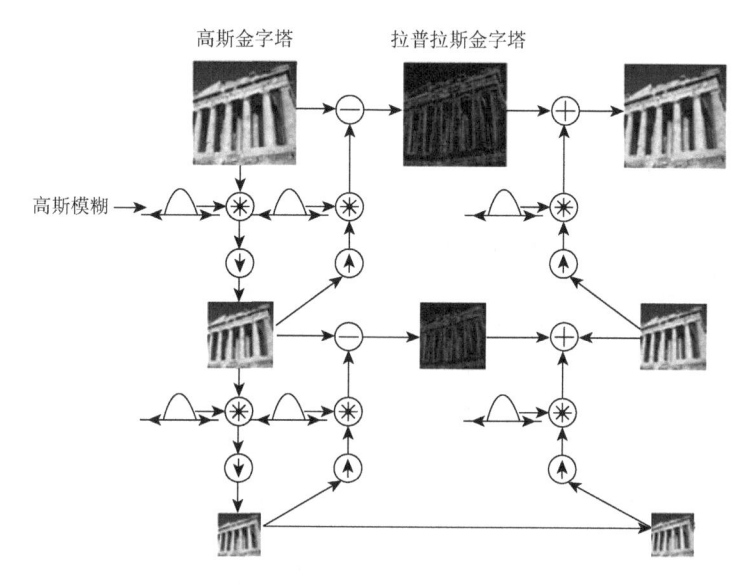

图 2-45　图像金字塔变换

OpenCV 提供了 cv2.pyrUp( )函数进行变换，下面通过例 2-26 进行说明。

例 2-26　拉普拉斯金字塔变换。

具体程序请见电子资源，程序运行结果如图 2-46 所示。

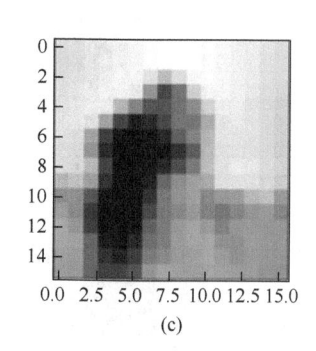

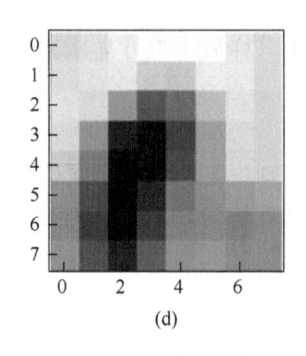

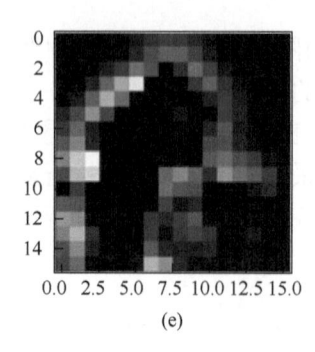

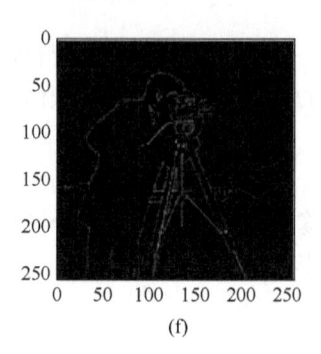

图 2-46　例 2-26 程序运行结果

2.3.3　高斯差分

高斯差分（difference of Gauss，DoG）的原理是，把同一张图像在不同的参数下做高斯模糊之后的结果相减，得到输出图像。高斯差分是图像的内在特征，在灰度图像增强、角点检测中经常用到，其步骤如下。

（1）将输入图像进行灰度转换。
（2）对灰度图进行第一次高斯模糊，得到图像 G_1。
（3）对灰度图进行第二次高斯模糊，得到图像 G_2。
（4）将高斯模糊的两张图像进行相减：G_1-G_2。
（5）做归一化处理。

OpenCV 中使用 cv2.GaussianBlur( ) 函数进行高斯模糊，使用 cv2.normalize( ) 函数进行归一化处理。下面通过例 2-27 进行说明。

例 2-27　高斯差分。

具体程序请见电子资源，程序运行结果如图 2-47 所示。

图 2-47　例 2-27 程序运行结果

2.4 小　　结

本章简要介绍了图像分割中的一些经典方法与数学形态学常见的几种操作。通过本章可了解传统图像分割的思想，以及了解多种图像分割方法。图像分割的研究虽然已经派生出许多不同方向的理论，但是它们终究要回到如何能够更好地提取目标上。图像预处理和数学形态学处理变换是后续深入了解图像分割的基础，充分理解其原理，了解图像分割的思想，掌握图像分割和数学形态学操作的方法，可为后面的图像语义分割提供研究思路。

参 考 文 献

[1] Pal N R，Pal S K. A review on image segmentation techniques[J]. Pattern Recognition，1993，26（9）：1277-1294.

[2] 黄鹏，郑淇，梁超. 图像分割方法综述[J]. 武汉大学学报（理学版），2020，66（6）：519-531.

[3] Magid A，Rotman S R，Weiss A M. Comments on picture thresholding using an iterative selection method[J]. IEEE Transactions on Systems，Man，and Cybernetics，1990，20（5）：1238-1239.

[4] Otsu N. A threshold selection method from gray-level histograms[J]. IEEE Transactions on Systems，Man，and Cybernetics，2007，9（1）：62-66.

[5] Matas J，Chum O，Urban M，et al. Robust wide-baseline stereo from maximally stable extremal regions[J]. Image and Vision Computing，2004，22（10）：761-767.

[6] Boykov Y Y，Jolly M-P. Interactive graph cuts for optimal boundary & region segmentation of objects in N-D images[C]//Proceeding Eighth IEEE International Conference on Computer Vision，IEEE，2001：105-112.

[7] Rother C，Kolmogorov V，Blake A. GrabCut：Interactive foreground extraction using iterated graph cuts[C]//Special Interest Group on Computer Graphics and Interactive Techniques. New York：Association for Computing Machinery，2004：308-314.

[8] Van den Bergh M，Boix X，Roig G，et al. SEEDS：Superpixels Extracted via Energy-Driven Sampling[C]// Fitzgibbon A，Lazebnik S，Pernona P，et al. Computer Vision—ECCV 2012，12th European Conference on Computer Vision Florence. Berlin：Springer-Verlag，2012：13-26.

[9] Kass M，Witkin A，Terzopoulos D. Snakes：Active contour models[J]. International Journal of Computer Vision，1988，1（4）：321-331.

[10] 李天庆，张毅，刘志，等. Snake 模型综述[J]. 计算机工程，2005（9）：1-3.

[11] Li C M，Xu C Y，Gui C F，et al. Distance regularized level set evolution and its application to image segmentation[J]. IEEE Transactions on Image Processing A Publication of the IEEE Signal Processing Society，2010，19（12）：3243-3254.

[12] 张永刚. 基于小波变换的医学影像图像阈值分割实现设计[J]. 贵州大学学报（自然科学版），2021，38（2）：37-39，43.

[13] Holland J H. Adaptation in Natural and Artificial Systems[M]. New York：The University of Michigan Press，1976.

[14] Achanta R，Shaji A，Smith K，et al. SLIC superpixels compared to state-of-the-art superpixel methods[J]. IEEE Transactions on Pattern Analysis and Machine Intelligence，2012，34（11）：2274-2282.

[15] 劳丽,吴效明,朱学峰. 模糊集理论在图像分割中的应用综述[J]. 中国体视学与图像分析,2006,11(3):200-205.

[16] Murthy C A, Pal S K. Fuzzy thresholding: Mathematical framework, bound functions and weighted moving average technique[J]. Pattern Recognition Letters,1990,11(3):197-206.

[17] 薛景浩,章毓晋,林行刚. 一种新的图像模糊散度阈值化分割算法[J]. 清华大学学报(自然科学版),1999,39(1):47-50.

[18] Udupa J K, Samarasekera S. Fuzzy connectedness and object definition: Theory, algorithms, and applications in image Segmentation[J]. Graphical Models and Image Processing,1996,58(3):246-261.

第3章 神经网络和深度学习

本章主要介绍生物神经网络原理和人工神经网络发展，以及三个在神经网络基础上发展而来的深度学习模型：卷积神经网络、基于多层神经元的自编码神经网络和深度置信网络。20 世纪 40 年代，心理学家麦卡洛克和数学家皮茨提出神经元的数学模型，此后，基于这个模型发展出了神经网络和各种深度学习模型，并被广泛应用在图像识别、图像分类、语音识别等诸多领域。迄今为止，神经网络已经覆盖人们日常生活的方方面面。

3.1 生物神经网络原理

生物神经网络（biological neural network）一般指由生物的大脑神经元、细胞、触点等组成的网络，用于产生生物意识，帮助生物思考和行动。在生物神经网络中，无数个神经元相互连接，随着神经元不断地接收刺激，这些神经元改变了连接结构，加强已存在的连接、建立新的连接及删除连接。

神经元主要由细胞体、树突和轴突构成[1]，其中轴突负责传输信息，树突接收其他神经元的信息，细胞体收集树突的输入信息，并根据这些信息判断是否传递给下一个神经元。神经元结构如图 3-1 所示。

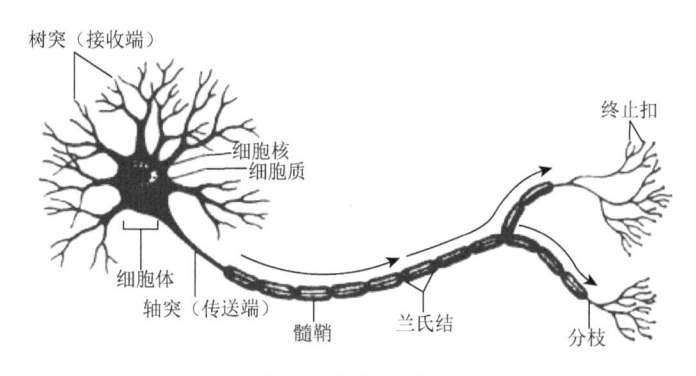

图 3-1 神经元结构

虽然单个神经元比较简单，但大量的神经元之间的复杂连接却可以演化出生物体极其丰富多彩、变化万端的思维方式。正是神经元之间复杂的连接构成了神经系统功能复杂化和多样化的结构基础，由此引出了神经网络的概念。大量的神经元按一定的层次结构连接起来，就构成了神经网络。

3.2 人工神经网络发展

人工神经网络（artificial neural network，ANN）是 20 世纪 80 年代人工智能领域兴起的研究热点。最近数十年来，人工神经网络的研究不断深入，取得了很大的进展，在模式识别、自动控制、医学等领域被广泛应用。

人工神经网络简称神经网络或类神经网络，即从信息处理角度对人脑神经元网络进行抽象，建立某种简单模型，按不同的连接方式组成不同的网络。神经网络是一种算法数学模型，由大量的节点（或称神经元）相互连接构成。每个节点代表一种特定的输出函数，称为激活函数。每两个节点间的连接都代表一个对于通过该连接信号的加权值，称之为权重，这相当于人工神经网络的记忆。网络的输出则根据网络连接方式、权重和激活函数的不同而不同。

1943 年，心理学家麦卡洛克和数学家皮茨参考生物神经元的结构（图 3-1）[2]，设计出抽象的神经元模型，如图 3-2 所示。该神经元结构可模拟人脑神经元网络的结构和行为，使得计算机也具有人脑处理知识的基本能力：学习、记忆、思维。和生物神经元功能类似，单个神经元只能完成一些简单的工作，但大量的神经元构成的神经网络具有复杂的功能。神经元是通过神经元之间连接函数 w 的大小反映信号传递的强弱，并且再引入一个非线性函数（即激活函数 f）以这个加权和为输入，将其输出作为激活水平（模拟生物神经元的超过阈值兴奋过程），从而构成各种神经网络结构模型。

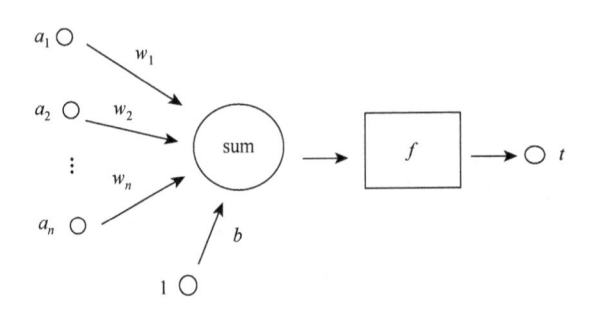

图 3-2　简单神经元模型

对于图 3-2 的神经元模型，$a_1, a_2, \cdots, a_n$ 为各个输入的分量，$w_1, w_2, \cdots, w_n$ 为各个分量对应的权重，b 为偏差或者偏置，f 为激活函数，t 为神经元的输出。其中，t 的计算方式如下：

$$t = f(w_1a_1 + w_2a_2 + \cdots + w_na_n + b \times 1) \qquad (3\text{-}1)$$

最常用的激活函数有以下五种，其中使用较多的是 Sigmoid 函数和 ReLU 函数。

（1）阶跃函数：

$$f(x) = \begin{cases} 1 & x \geqslant 0 \\ 0 & x < 0 \end{cases}$$

（2）恒等线性函数：

$$f(x) = x$$

（3）分段线性函数：

$$f(x) = \begin{cases} 1 & x \geqslant x_2 \\ ax + b & x_1 \leqslant x < x_2 \\ 0 & x < x_1 \end{cases}$$

（4）Sigmoid 函数：

$$f(x) = \frac{1}{1 + e^{-x}}$$

（5）ReLU（修正线性激活）函数：

$$\begin{cases} f(x) = \max(0, x) & x \geqslant 0 \\ f(x) = 0 & x < 0 \end{cases}$$

神经网络中应用最普遍的是 Sigmoid 函数（图 3-3），该函数的定义域为 $(-\infty, +\infty)$，值域为 $(0, 1)$，具有如下特性：当 x 趋近于负无穷时，$f(x)$ 趋近于 0；当 x 趋近于正无穷时，$f(x)$ 趋近于 1；当 $x = 0$ 时，$f(x) = 1/2$。

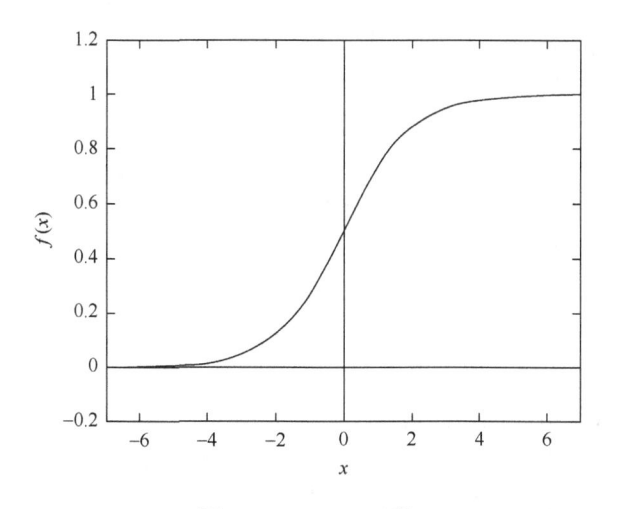

图 3-3 Sigmoid 函数

对 Sigmoid 函数求导，可得

$$f'(x) = (1+e^{-x})^{-2}e^{-x} = \frac{(1+e^{-x}-1)}{(1+e^{-x})^2}$$
$$= \frac{1}{1+e^{-x}} - \frac{1}{(1+e^{-x})^2} \quad (3\text{-}2)$$
$$= \frac{1}{1+e^{-x}}\left(1 - \frac{1}{1+e^{-x}}\right)$$
$$= f(x)[1-f(x)]$$

式（3-2）在 Sigmoid 函数作为激活函数的神经网络权重修正时要用到。ReLU 函数是当前深度学习中较为流行的一种激活函数，对 ReLU 函数求导不涉及浮点运算，所以速度更快。在 $x>0$ 时梯度始终为 1；在 $x<0$ 时梯度始终为 0；在 $x=0$ 时的梯度可以当成 1 也可以当成 0，在实际应用中并不影响。对于隐藏层，选择 ReLU 函数作为激活函数，能够保证 $x>0$ 时梯度始终为 1，从而提高神经网络梯度下降算法运算速度。相比于 Sigmoid 函数，ReLU 函数在输入为正时，不存在梯度饱和问题（即自变量进入某个区间后，梯度变化会非常慢），并且计算速度快；而 Sigmoid 函数可能会出现梯度消失，且在执行指数运算时训练速度慢。

神经元模型的权重都是预先设置的，因此不能进行学习。针对这个问题，1949 年心理学家 Hebb 在《行为的组织》中提出了 Hebb 法则：在神经网络中，信息储存在连接权中，神经元之间突触的联系强度是可变的。目前的神经网络通过调整人工神经网络的权值实现不同的功能。1954 年，Eccles 等[3]提出了真实突触的分流模型，这一模型通过突触的电生理实验得到证实，为神经网络模拟突触的功能提供了生理学的证据。在此基础上，1958 年 Rosenblatt[4]提出了第二个机器学习模型——感知器（perceptron），接近于人类学习过程（迭代、试错），基本的感知器是一个两层的神经网络，分为输入层和输出层，两层之间为全互连方式，且两层之间的连接权值可以通过不断学习来调整。如图 3-4 所示，x 表示输入向量，w 为权重，相当于从 1 开始一直到 n，可再加上一个 b（即偏差），这个偏差可以让分类器具有一定的移动能力，可以让模型更快、更高质量地收敛，加权和取得的值通过阶跃函数输出 0 或 1，即可解决线性可分的二分类问题。模型中感知器的权值可通过学习获得，这在当时引起了大量的关注。1960 年，Widrow 和 Hoff[5]提出了自适应线性元件 Adaline 网络模型，它是一种连续取值的模型，对分段线性网络的训练有一定作用。这些形成了早期的神经网络研究。

1969 年，人工智能创始人马文·明斯基和西摩·佩珀指出当前的网络只能应用于简单的线性问题，即感知器本质上是一个线性模型，无法解决非线性问题（而事实上，他们提出的问题可以用多层网络来解决）。另外，当时的计算机没有足够的能力处理大型神经网络，因为大型神经网络需要很长的计算时间（感知器只有一层，而现代神经网络却有数百万层)。直到计算机具有更强的计算能力之前，神经网络的研究进展缓慢。神经网络的研究停滞十余年，进入了低谷阶段。

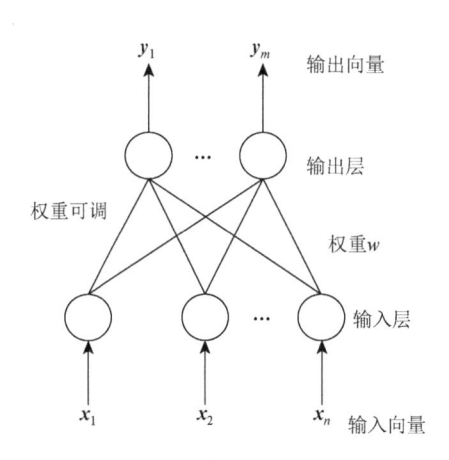

图 3-4　感知器模型

前馈神经网络通过在网络中向前传递属性信息做出预测。1982 年，Hopfield[6]提出了 Hopfield 神经网络，证明在一定条件下网络可以达到稳定的状态。1986 年，Rumelhart 等[7]提出了适用于多层感知器（multiple perceptron，MLP）的反向传播（back propagation，BP）算法（包括两部分，即前向传播的计算与反向传播的计算），此算法目前仍是人工神经网络中非常基础的算法之一，并且还在层与层的传播过程中引入 Sigmoid 函数，为神经网络引入非线性，改良了单层感知器无法解决非线性问题的限制。BP 算法的应用广泛，至今仍然应用在很多流行的网络中。它在深度神经网络的发展中发挥了重要作用，理论也更加完备严谨，下面详细介绍 BP 算法。

前面已介绍，两层感知器能力有限，可以通过加入隐藏层节点提高其能力，但是其学习比较困难，BP（指反向修正权重和偏差）算法的出现解决了这一问题。标准的 BP 网络是三层前馈网络，如图 3-5 所示，分别为输入层、隐藏层、输出层。各层之间是节点全连接，各层内的各个神经元节点之间没有连接。

BP 网络的学习是有监督的学习。BP 算法采用梯度下降算法使得在不断训练后误差函数取极小值，误差函数定义为输出层各神经元的输出误差的平方和，即均方误差（mean-square error，MSE），如下所示：

$$\text{MSE} = \frac{1}{N}\sum_{t=1}^{N}[y_t - f(wx_t + b)]^2 \qquad (3\text{-}3)$$

下面先介绍梯度下降算法。如果要求一个二元函数 $z = f(x, y)$ 的最小值，在

高等数学中会联立 $\frac{\partial f(x,y)}{\partial x}=0, \frac{\partial f(x,y)}{\partial y}=0$ 这两个方程求解，但在实际问题中通常不容易求解，而梯度下降算法就是一种替代方法。如果把函数图像看作一座山，求最小值就是要从山顶到达山脚，应该找出最陡的坡往下走，走一段距离后继续找最陡的坡走，重复这个过程就能沿着最短的路到达山脚，如图 3-6 所示，而这也是梯度下降算法的过程。找最陡的坡在数学中即为求函数的梯度，梯度是函数值增加最快的方向，因此在梯度下降中是沿着梯度的反方向进行参数更新。

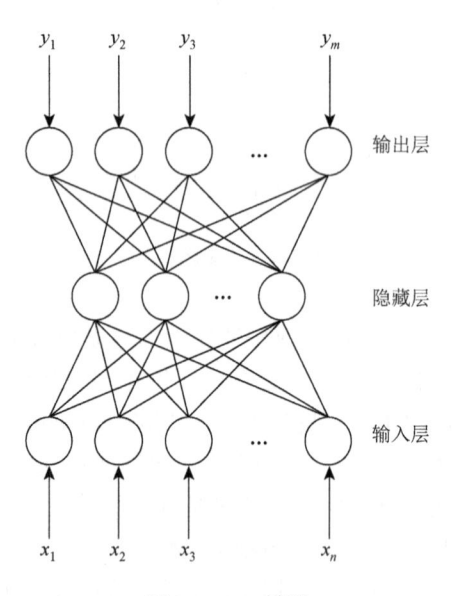

图 3-5 BP 模型

随机梯度下降（stochastic gradient descent，SGD）算法是对梯度下降算法的改进，虽然梯度下降算法理论上很好用，但是由于它是把所有的样本代入到导数中进行累加之后更新参数，导致计算量非常大，实际上不实用。随机梯度下降算法则是选择一个样本计算一个导数，然后更新参数，这样计算速度相比梯度下降算法就快很多。

下面通过例 3-1 介绍 BP 算法的公式推导以及代码实现。假设已知 4 个人的身高、体重，要根据身高、体重的差别辨别这 4 个人的性别，输出 1 为男性，0 为女性。其模型结构如图 3-7 所示，其中输入层有 2 个节点，隐藏层有 2 个节点，输出层有 1 个节点，输入层与隐藏层的连接权值为 w_1、w_2、w_3、w_4，隐藏层与输出层的连接权值为 w_5、w_6，隐藏层节点 3 的偏差为 b_1，节点 4 的偏差为 b_2，输出层节点 5 的偏差为 b_3，输入层节点 1、2 的输出分别为 x_1、x_2，隐藏层节点 3、4

的输出分别为 h_1，h_2，输出层节点预测输出为 y_p，真实输出为 y_t，节点激活函数为 Sigmoid 函数 $f(x)$。

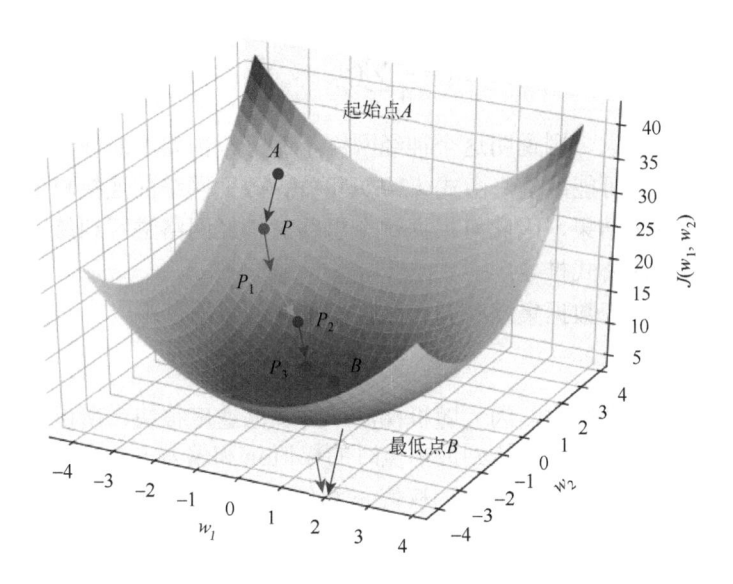

图 3-6 梯度下降算法求解过程

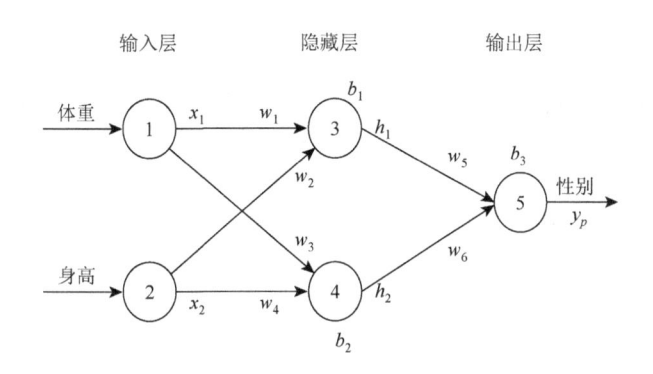

图 3-7 辨别性别模型

首先计算模型的前向传播，其中节点 3 的输出为（节点 4 类似计算）

$$h_1 = f(x_1 w_1 + x_2 w_2 + b_1) \tag{3-4}$$

节点 5 的输出，即模型的预测输出 y_p 为

$$y_p = f(h_1 w_5 + h_2 w_6 + b_3) \tag{3-5}$$

因为神经网络的参数初始值是随机设置的，计算的结果 y_p 不一定符合预期，所以需要对神经网络参数进行调整，也就是不断训练进行优化。在训练神经网络

之前需要一个标准定义这个神经网络好不好，好的程度如何，以便后续改进，而这个标准就是误差，这里将误差函数定义为 E_k，也就是式（3-3）提到的均方误差 MSE：

$$E_k = \frac{1}{4}\sum_{i=1}^{4}(y_t - y_p)^2 \quad (3\text{-}6)$$

如果误差值较大，则说明这个神经网络不够好，需要不断地训练优化，使得网络的输出结果尽可能准确。由式（3-6）可知，改变网络的连接权值和节点偏差会影响网络的输出结果，因此可根据这个思路对神经网络进行训练。下面将具体介绍其实现过程的公式推导。

为方便推导，把数据集缩减到只包含一个人的数据，得

$$E_1 = (y_t - y_p)^2 \quad (3\text{-}7)$$

在神经网络的训练中，因为随机梯度下降算法速度很快，所以采用随机梯度下降算法求解使得误差函数达到最小值时的权值 w_i 和偏差 b_j，用这种方法逐步改变网络的权值 w_i 和偏差 b_j。因此，权值 w_i 和偏差 b_j 更新后可表述如下

$$w_i = w_i - \eta\frac{\partial E}{\partial w_i} \quad (3\text{-}8)$$

$$b_j = b_j - \eta\frac{\partial E}{\partial b_j} \quad (3\text{-}9)$$

式中，η 表示学习率（大于 0 的正常数），控制参数更新幅度的大小。当 η 过大时，会导致梯度下降时可能跨过最低点，甚至导致发散；当 η 过小时，导致计算速度变慢，需迭代的次数变多。当权值大于极小值时，该权值的偏导大于 0，当原来的权值减去大于 0 的数则会使得权值变小，进一步向极小值点靠近；当权值小于极小值时，该权值的偏导小于 0，当原来的权值减去小于 0 的数会使得权值变大，进一步向极小值点靠近。这些过程经过多次重复进行会使得误差值达到最小。

E_1 是关于权值和偏差的函数，根据式（3-7）和链式求导法则，对于输出层和隐藏层之间的权值 w_5，可表示为式（3-10）和式（3-11），其中，y_p'、h_1'、h_2' 分别为 y_p、h_1、h_2 关于相应权值或偏差的导数［式（3-10）～式（3-17）］，w_6 同理计算。

$$\frac{\partial E_1}{\partial w_5} = \frac{\partial E_1}{\partial y_p}\frac{\partial y_p}{\partial w_5} = -2(y_t - y_p)\times h_1 \times y_p' \quad (3\text{-}10)$$

对于输入层和隐藏层之间的权值 w_1，有

$$\frac{\partial E_1}{\partial w_1} = \frac{\partial E_1}{\partial y_p}\frac{\partial y_p}{\partial h_1}\frac{\partial h_1}{\partial w_1} = -2(y_t - y_p)\times w_5 \times y_p' \times x_1 \times h_1' \quad (3\text{-}11)$$

w_2、w_3、w_4 类似计算。对于节点 3 的偏差 b_1，有

$$\frac{\partial E_1}{\partial b_1} = \frac{\partial E_1}{\partial y_p}\frac{\partial y_p}{\partial h_1}\frac{\partial h_1}{\partial b_1} = -2(y_t - y_p) \times w_5 \times y'_p \times h'_1 \qquad (3\text{-}12)$$

b_2 与之类似。对于节点 5 的偏差 b_3，有

$$\frac{\partial E_1}{\partial b_3} = \frac{\partial E_1}{\partial y_p}\frac{\partial y_p}{\partial b_3} = -2(y_t - y_p) \times y'_p \qquad (3\text{-}13)$$

令 $y_l = -2 \times (y_t - y_p)$，$m_1 = x_1 w_1 + x_2 w_2 + b_1$，$m_2 = x_1 w_3 + x_2 w_4 + b_2$，$m_3 = h_1 w_5 + h_2 w_6 + b_3$，代入到式（3-8）与式（3-9）中可得到以下参数更新公式：

$$w_5 = w_5 - \eta \times y_l \times h_1 \times f(m_3) \times (1 - f(m_3)) \qquad (3\text{-}14)$$

$$w_1 = w_1 - \eta \times y_l \times w_5 \times x_1 \times f(m_3) \times (1 - f(m_3)) \times f(m_1) \times (1 - f(m_1)) \qquad (3\text{-}15)$$

$$b_1 = b_1 - \eta \times y_l \times w_5 \times f(m_3) \times (1 - f(m_3)) \times f(m_1) \times (1 - f(m_1)) \qquad (3\text{-}16)$$

$$b_3 = b_3 - \eta \times y_l \times f(m_3) \times (1 - f(m_3)) \qquad (3\text{-}17)$$

下面通过例 3-1 进行说明。

例 3-1 BP 神经网络通过身高、体重判断性别。

源码请见电子资源。

BP 神经网络首先是前向传播，比较简单，即将上一层的输出作为下一层的输入，并计算下一层的输出，一直运算到输出层为止。BP 算法即误差反向传播，使得来自损失函数的信息通过网络向后传播，以便计算梯度。反向传播通常与最优化方法（如梯度下降算法）结合使用，是用来训练人工神经网络的常见方法。该方法对网络中所有权值计算损失函数的梯度。这个梯度会反馈给最优化方法，用来更新权值以最小化损失函数。需要注意的是，反向传播仅用于计算梯度，而另外的最优化算法如随机梯度下降算法，才使用该梯度优化网络权值。

3.3 深度学习模型

2006 年，Hinton 提出了深度网络和深度学习概念[8]，深度网络即多层次的人工神经网络。此后，对深度学习的研究逐渐增多，方法思路也日新月异，其中 2011 年提出的 ReLU 函数，很好地解决了 Sigmoid 函数在梯度传播过程中梯度消失的问题，该激活函数至今仍应用在各流行网络中。2012 年，Hinton 等凭借 AlexNet 在 ImageNet 图像识别比赛中取得第一名，且成绩大幅领先第二名，其中 AlexNet 在 LeNet-5 的基础上进行了改进，首次采用 ReLU 函数，并增加了网络的层数，使得网络可以表征更加丰富的特征。

当前，深度学习蓬勃发展。近年来，随着互联网的蓬勃发展、大数据时代的

到来以及硬件算力的持续增长,深度学习取得了突飞猛进的发展。

过去的三十年里,由于计算机性能的提高和诸多研究人员的贡献,深度神经网络所涉及的几种学习思想和技术,如卷积神经网络、自编码器等,大幅提高了机器的学习效率。如今,深度学习的研究成果已经成功应用在目标识别、人工智能等领域,具有巨大的发展潜力和社会价值。本节将介绍三种常见的深度学习模型,其中着重介绍与后续相关的卷积神经网络。

3.3.1 卷积神经网络

卷积神经网络(CNN)是一类包含卷积计算且具有深度结构的前馈神经网络,是深度学习的代表性算法。卷积神经网络的局部连接、权值共享及池化操作等特性可以降低网络的复杂度,减少训练参数量,易于训练和优化网络结构。下面简要介绍卷积神经网络的发展历程,以及多种经典卷积神经网络的优势与劣势。

1. 卷积神经网络发展历程

1962 年,Hubel 和 Wiesel 发现在猫脑视觉皮层中存在一系列细胞对视觉输入空间的局部区域很敏感,这些局部区域被称为"感受野"(receptive field,或感受域、接受域等)。1980 年,Fukushima 在感受野概念基础上提出了新认知机(neocognitron)[9]。新认知机由 S 层(simple-layer)和 C 层(complex-layer)交替组成,其中 S 层能在感受野内对图像特征进行提取,C 层单元接收和响应不同感受野返回的相同特征。新认知机的这种组合能够进行特征提取和筛选,部分实现了卷积神经网络中卷积层和池化层的功能,可认为是 CNN 的第一个工程实现网络。1998 年,LeCun 提出 LeNet-5 模型[10],主要对手写数字进行分类。LeNet-5 模型是经典的 CNN 结构,后面有许多工作基于该模型进行。2006 年,Hinton 等[11]指出,具有多个隐藏层的神经网络拥有更优异的特征学习能力,在训练上的复杂度可以通过逐层初始化有效缓解,并且当时计算机硬件设备相较于之前也大幅度提高,而卷积神经网络的表征学习能力也得到关注。2012 年,ImageNet 大规模图像识别挑战赛(ImageNet Large Scale Visual Recognition Challenge,ILSVRC)上的第一名 AlexNet 使用 CNN 的正确率超出第二名近 10 个百分点,CNN 开始引起人们的重视,并且 CNN 不再局限于手写数字分类和声音识别,也开始用于人脸识别。2015 年,He 等提出深度残差网络(deep residual network,ResNet),解决网络退化(随着网络的不断加深,网络中误差反而上升)问题,使得更深的网络能获得更好的性能。ResNet 的提出是 CNN 图像史上的里程碑,在此之后越来越多的研究人员进行了 CNN 的研究工作。

2. 卷积神经网络的结构

卷积神经网络的基础结构与普通神经网络相似，具有能够学习的权重和偏差常量的神经元。卷积神经网络的结构由输入层、卷积层、池化层、全连接层和输出层构成[12]，其中卷积层和池化层交替设置，如图 3-8 所示。

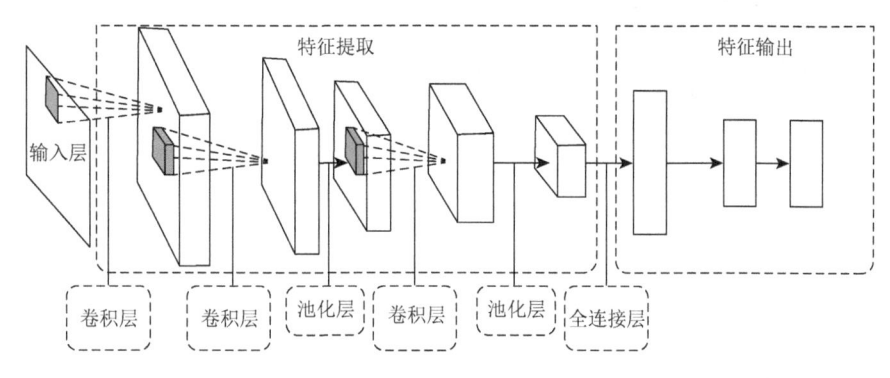

图 3-8 卷积神经网络结构

1）输入层

输入层主要是对输入数据预处理，常见的方法包括去均值和归一化。它可以处理多维数据，如固定长和宽的图像。一般一维卷积神经网络主要接收一、二维数组，如时间或频谱采样；二维卷积神经网络主要接收二、三维数组；三维卷积神经网络接收四维数组。在图像识别中，图像像素点很多，再加上通道数和偏差，如果有多个神经元，那么构成的神经网络参数将会巨大无比，但实际上只需要图像中的部分关键特征，而不需要整张图像中的所有细节特征，感受野解决了此问题。如图 3-9 所示，层 1 中识别鸟嘴的神经元只考虑部分感受野：这一个神经元只考虑图像通道中的部分区域。不同的神经元识别不同的特征，即网络局部连接（local connectivity）。

2）卷积层

卷积层的作用主要是提取经过输入层预处理后的数据内容的特征值。卷积在 1.4.1 节已有具体的介绍。如图 3-10 所示，卷积核在计算的时候，按照设定好的步数（步长）移动扫描图像，但卷积核中的参数和偏差是固定不变的，即卷积核参数共享（parameter sharing）。网络局部连接和卷积核参数共享是卷积神经网络的两大核心思想，其作用就是减少神经元的参数数量，使运算变得简洁、高效，达到在超大规模数据集上运算的目的。通过一层层的卷积，可以使卷积核在某一层覆盖完整的图像。

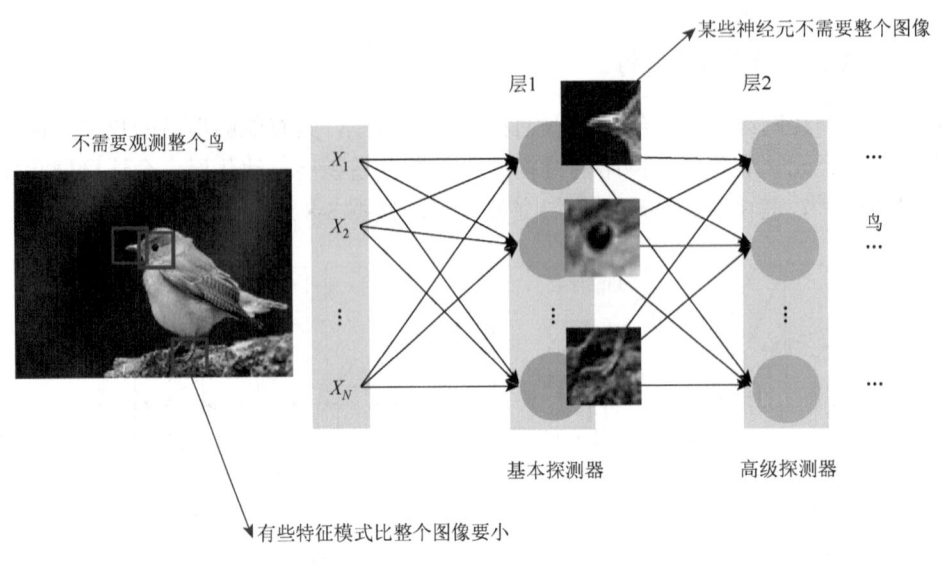

图 3-9　通过感受野减小权重

多个神经元可以同时处理一个感受野（图像某特征），不同感受野之间可以重叠。通常，同一个感受野由一组神经元处理

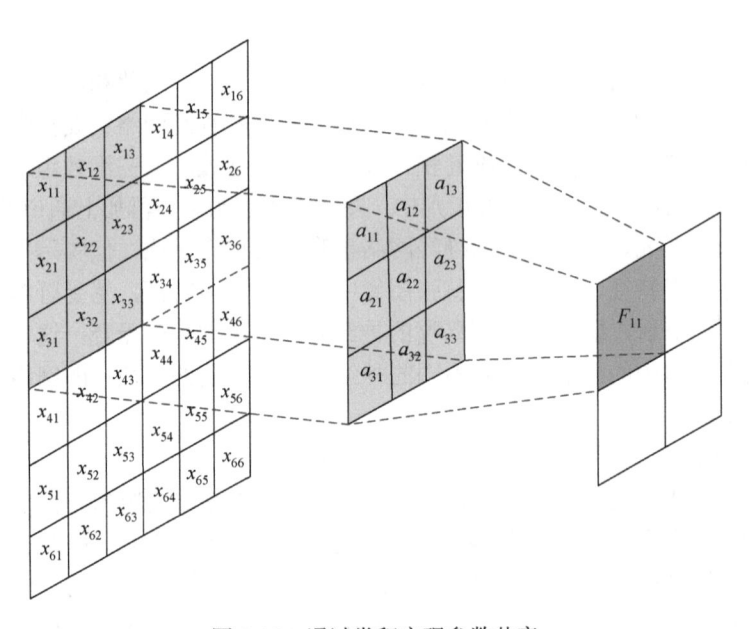

图 3-10　通过卷积实现参数共享

3）池化层

对卷积层提取的特征应用池化层，可以有效地缩减矩阵的尺寸，进一步减少参数量，加快运算并防止过拟合。对于池化具体操作，请见 1.4.3 节。池化方法有

最大池化、均值池化和自适应池化等。池化层不需要任何参数，也不改变图像的通道数，是利用图像局部相关性的原理对图像进行子采样。

4）全连接层

顾名思义，全连接是把经过卷积层提取的局部特征重新通过权值矩阵组成完整的图。图像经过若干次卷积和池化处理形成的特征图展开（拉伸）成一个列向量，然后输入到全连接网络中进行训练，最后通过全连接层进行分类。全连接层在整个卷积神经网络中起到"分类器"的作用，如图 3-11 所示，现在要识别图 3-11（a）是不是猫，假设这个神经网络模型训练到图 3-11（b）所示的阶段，提取了局部特征，且到达了第一层全连接层并激活符合特征存在的部分神经元，这一层的作用是把提取的局部特征进行组合并输出到第二层全连接层的某个神经元，如图 3-11（d）所示，组合成猫的头部。依此类推，猫的身体的其他部位也被上述的操作提取和组合，如图 3-11（c）、(e) 所示，当找到这些特

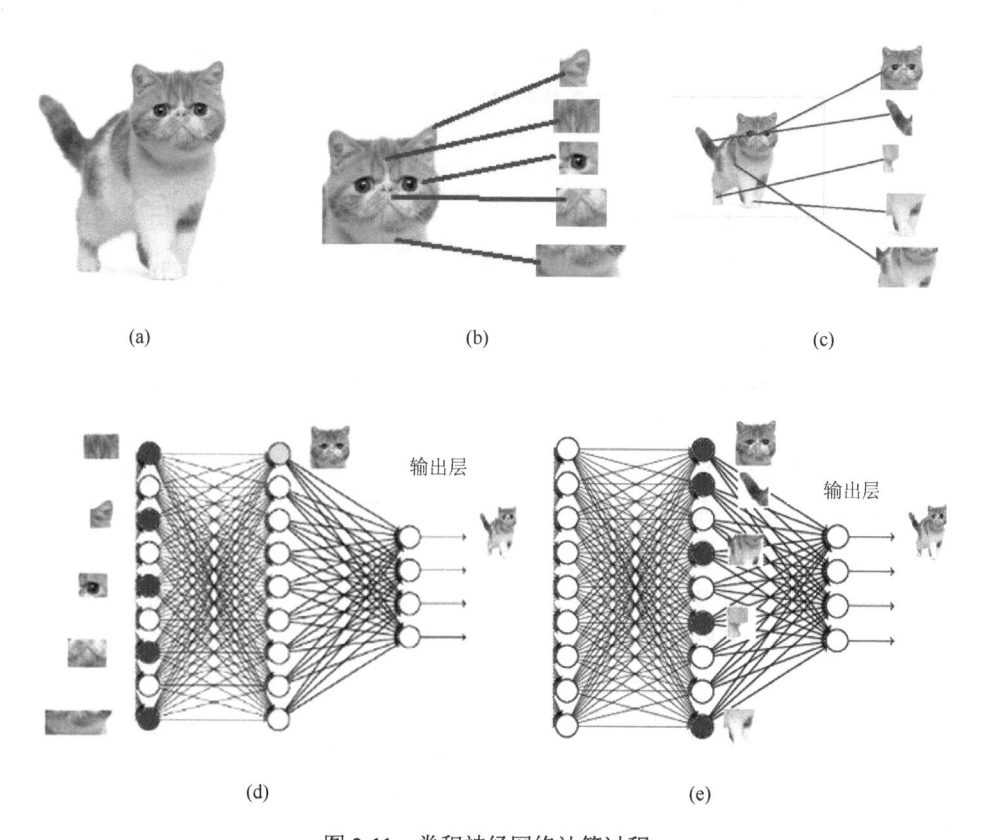

图 3-11　卷积神经网络计算过程

（a）～（c）对应卷积层操作，（d）、(e) 对应全连接层操作

征时神经元被激活（黑色圆圈）。此时，将图 3-11（e）中的特征进行组合并输出到输出层，经过 Softmax 函数（将多分类的结果转化为范围在[0，1]且和为 1 的概率分布，计算公式为 $f(x_i) = \dfrac{e^{x_i}}{\sum_{j=1}^{n} e^{x_j}}$，$x_i$ 为第 i 个神经元的输出值，n 为神经元的个数）分类，得出结论这是猫。如果说每一个目标需要表示成一维向量，在向量中数值为 1 的维度对应所属目标，即使用 one-hot 编码，且维度长度（编码的长度）决定现在的模型可辨识不同种类目标的数目。在图 3-11 所表示的目标列向量中，猫所对应的维度为 1，表示目标结果为猫。

5）输出层

卷积神经网络的输出层结构和工作原理与传统前馈神经网络的输出层相同。对于图像分类问题，输出层使用逻辑函数或归一化指数函数（Softmax 函数）输出分类标签。而在图像语义分割中，输出层直接输出每个像素的分类结果。

在了解卷积神经网络的结构和过程以后，下面进一步介绍卷积神经网络中所使用到的批量标准化（batch normalization，BN）层。

3．批量标准化层

梯度下降算法对于训练神经网络简单有效，但是需要人为设定初始网络的超参数（也可以随机初始化，效果可能不太好）和调整学习率，即可能需要花费很多时间在调整超参数上。批量标准化层的出现则解决了这个问题。

在训练深度神经网络的过程中，每层的输入分布在训练中会随着前一层的参数变化而变化。使用更好的参数初始化或者使用较低的分辨率能够在一定程度上解决这个问题，但是会降低网络的训练速度，特别是具有饱和非线性的网络。例如，训练一个神经网络去识别玫瑰花，第一次训练给定的训练样本全部是红色的玫瑰花，第二次训练样本是其他颜色的玫瑰花，那么第二次训练样本的特征分布和第一次是不一样的，但是在第一次训练中模型已经适应了一种分布，突然换成另外一种分布会使得模型的参数发生很大的变化，从而影响训练速度和收敛速度。BN 层就是对这些输入值或卷积神经网络的张量进行类似标准化的操作，将其缩放在合适的范围，从而加快训练速度，使网络中的每一层可以尽量面对同一特征分布的输入值，减少变化带来的不确定性。

具体来说，BN 层有三个作用，第一个作用是加快神经网络的训练速度和收敛速度。第二个作用是控制梯度爆炸和防止梯度消失，在深度神经网络中梯度的更新是激活函数求导后和权值相乘的值，若乘积大于 1，则随着层数增加，梯度更新将以指数形式增加，即梯度爆炸，经过 BN 层归一化后权值的更新不会很大；若乘积小于 1，则随着层数的增加梯度更新会以指数形式衰减，即梯度消失，经过 BN 层归一化后网络的激活输出不会很大，对应的梯度也不会很小。第三个作用是防止过拟合，在神经网络的训练中，BN 层的使用使得一个小批量样本中所有样本都被关联在一起，因此网络不会从某一个训练样本中生成确定的结果，即同样一个样本的输出不再仅仅取决于样本的本身，也取决于跟这个样本同属一个批量的其他样本，而每次网络都是随机取批量，这样就会使得整个网络不会朝某一个方向过度学习，一定程度上避免了过拟合。

下面结合公式介绍 BN 层的计算流程。BN 算法实质上是数据归一化的方法。假设有一小批量数据 $B = \{x_1, x_2, \cdots, x_n\}$，其中元素的均值为

$$\mu_B = \frac{1}{n}\sum_{i=1}^{n} x_i \tag{3-18}$$

各元素的方差为

$$\sigma_B^2 = \frac{1}{n}\sum_{i=1}^{n}(x_i - \mu_B)^2 \tag{3-19}$$

对每个元素进行零均值归一化有

$$x_i' = \frac{x_i - \mu_B}{\sqrt{\sigma_B^2 + \varepsilon}} \tag{3-20}$$

其中，ε 为一个很小的正数，防止方差为零。

当数据中的元素归一化后是趋近于线性时，而线性数据会削弱多层神经网络的性能，于是引入了两个可学习的参数权值 γ 和偏差 β 对元素进行非线性化处理：

$$y_i = \gamma x_i' + \beta \tag{3-21}$$

其中，γ 和 β 通过反向传播进行更新。

下面举例说明上面的过程。假设有一批数据为 2 个 2 行、2 列、2 深度的张量，如图 3-12 所示。

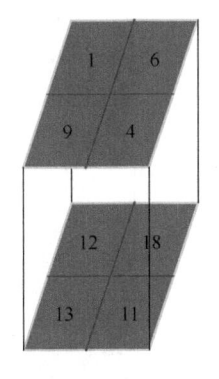

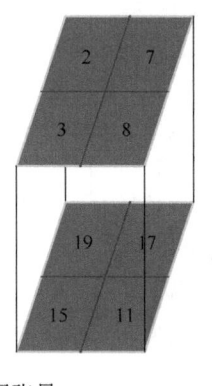

图 3-12 数据张量

在训练时，BN 层的均值、方差是该批次内数据相应维度的均值、方差，根据式（3-18）与式（3-19），其计算过程如图 3-13 所示。

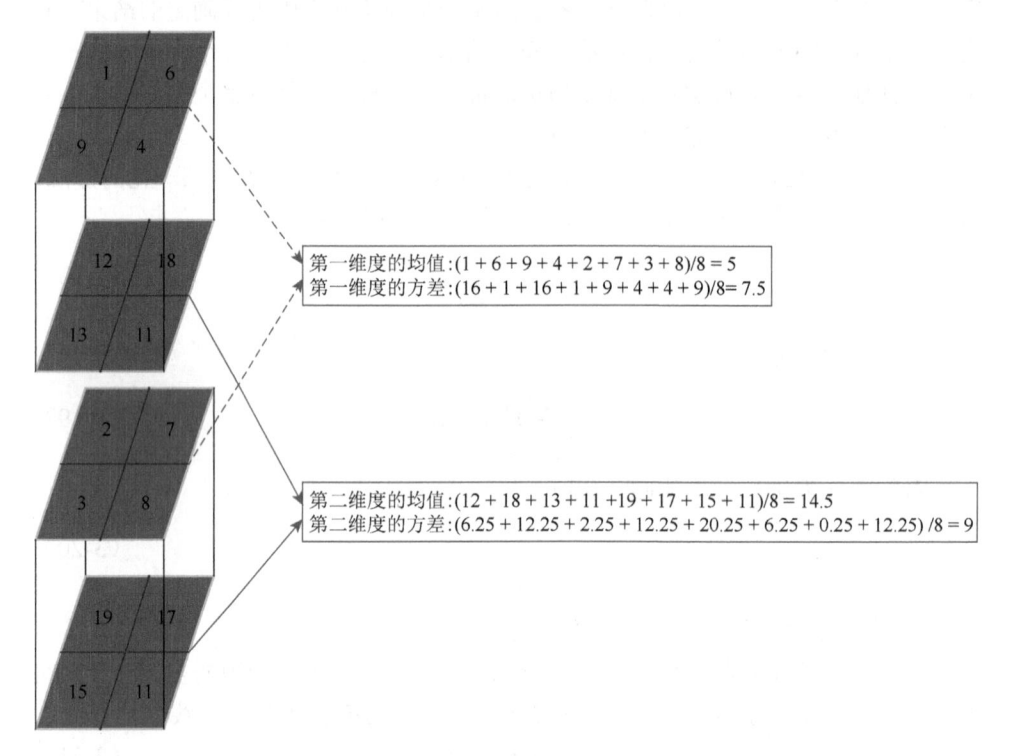

第一维度的均值：$(1+6+9+4+2+7+3+8)/8 = 5$
第一维度的方差：$(16+1+16+1+9+4+4+9)/8 = 7.5$

第二维度的均值：$(12+18+13+11+19+17+15+11)/8 = 14.5$
第二维度的方差：$(6.25+12.25+2.25+12.25+20.25+6.25+0.25+12.25)/8 = 9$

图 3-13　计算均值与方差

接着对数据进行归一化处理，根据式（3-20），其计算过程如图 3-14 所示。

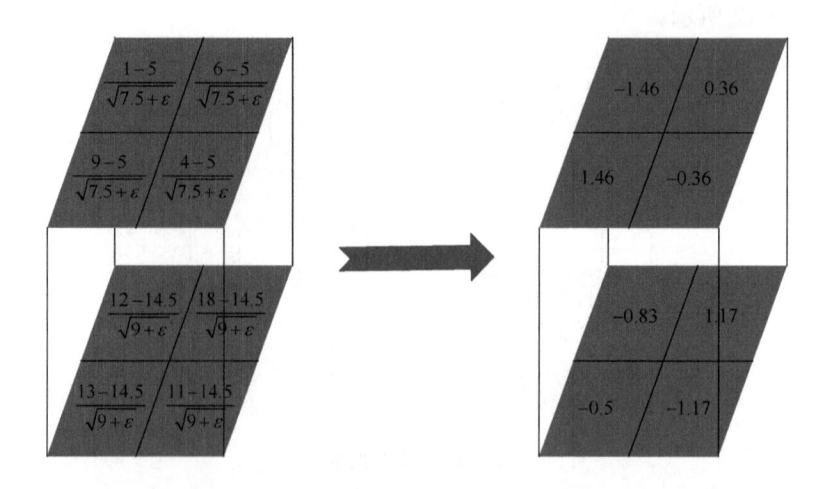

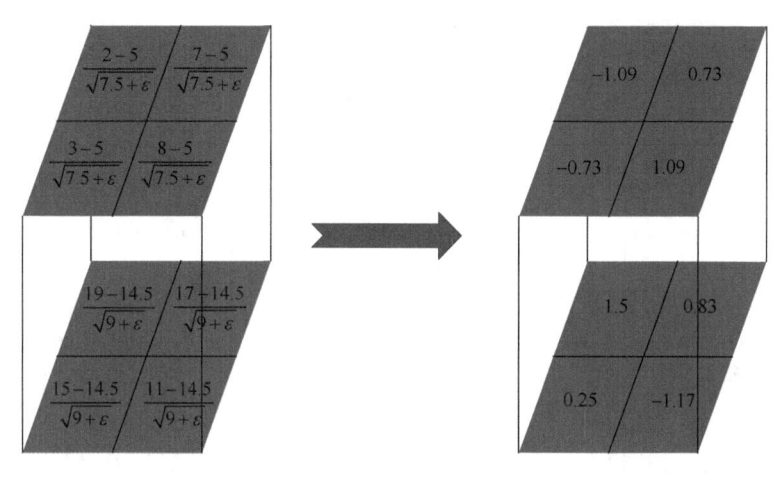

图 3-14 数据归一化处理

最后对数据进行非线性处理,假设第一维度的 γ 为 2,β 为 3;第二维度的 γ 为 5,β 为 8,根据式(3-21),其计算过程如图 3-15 所示。

4. 卷积神经网络实现

下面介绍卷积神经网络在 MNIST 手写数字识别中的实现。MNIST 是一个手写数字的图片数据集,如图 3-16 所示,由美国国家标准与技术研究所(National Institute of Standards and Technology,NIST)发起整理,共有来自 250 个不同的人手写的数字图片。该数据集的目的是希望通过算法实现手写数字识别,其中 MNIST 包括训练样本 60 000 个,测试样本 10 000 个,共 10 个类别(手写数字为 0~9)。

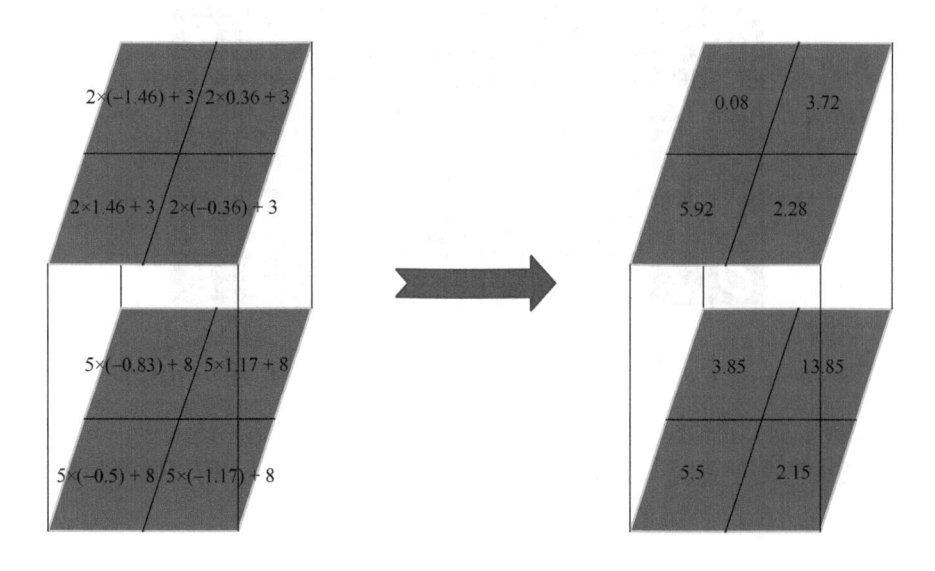

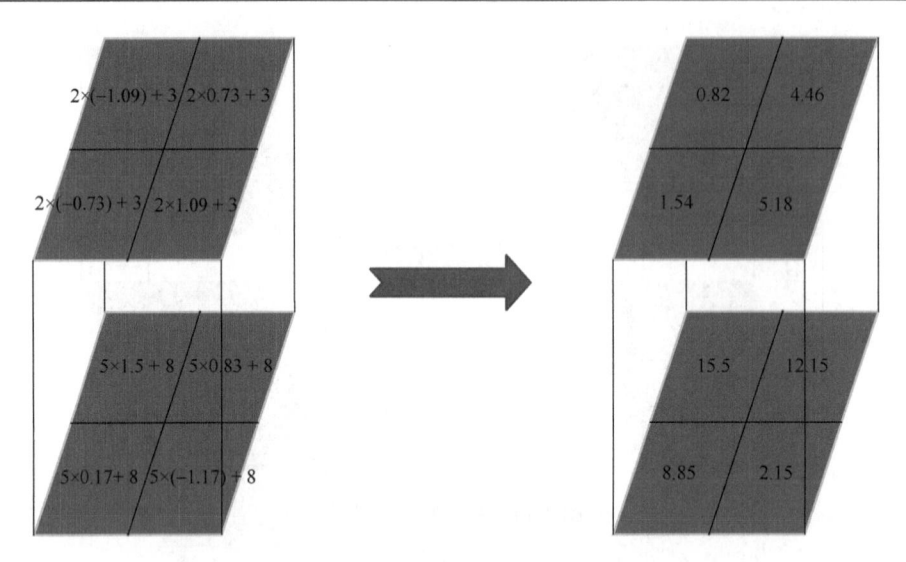

图 3-15 数据非线性处理

图 3-16 MNIST 数据集手写数字实例

例 3-2 基于卷积神经网络手写数字识别。

代码请见电子资源，其中卷积神经网络为 LeNet-5[13]，网络结构如图 3-17 所示。

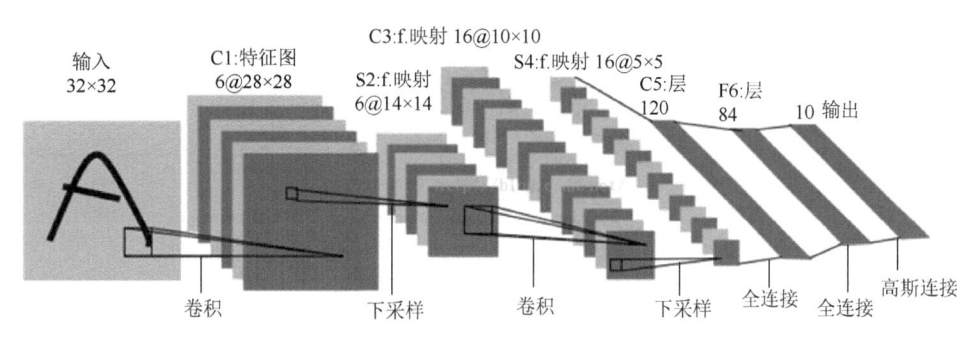

图 3-17 LeNet 网络结构

5. 总结

CNN 由于权值共享、池化操作、可训练参数少等优势受到大量关注。由于池化层使得网络对输入的局部变换（如猫狗识别中，猫在不同位置的角度不同）具有一定的不变性，权值共享减少了其需要训练的权值个数，降低了计算复杂度，其所具有的优势被广泛应用于各个领域中，但仍有许多工作需要进一步研究。

（1）尽管目前 CNN 在很多领域上取得较为显著的成果，但是仍然不能很好地理解其基本理论。例如，对一个任务不能确定使用哪种网络结构、使用多少层、每一层使用多少神经元合适。

（2）如果训练数据集与测试数据集的分布不一样，则 CNN 很难得到一个好的识别结果，因此需要引入 CNN 模型自适应技术。

总之，CNN 虽然还有很多需要研究的问题，但其在未来很长时间仍然是研究热点，在人工智能等领域会得到进一步发展和应用。

3.3.2 基于多层神经元的自编码神经网络

自编码器（autoencoder，AE）是一种非常经典的无监督学习模型，能够从大量无标签的样本中自动学习样本的有效抽象特征。因此，自编码器受到广泛关注，应用于数据分类、模式识别、故障诊断等诸多领域。

1. 自编码器结构

自编码器就是要在输出层重建输入数据，可以自动从无标签的数据中学习特征，得到比原始数据更好的特征描述，具有较强的特征学习能力。一般自编码器由输入层、隐藏层和输出层组成[13]。输入层与输出层维度相同，隐藏层是编码器的输出结果，输出层可以理解成解码器的输出结果。编码器将高维输入样本映射到低维抽象表示，实现样本降维和压缩；解码器将抽象表示转换为期望输出，实现重建输入样本。自编码器结构如图 3-18 所示。

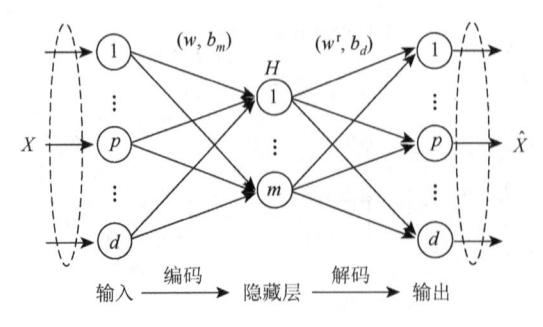

图 3-18 自编码器结构

设定输入样本 $X = R^{d \times n}$，输入层与编码层之间的权值矩阵为 W，编码层节点偏差为 b_m，解码层节点偏差为 b_d，节点激活函数为 $g(x)$。自编码器先对样本编码，通过编码函数

$$H = g(WX + b_m) \tag{3-22}$$

得到编码 H，然后解码器通过解码函数对编码特征进行解码：

$$\hat{X} = g(W^T H + b_d) \tag{3-23}$$

得到输入样本重构 $\hat{X}$。训练目的是使损失函数达到最小值。损失函数一般取平方误差损失函数或交叉熵损失函数。式（3-24）为平方误差损失函数，式（3-25）为交叉熵损失函数。

$$J(X, \hat{X}) = \frac{1}{2} \sum_{i=1}^{m} \| \hat{x}_i - x_i \|_2^2 \tag{3-24}$$

$$J(X, \hat{X}) = -\sum_{i=1}^{n} [x_i \ln(\hat{x}_i) + (1 - x_i) \ln(1 - \hat{x}_i)] \tag{3-25}$$

自编码器一般使用梯度下降算法，采用反向传播误差调整网络参数，通过迭代微调逐步使重构误差函数达到最小值。

2. 稀疏自编码器

当自编码器的隐藏层节点比输入层的节点多时会失去自动学习样本特征的能力，需要对隐藏层节点进行约束。稀疏自编码器就是在自编码器的基础上增加一些稀疏性约束得到的，迫使隐藏层节点大部分时间被抑制，使网络少量隐藏层节点进行编码和解码。

稀疏性约束需要在损失函数上添加关于激活度的正则化项，对过大的激活度加以惩罚。一般采用 L_1 范数或 KL 散度（Kullback-Leibler divergence）正则化。

采用 L_1 范数正则化项时，设定 $a_j(x_i)$ 为隐藏层节点 j 对输入 x_i 的激活值，λ 为控制惩罚程度的 L_1 正则化系数，其损失函数为

$$J_{\text{SAE}}(W,b) = J(X,\hat{X}) + \lambda \sum_{i,j} \left| a_j(x_i) \right| \tag{3-26}$$

采用 KL 散度正则化项时，设定稀疏性参数 ρ，隐藏层节点 j 的平均激活度为 $\hat{\rho}_j$，KL 正则化系数 β，其损失函数为

$$J_{\text{SAE}}(W,b) = J(X,\hat{X}) + \beta \sum_{j=1}^{m} \text{KL}(\rho \| \hat{\rho}_j) \tag{3-27}$$

KL 散度计算式为

$$\text{KL}(\rho \| \hat{\rho}_j) = \rho \log \frac{\rho}{\hat{\rho}_j} + (1-\rho) \log \frac{1-\rho}{1-\hat{\rho}_j} \tag{3-28}$$

$\hat{\rho}_j$ 的计算式为

$$\hat{\rho}_j = \frac{1}{n} \sum_{i=1}^{n} \left[a_j(x_i) \right] \tag{3-29}$$

稀疏性参数 ρ 通常为一个较小的值，KL 散度随着 ρ 与 $\hat{\rho}_j$ 之间差的增加而单调递增，使稀疏自编码器的训练会强迫隐藏层节点的平均激活度 $\hat{\rho}_j$ 接近 ρ，以增强所提取特征的稀疏性。稀疏性自编码器能够有效学习重要特征，提取的特征维度更低，更具稀疏性。

例 3-3 基于 MNIST 数据集的 PyTorch 的自编码器。
具体程序请见电子资源。

3.3.3 深度置信网络

为解决传统神经网络训练中遇到的学习速度慢、参数选择不当陷入局部极小值等问题，Hinton 等提出了深度置信网络（deep belief network，DBN）[14]。深度置信网络是根据生物神经网络及浅层神经网络发展而来的，是一种概率生成模型，通过联合概率分布推断出样本数据分布，不仅可以用来识别特征、分类数据，还可以用来生成数据，在遥感图像分类、人脸识别、文字检测等领域被广泛应用。

1. 网络结构

深度置信网络既可以用于非监督学习，类似于自编码器，也可以用于监督学习，作为分类器。在非监督学习方面，其目的是尽可能地保留原始特征的特点，同时降低特征的维度。在监督学习方面，可提高分类的准确率。两者都是对特征进行学习的过程，即如何得到更好的特征表达。

深度置信网络的组成元件是受限玻尔兹曼机（restricted Boltzmann machines，RBM）。RBM 有两层神经元：一层叫作显层（visible layer），用于接受输入数据；另一层叫作隐层（hidden layer），用于提取特征。RBM 结构如图 3-19 所示。

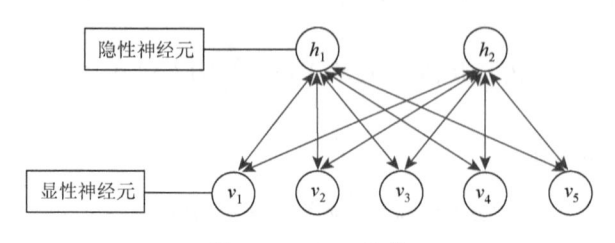

图 3-19　RBM 结构

v 代表显性神经元，h 代表隐性神经元

如图 3-19 所示，RBM 中的层内神经元之间无连接，层间神经元之间双向连接，这种结构使得在给定显层取值的情况下隐层的取值互不相关，同理显层取值也一样。每个神经元的值可以并行计算。深度置信网络结构如图 3-20 所示。

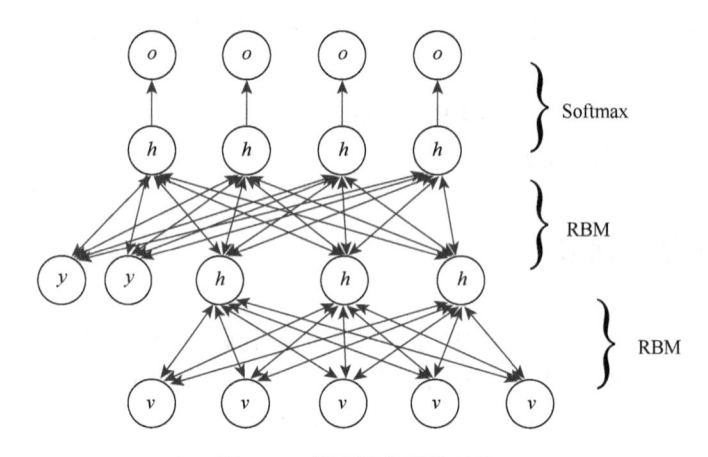

图 3-20　深度置信网络结构

y 代表标签已知样本，o 代表分类结果输出

深度置信网络训练分为两个阶段：第一阶段是无监督训练阶段；第二阶段是微调阶段。

第一阶段的无监督贪婪逐层训练法步骤如下：

（1）充分训练第一个 RBM。

（2）固定第一个训练好的 RBM 的权值和偏差，将其隐层所处的状态作为第二个 RBM 的输入。

（3）充分训练第二个 RBM 后，将第二个 RBM 堆叠于第一个 RBM 上。

（4）重复以上三个步骤多次。

（5）如果训练数据集中含有带标签的样本，在第二个 RBM 训练时需加入，最终采用 Softmax 函数对数据分类。

第二阶段的微调也很重要，一般在分类前设置 BP 网络，监督训练学习，两者结合保证参数不易陷入局部最优，且在一定程度上弥补训练时间长的劣势。

2. 网络实现

例 3-4 基于深度置信网络的数据回归。

具体程序请见电子资源。

3.4 小结及相关研究

本章从发展历程、概念、结构等方面介绍了生物神经网络和人工神经网络以及三种深度学习模型：卷积神经网络、基于多层神经元的自编码神经网络和深度置信网络，为初学者简单介绍深度学习的相关基础知识。在本章，读者应该重点掌握卷积神经网络，为以后的深入学习奠定基础。

3.4.1 小结

从神经元到现在的研究热点——深度学习，神经网络的发展过程无不充满着曲折。1943 年提出的神经元模型建立了神经网络的基础，由于模型的权值都是预先设置的，因此不能学习。针对这个问题，心理学家 Hebb 于 1949 年提出神经细胞上的突触的强度是可以变化的，于是研究人员开始考虑通过调整权值的办法让机器能够学习，为后面的学习算法奠定基础。在此基础上，1958 年 Rosenblatt 提出了第二个机器学习模型——感知器（单层神经网络），并演示了其学习识别简单图像的过程。感知器的权值可通过学习获得，这在当时引起了广泛的关注，但感知器也只能做一些简单的线性分类任务。1969 年，Minsky 提出了感知器无法解决异或这样的简单分类任务，并指出将感知器的计算层增加到两层会导致计算量过大且没有有效的学习算法。由于 Minsky 的影响力巨大，导致神经网络的研究进入了"AI Winter"时期。直到 1986 年 Rumelhar 和 Hinton 提出了 BP 算法，解决了两层神经网络计算量过大的问题，这个时候的神经网络已经可以应用于图像识别和语音识别等领域。但是，此时神经网络仍然存在很多问题：局部最优解、隐藏层节点数要调参等。2006 年，Hinton 提出深度置信网络（多层神经网络），减少了训练多层神经网络的时间。他将多层神经网络相关的学习方法命名为深度学习。当然神经网络的发展也受限于当时计算机计算能力的发展,在"AI Winter"时期计算机的性能还不足以支撑两层神经网络的训练。在 20 世纪 90 年代,计算机的性能也不能支撑多层神经网络。直到 2012 年,研究人员发现图形处理器(graphics processing unit,GPU)可以匹配神经网络训练的要求,神经网络才发挥出强大的能力。

3.4.2 相关研究

本章重点是卷积神经网络,下面介绍近 10 多年来卷积神经网络的一些相关研究和发展。卷积神经网络的设计始于 LeNet 模型[10],其中使用了特征提取的简单卷积和用于空间子采样的最大池化操作,结构设计简单,此时的 LeNet 网络只有 5 层。到 2012 年,LeNet 模型被改进为 AlexNet 模型[15],其中卷积操作在最大池化操作之间重复多次,使得网络在每个空间尺度上能学习更丰富的特征,获得了 2012 年 ILSVRC 的冠军。同时,AlexNet 也给后续的研究工作带来启发,使得这种堆叠多层卷积的网络越来越深。ILSVRC 是机器视觉领域最受追捧也是最具权威的学术竞赛之一,代表了图像处理领域的最高水平,ILSVRC 竞赛的项目主要包括图像分类与目标定位、目标检测、视频目标检测、场景分类等。其中,ILSVRC 使用的是 ImageNet 数据集,由斯坦福大学李飞飞教授主导,包含了超过 1400 万张全尺寸的有标记图片。ILSVRC 会每年从 ImageNet 数据集中抽出部分样本,以 2012 年为例,比赛的训练集包含 1 281 167 张图片,验证集包含 50 000 张图片,测试集为 100 000 张图片,在 ILSVRC 的驱动下,相关研究不断拓展更新。2014 年,Simonyan 等[16]提出 VGG 架构,这是在 ILSVRC 2014 上的相关工作,采用连续的几个 3×3 的卷积核代替 AlexNet 中的较大卷积核能获得相同的感受野,证明增加网络的深度能够在一定程度上影响网络最终的性能,VGG 能达到 19 层。2015 年,来自微软研究院的 He 等[17]提出 ResNet 残差网络架构及"退化现象"(即随着网络深度的持续增加,模型准确率会出现大幅度的降低,这种现象区别于过拟合)。shortcut 捷径连接的结构如图 3-21 所示,其原理是当残差块的输入为 x 时,记其输出的学习特征为 $H(x)$。不同于传统的 CNN 网络学习,$H(x) = F(x)$,残差块学习的 $F(x) = H(x)-x$,即需要学习的 $H(x) = F(x) + x$。研究表明学习残差 $F(x)$ 相比于学习原始特征更简单。因此,在有 shortcut 捷径连接以后,如果出现层数加深导致误差提升,那么通过 shortcut 捷径连接可以回退到上一个 ResNet 模块的状态,去除这个残差块对网络性能和精度的影响,即如果学习到的残差为零($F(x) = 0$)时,即此残差块相比于前一个残差块只是做了恒同映射(identity mapping),至少网络性能保持不变。但实际上学习到的残差不为零,因此残差块在浅层输出特征的基础上能学习更深层次的特征。该网络结构在 2015 年的 ILSVRC 中取得了冠军,并针对这种网络退化问题提出"跳跃连接"结构,极大地消除了深度过大的神经网络训练困难问题,此时网络的"深度"首次突破了 100 层(ResNet-101),并且最大的网络甚至超过了 1000 层。

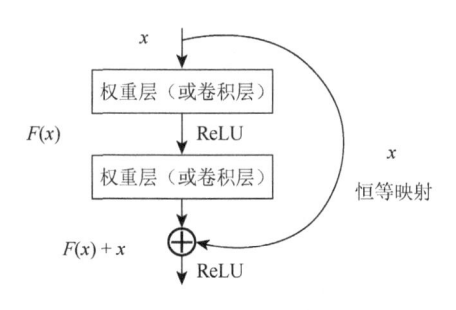

图 3-21 残差块结构

2017 年,来自自动驾驶公司 Momenta 的 Hu 等[18]提出压缩和激励网络(squeeze-and-excitation networks,SENet),它是 2017 年 ILSVRC(最后一届)的冠军。SENet 通过对特征通道间的相关性进行建模,把重要的特征进行强化来提升准确率。SENet 通过学习的方式自动获取每个特征通道的重要程度(即依据网络损失值学习特征权重),然后依照这个重要程度去提升有用的特征并抑制对当前任务用处不大的特征,同时其提出的子结构 SE block 和前面 ResNet 中提出的残差块一样,可以嵌到其他分类或检测模型中,得到其他网络变体,如 SE-BN-Inception 和 SE-ResNet。

GoogLeNet[19]是 Google 公司推出的基于 Inception 模块的深度神经网络模型,在 2014 年 ILSVRC 中夺得冠军,并且在随后的两年一直在改进,推出了 Inception v2[20]、Inception v3[21]、Inception v4[22]等版本(第 7 章有详细介绍)。其核心的 Inception 块设计思想主要是将多个卷积或池化操作并行组装成一个网络模块,在设计网络模型时以模块为单位组装整个网络结构。Inception 系列网络主要考虑两个问题:一是如何使得网络深度增加的同时能提高模型的分类性能(网络退化问题,2015 年提出),二是如何在保证分类网络分类准确率提升或保持不降的同时使得模型的计算开销与内存开销充分地降低。受 Inception 等工作的影响,在 2017 年提出的 ResNeXt[23]是 ResNet 和 Inception 的结合体,不同于 Inception v4 的是,ResNeXt 不需要人工设计复杂的 Inception 结构细节,而是每一个分支都采用相同的拓扑结构(单路卷积变成多路相同结构的卷积)。ResNeXt 的本质是分组卷积,通过变量基数控制组的数量,分组卷积是普通卷积和深度可分离卷积(MobileNet

中提出，Xception 中也提出类似的工作）的一个折中方案。同样在 2017 年推出了 Xception[24]（第 7 章有详细介绍），它是 Google 公司对 Inception v3 的另外一种改进，核心思想是解耦通道相关性和空间相关性，对原始 Inception v3 结构进行简化，最后推导出深度可分离卷积（性能相同但计算量和计算时间大幅减少），并且认为 Xception 和 MoblieNet[25]的深度可分离卷积存在不同。

MobileNet 网络是由 Google 公司在 2017 年推出，主要是针对移动或者嵌入式设备中的轻量级卷积神经网络，核心是深度可分离卷积，相比传统追求高精度、复杂、计算量大的卷积神经网络，MobileNet 网络相比传统卷积神经网络，在准确率小幅降低的前提下大大减少模型参数与运算量，并且在随后两年内还推出 MobileNet v2（2018）[26]和 MobileNet v3（2019）[27]。MobileNet v2 相比 MobileNet v1，加入了 Inverted Residual 和 Linear Bottleneck，最后准确率更高，模型更小。MobileNet v3 结合了 v1 版本的深度可分离卷积，以及 v2 版本的 Inverted Residual 反向残差块和 Linear Bottleneck 线性瓶颈、SE block（注意力机制，SENet 中提出），还利用 NAS（神经结构搜索）来搜索网络的配置和参数，可谓集大成者，其性能和速度都表现优异，受到学术界和工业界的追捧。

ShuffleNet[28]是由北京旷视科技有限公司在 2017 年推出的轻量级卷积神经网络，和 MobileNet 一样主要是应用在移动端。该网络的核心在于使用 PointWise Group Convolution 逐点群卷积和 Channel Shuffle 通道混淆，保证网络准确率的同时，大幅度降低所需的计算资源。2018 年，北京旷视科技有限公司继续对 ShuffleNet 进行改进，在 ShuffleNet v2[29]中提出 FLOPs 不能作为衡量目标检测模型运行速度的标准，因为内存访问成本（memory access cost）也是影响模型运行速度的一大因素，提出四点网络准则［输入通道数与输出通道数保持相等可以最小化内存访问成本、分组卷积中使用过多的分组数会增加内存访问成本、网络结构太复杂（分支和基本单元过多）会降低网络的并行程度、Element-wise 元素方式的操作消耗也不可忽略（包括 ReLU，Tensor、偏差相加等操作）］。

参 考 文 献

[1] 郭爱克. 生物神经网络[J]. 生物物理学报，1991，7（4）：615-622.

[2] McCulloch W S，Pitts W. A logical calculus of the ideas immanent in nervous activity[J]. Bulletin of Mathematical Biophysics，1943，5（4）：115-133.

[3] Eccles J C，Fatt P，Koketsu K. Cholinergic and inhibitory synapses in a pathway from motor-axon collaterals to motoneurones[J]. Journal Physiology，1954，126（3）：524-562.

[4] Rosenblatt F. The perceptron：A probabilistic model for information storage and organization in the brain[J]. Psychological Review，1958，65（6）：386-408.

[5] Widrow B，Hoff M E. Adaptive switching circuits，1960 IRE WESCON convention record[R]. New York：IRE，

1960，4：96-104.

[6] Hopfield J J. Neural networks and physical systems with emergent collective computational abilities[J]. Proceedings of the National Academy of Sciences，1982，79（8）：2554-2558.

[7] Rumelhart D E，Hinton G E，Williams R J. Learning representations by back-propagating errors[J]. Nature，1986，323（6088）：533-536.

[8] 周飞燕，金林鹏，董军. 卷积神经网络研究综述[J]. 计算机学报，2017，40（6）：1229-1251.

[9] Fukushima K. Neocognitron：A self-organizing neural network model for a mechanism of pattern recognition unaffected by shift in position[J]. Biological Cybernetics，1980，36（4）：193-202

[10] LeCun Y，Bottou L，Bengio Y，et al. Gradient-based learning applied to document recognition[J]. Proceedings of the IEEE，1998，86（11）：2278-2324.

[11] Hinton G E，Salakhutdinov R R. Reducing the dimensionality of data with neural networks[J]. Science，2006，313（586）：504-507.

[12] 俞颂华. 卷积神经网络的发展与应用综述[J]. 信息通信，2019（2）：39-43.

[13] 来杰，王晓丹，向前，等. 自编码器及其应用综述[J]. 通信学报，2021，42（9）：218-230.

[14] Hinton G E，Osindero S，Teh Y-W. A fast learning algorithm for deep belief nets[J]. Neural Computation，2006，18（7）：1527-1554.

[15] Krizhevsky A，Sutskever I，Hinton G E. Imagenet classification with deep convolutional neural networks[J]. Communications of the ACM，2017，60（6）：84-90.

[16] Simonyan K，Zisserman A. Very deep convolutional networks for large-scale image recognition[C/OL]. （2015-04-10）[2022-12-01]. https://www.robots.ox.ac.uk/~vgg/publications/2015/Simonyan15/simonyan15.pdf．

[17] He K M，Zhang X Y，Ren S Q，et al. Deep residual learning for image recognition[C]//2016 IEEE Conference on Computer Vision and Pattern Recognition（CVPR），Las Vegas，IEEE，2016：770-778.

[18] Hu J，Shen L，Sun G. Squeeze-and-excitation networks[C]//2018 EEE/CVF Conference on Computer Vision and Pattern Recognition（CVPR），Salt Lake City，IEEE，2018：7132-7141.

[19] Szegedy C，Liu W，Jia Y，et al. Going deeper with convolutions[C]//2015 IEEE Conference on Computer Vision and Pattern Recognition（CVPR），Boston，IEEE，2015：1-9.

[20] Ioffe S，Szegedy C. Batch normalization：Accelerating deep network training by reducing internal covariate shift[C/OL].（2015-03-02）. https://arxiv.org/pdf/1502.03167.pdf.

[21] Szegedy C，Vanhoucke V，Ioffe S，et al. Rethinking the inception architecture for computer vision[C]//2016 IEEE Conference on Computer Vision and Pattern Recognition（CVPR），Las Vegas，IEEE，2016：2818-2826.

[22] Szegedy C，Ioffe S，Vanhoucke V，et al. Inception-v4，inception-resnet and the impact of residual connections on learning[C/OL].（2016-08-23）[2022-09-04]. https://arxiv.org/pdf/1602.07261.pdf.

[23] Xie S N，Girshick R，Dollár P，et al. Aggregated residual transformations for deep neural networks[C]//2017 IEEE Conference on Computer Vision and Pattern Recognition（CVPR），Honolulu，IEEE，2017：5987-5995.

[24] Chollet F. Xception：Deep learning with depthwise separable convolutions[C]//2017 IEEE Conference on Computer Vision and Pattern Recognition（CVPR），Honolulu，IEEE，2017：1800-1807.

[25] Howard A G，Zhu M L，Chen B，et al. Mobilenets：Efficient convolutional neural networks for mobile vision applications[C/OL].（2017-04-17）[2022-09-04]. https://www.arxiv.org/pdf/1704.04861.pdf.

[26] Sandler M，Howard A，Zhu M L，et al. Mobilenetv2：Inverted residuals and linear bottlenecks[C]//2018 IEEE/CVF Conference on Computer Vision and Pattern Recognition（CVPR），Salt Lake City，IEEE，2018：4510-4520.

[27] Howard A，Sandler M，Chu G，et al. Searching for mobilenetv3[C]//2019 IEEE/CVF International Conference on

Computer Vision (ICCV), Seoul, IEEE, 2019: 1314-1324.

[28] Zhang X Y, Zhou X Y, Lin M X, et al. ShuffleNet: An extremely efficient convolutional neural network for mobile devices[C]//2018 IEEE/CVF Conference on Computer Vision and Pattern Recognition (CVPR), Salt Lake City, IEEE, 2018: 6848-6856.

[29] Ma N X, Zhang X Y, Zheng H T, et al. Shufflenet v2: Practical guidelines for efficient cnn architecture design[C/OL]. (2018-07-30) [2022-09-04]. https://arxiv.org/pdf/1807.11164.pdf.

第4章 全卷积网络

前面已经介绍传统图像分割方法和卷积神经网络，本章将主要介绍全卷积网络（fully convolutional networks，FCN）[1]。FCN 是首个通过端到端训练方式解决密集预测问题的卷积神经网络，也是图像语义分割网络的开山之作，通过抛弃卷积神经网络中的全连接层，实现像素级语义分割。

2015 年，Long 等在 IEEE 国际计算机视觉与模式识别会议（IEEE Conference on Computer Vision and Pattern Recognition，CVPR）上提出应用于密集预测任务的 FCN[1]，核心思想是构建"全卷积"的网络，可以接受任意大小的输入图像，并通过高效的推理和学习产生相应尺寸的语义输出。该工作定义并详细描述了全卷积网络的结构细节，以及其在密集预测任务中的应用，还有与先前模型的联系，即将之前的分类网络改编为全卷积网络，并通过微调将其学习到的特征表示传递到分割任务中。此外，FCN 还定义了跳跃连接，该连接将来自较深、较抽象的语义信息与来自较浅、较精细的位置信息结合起来，以产生准确、详细的分割。该工作实现了当时最先进的图像分割性能，相较于传统图像分割方法，对图像的推理时间大幅减少。

4.1 引　　言

卷积神经网络（CNN）[2]自提出以来不断推动图像识别技术的发展，不仅改进了整体图像分类的性能，如 AlexNet[3]、VGGNet[4]和 GoogLeNet[5, 6]，而且在结构化输出的局部任务上也取得了进展。根据预测任务从粗糙到精细的发展趋势，对每个像素进行预测是发展趋势，因此 CNN 也逐渐被应用于更加细分的视觉任务中，很多研究者在探索如何将分类网络进行改造后用于语义分割的密集预测问题。在更高效的语义分割网络提出之前，学术界用于密集预测任务的模型主要有以下几个特点。

（1）小模型。早期的网络结构受限于训练集的数据量和计算机的性能，在设计上一般不会使用过大的模型。

（2）分块训练。分块训练在当时是图像训练的普遍做法，但该方法对于全卷积网络的训练会显得相对低效，但分块训练的优点在于能够规避类别不均衡的问题，并且能够缓解密集分块的空间相关性问题，分块训练也相当于对数据集进行扩充，可以提升网络的鲁棒性。

（3）输入移位与输出交错。该方法可被视为一种输入与输出的变换方法，在OverFeat[7]等结构中被广泛使用。

（4）后处理。面对神经网络输出质量不高的问题，对输出进行后处理是常见做法，常用的后处理方法包括超像素投影、随机场正则化和图像滤波处理等。

可以看出，对于早期的目标检测、关键点预测和语义分割等密集预测任务，整体来看有两个缺陷：一是无法实现端到端的流程，模型整体效率不佳；二是不能做到真正的密集预测，即像素到像素的预测。

Long 等提出应用于密集预测任务的全卷积网络（FCN），解决了早期网络结构普遍存在的上述两个缺陷，实现了像素级语义分割[1]。其主要思路在于用卷积层代替此前分类网络中的全连接层，将全连接层的语义标签输出改为卷积层的语义热图输出，转换示例如图 4-1 所示，图中上部为常见分类网络的流程，在 5 层卷积层之后有 3 层全连接层，最后输出一个包含类别语义信息的输出概率；图中下部为全卷积网络流程，在分类网络的基础上，将最后 3 层全连接层改为卷积层，改造后的网络可以接受任意尺寸的输入，输出也相应地变为逐像素分类预测的热图。对比两种网络的输出可以看出，分类网络最终会丢失空间信息，关键原因在于全连接层对输入维度（需要从高维变成一维）的严格要求。因此，通过卷积层替换全连接层的方式，可以使网络最终输出保留空间信息的结果，为进一步像素级密集预测提供基础。

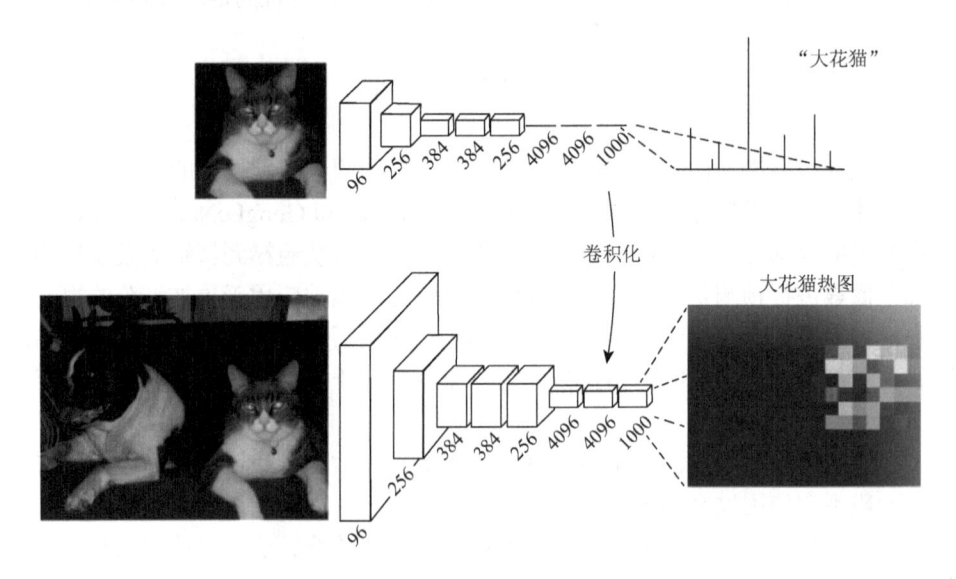

图 4-1 分类网络转换全卷积网络示例

全连接层替换为卷积层的具体过程如图 4-2 所示，假设前面的特征图尺寸为

7×7×512，通过展平成一维向量后输入到维度为 25088×4096 的全连接层。可以将全连接层视为覆盖整个输入区域卷积核的卷积，即等价于卷积核大小为 7×7，输入通道为 512，输出通道为 4096 的卷积层。可以发现，二者的参数量相等，在给定同样输入情况下输出的大小是一致的。同理，维度为 4096×4096、4096×1000 的全连接层可以等价替换为卷积核大小为 1×1 的卷积层，对应的输入输出通道数分别为（4096，4096）、（4096，1000）。

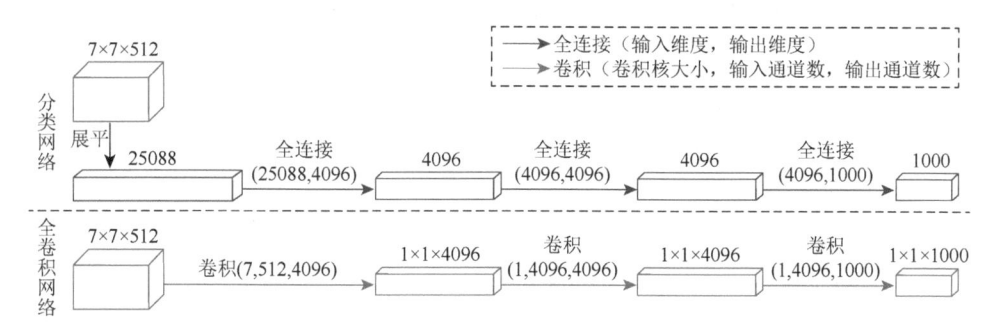

图 4-2 卷积层替换全连接层示例

此外，从图 4-1 可看出，最开始的输入图像经过多次卷积和池化之后，尺寸越来越小，导致最后输出的热图不能满足对原始图像逐像素预测的要求。为了实现像素到像素的预测，还需要对热图进行上采样，使其分辨率恢复到与原始图像一致，整体结构如图 4-3 所示，而且整个网络可通过前馈计算和反向传播实现端到端的学习和推理。

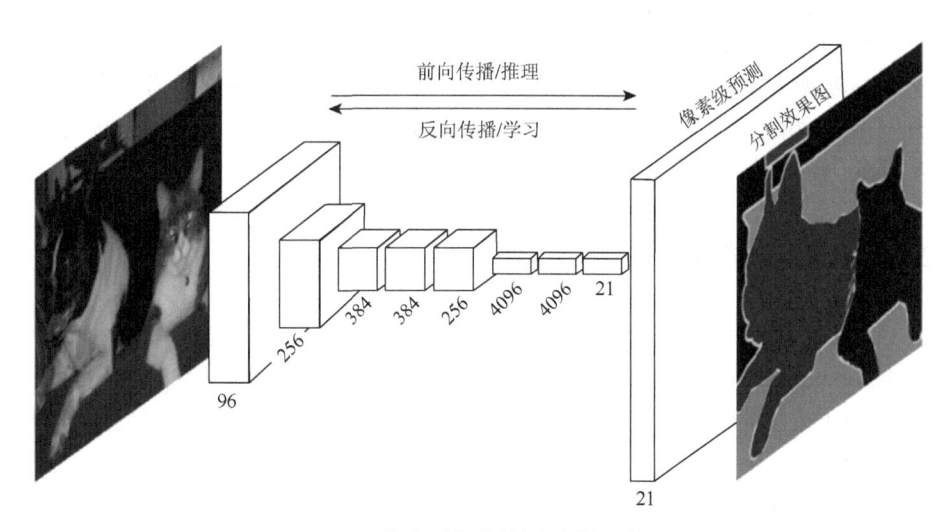

图 4-3 像素到像素的预测整体过程

前文已介绍 FCN 网络是如何由分类网络改进而来，下面介绍具体的改进方法。文献[1]对三种经典的分类网络进行了改进实验，包括 AlexNet、VGGNet 和 GoogLeNet，其中 VGGNet 以 VGG16 为代表，这是因为网络更深、参数更多的 VGG19 对比 VGG16，它的准确率并没有明显的提升，因此考虑计算效率，选择 VGG16。在 PASCAL VOC 2011 数据集[8]上进行实验，三种经典的分类网络改进后的实验结果如表 4-1 所示。在改造的网络当中，VGGNet 性能是优于 AlexNet 和 GoogLeNet 的，因此 FCN 的主要工作是以 VGGNet 中的 VGG16 为主干网络展开的。

表 4-1 三种经典分类网络的改进实验结果

	FCN-AlexNet	FCN-VGG16	FCN-GoogLeNet
MIoU/%	39.8	56.0	42.5
推理时间/ms	50	210	59
卷积层数/层	8	16	22
参数量/(10^6 个)	57	134	6
感受野/像素	355	404	907
最大上采样倍数/倍	32	32	32

4.2 VGGNet

FCN 的特征提取网络来自于 VGGNet，VGGNet 是一个著名的分类网络，是在 AlexNet 基础上改进而来的。相比 AlexNet，VGGNet 使用了更深的网络结构，证明了增加网络深度能够在一定程度上影响网络性能，并且使用 3×3 的小核卷积代替大核卷积，在感受野不变的情况下，增加网络的深度，减少计算参数，可以提升网络模型的性能。本节将简要介绍 VGGNet 的相关内容，并且给出模型的具体实现代码。

4.2.1 VGGNet 简介

VGGNet 由牛津大学计算机视觉组合和 Google Deep-Mind 公司提出，VGG 是 Visual Geometry Group 的缩写，即该模型创建者队名的缩写。文献[4]给出了一系列 VGGNet 模型的配置，包括 VGG16 和 VGG19 等，其中 FCN 采用的主干网络为 VGG16。

VGGNet 最大的特点是在 AlexNet 基础上，彻底地采用 3×3 的卷积核堆叠神经网络，代替 AlexNet 中的大核卷积（11×11，7×7，5×5），同时使用 2×2

的小池化核代替 AlexNet 中 3×3 较大的池化核。VGGNet 利用小核卷积替代大核卷积的方法，不仅可以增加网络的非线性层，加深整个神经网络的深度，而且在保持感受野不变的情况下，堆叠小核卷积相比大核卷积有一个优势，即需要计算的网络参数更少，有利于 VGGNet 更好地应用到实际场景中。文献[4]指出：卷积神经网络的深度增加和小核卷积的使用对网络的最终分类识别效果有很大的作用。

AlexNet 有 5 层卷积层，VGGNet 针对这 5 层卷积层进行了改进，文献[4]一共提出了 6 种改进配置。6 种 VGGNet 网络结构配置如表 4-2 所示，每种网络结构配置的参数量如表 4-3 所示，其中 D、E 配置分别是 VGG16 和 VGG19。

表 4-2　VGGNet 网络结构配置

A	A-LRN	B	C	D	E
11 层权重	11 层权重	13 层权重	16 层权重	16 层权重	19 层权重
输入（224×224 RGB 图片）					
conv3-64	conv3-64 LRN	conv3-64 conv3-64	conv3-64 conv3-64	conv3-64 conv3-64	conv3-64 conv3-64
最大池化					
conv3-128	conv3-128	conv3-128 conv3-128	conv3-128 conv3-128	conv3-128 conv3-128	conv3-128 conv3-128
最大池化					
conv3-256 conv3-256	conv3-256 conv3-256	conv3-256 conv3-256	conv3-256 conv3-256 convl-256	conv3-256 conv3-256 conv3-256	conv3-256 conv3-256 conv3-256 conv3-256
最大池化					
conv3-512 conv3-512	conv3-512 conv3-512	conv3-512 conv3-512	conv3-512 conv3-512 convl-512	conv3-512 conv3-512 conv3-512	conv3-512 conv3-512 conv3-512 conv3-512
最大池化					
conv3-512 conv3-512	conv3-512 conv3-512	conv3-512 conv3-512	conv3-512 conv3-512 convl-512	conv3-512 conv3-512 conv3-512	conv3-512 conv3-512 conv3-512 conv3-512
最大池化					
全连接层-4096					
全连接层-4096					
全连接层-1000					
Softmax					

表 4-3 VGGNet 网络结构配置参数量

网络结构	A, A-LRN	B	C	D	E
参数量/(10^6 个)	133	133	134	138	144

对 6 种 VGGNet 网络结构配置进行性能测试，结果如表 4-4 所示。经过误差对比，发现 VGG19 性能是最好的，误差最小，但是 VGG19 的参数比 VGG16 多，实际上与 VGG16 的性能差距不明显。由于 VGG19 需要消耗更多的资源，实际应用中 VGG16 使用得更多，并且 VGG16 网络结构十分简单，很适合迁移学习，至今仍在广泛使用。在 FCN 的工作中最终采用的特征提取网络就是 VGG16，下面主要讨论 VGG16 的网络结构。

表 4-4 VGGNet 各网络结构配置测试结果

网络配置	最小图像边长/像素 训练（S）	测试（Q）	top-1 验证集错误率/%	top-5 验证集错误率/%
A	256	256	29.6	10.4
A-LRN	256	256	29.7	10.5
B	256	256	28.7	9.9
C	256	256	28.1	9.4
	384	384	28.1	9.3
	[256；512]	384	27.3	8.8
D	256	256	27.0	8.8
	384	384	26.8	8.7
	[256；512]	384	25.6	8.1
E	256	256	27.3	9.0
	384	384	26.9	8.7
	[256；512]	384	25.5	8.0

VGG16 网络包含了 5 个卷积块、3 个全连接层、1 个 Softmax 层，每个卷积块都由多个 3×3 的卷积层和最大池化层构成。网络模型的输入为 224×224×3 的图片，经过 5 个卷积块提取深层语义特征，生成 7×7×512 的特征图，数据经过展平后，最后通过 3 个全连接层和 Softmax 层完成分类任务。VGG16 网络结构如图 4-4 所示。

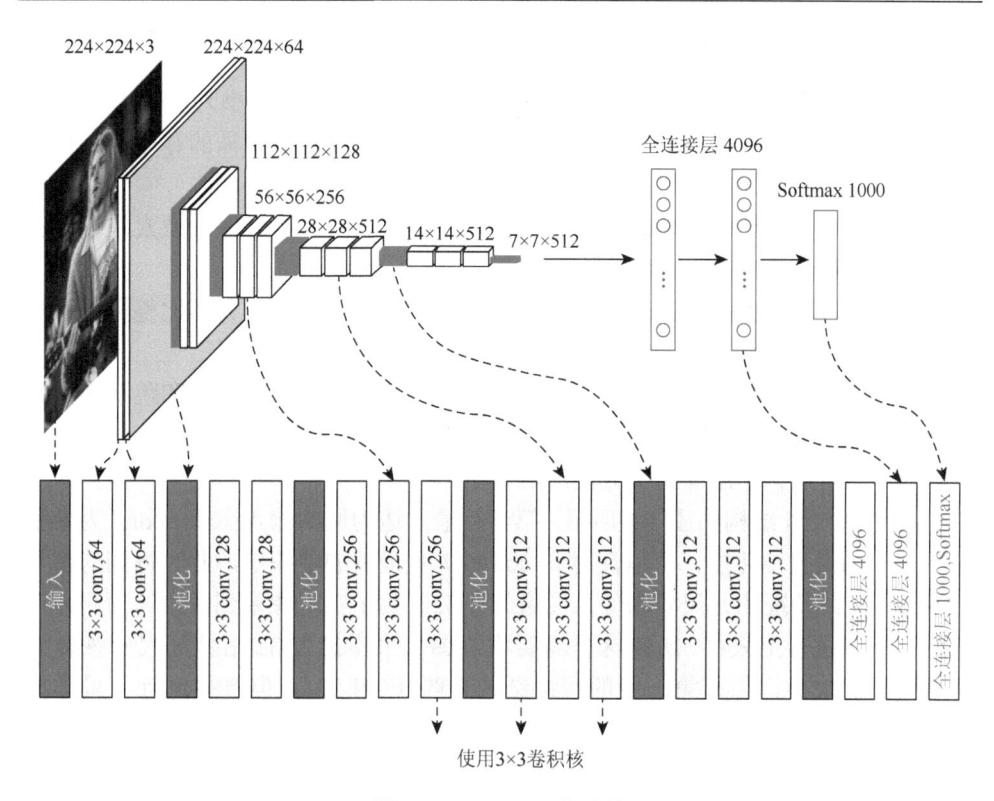

图 4-4 VGG16 网络结构

4.2.2 VGG16 具体代码实现

例 4-1 VGG16 的具体实现。

VGG16 的具体实现代码、（包括卷积块和分类部分的代码）、相关注释和说明，请见电子资源。

4.3 FCN 网络结构

FCN 网络的主干部分是由 VGG16 去掉全连接层后的预训练网络，利用预训练的 VGG16 作特征提取网络，然后将去掉的全连接层转变为相应输入、输出通道的 1×1 的卷积，并且最后的 1×1 卷积输出和类别数目相同的通道数。例如，VOC 数据集是 21 种分类，那么输出的特征图通道数就是 21，最后通过转置卷积（详见 1.4.4 节）进行上采样，将结果变成输入图片的分辨率大小，最后在每个像素上做一个分类，使用交叉熵作为损失函数，实现像素级的图像分割。

传统图像分割网络为了对一个像素分类，使用该像素周围的一个图像块作为网络的输入用于训练和预测，这种方法有三个不足。

（1）存储空间占用高。例如，对每个像素使用的图像块大小为16×16，然后不断滑动窗口，每次滑动的窗口给网络进行判别分类，因此所需的存储空间根据滑动窗口的次数和大小急剧上升。

（2）计算效率低下。相邻的像素块基本上是重复的，针对每个像素块逐个计算卷积，这种计算也有很大程度上的重复。

（3）像素块的大小限制了感知区域的大小。通常像素块的大小比整幅图像小很多，只能提取一些局部的特征，从而导致分类的性能受到限制。

FCN利用VGG16提取深层语义特征图，然后通过上采样操作和跳跃连接恢复图像尺寸，模型可以直接输出标注好的分割效果图，FCN很好地解决了上述三个问题，并且刷新了图像语义分割的准确率。

完整的FCN结构如图4-5所示，第一行最左边为原始输入图像，conv为卷积层，pool为最大池化层，可以注意到conv6-7是最后的卷积层，此时得到的密集预测热图（或特征图）尺寸为输入图像的1/32。为了实现像素到像素的预测，还需要对热图进行上采样，所以这里需要将热图上采样扩大32倍使其尺寸恢复到原始图像的大小，因而第一行的网络结构也叫FCN-32s，但直接进行上采样扩大32倍得到的输出无疑是较为粗糙的。为了提高像素预测质量，FCN又分别有FCN-16s和FCN-8s的改进版本，改进的办法是通过跳跃连接进行特征融合改善分割的精细度，将网络中间的输入联合起来进行转置卷积，这样使得上采样能够依赖更多的信息，模型可以得到更好的分割结果。

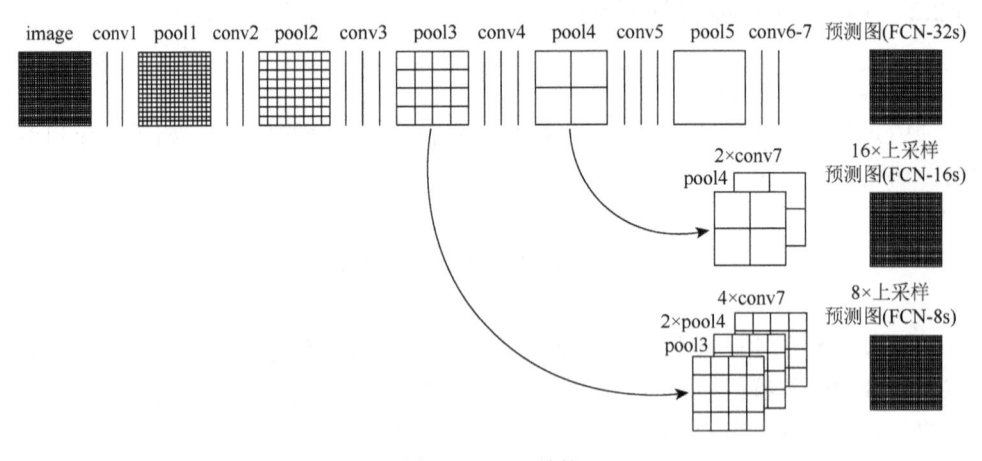

图4-5　FCN结构

最简单的FCN-32s就是直接将改编后VGG输出的结果通过转置卷积扩大32倍进行输出，而FCN-16s是联合前面一次（VGG pool4）的结果进行上采样扩大16倍输出，FCN-8s 是联合前面两次的结果（即结合 VGG pool3、2×pool4、4×conv7 输出）进行上采样扩大 8 倍输出。以图 4-5 中 FCN-8s 举例，首先将最后的结果（conv7 输出特征图尺寸是原图的 1/32）经过转置卷积上采样扩大 2 倍，其次通过跳跃连接和 pool4 的结果（pool4 输出的特征图尺寸是原图的 1/16）相加，然后再通过转置卷积扩大 2 倍（此时输出的特征图尺寸是原图的 1/8）和 pool3 的结果相加，最后通过转置卷积上采样扩大 8 倍得到和输入尺寸一样大的分割效果图。

使用 PASCAL VOC 2011 数据集对 FCN 网络进行性能测试，3 种 FCN 网络分割结果对比如图 4-6 所示。通过和真实标签比较，可以明显看出各模型效果差距：FCN-32s＜FCN-16s＜FCN-8s，FCN-8s 最接近真实标签，分割的精准度最高，有效地证明了使用多层特征融合有利于提高分割准确性。

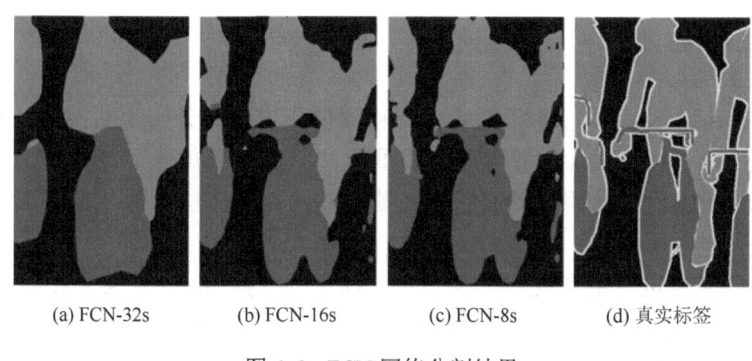

(a) FCN-32s　　(b) FCN-16s　　(c) FCN-8s　　(d) 真实标签

图 4-6　FCN 网络分割结果

4.4　FCN 算法原理

FCN 主要有三个创新点，分别是全卷积结构、上采样和特征融合，本节将对这三个创新点的原理及效果进行介绍。

4.4.1　全卷积结构

FCN 和普通 CNN 最大的不同就是 FCN 中抛弃了 CNN 中的全连接层，采用了全卷积结构。通常 CNN 网络在卷积层之后会接上若干个全连接层，将卷积层产生的特征图映射成一个固定长度的特征向量，FCN 的主干网络 VGG16 就是此种类型的卷积神经网络。以 VGG16 为代表的经典 CNN 结构适合于图像的分类和回归任务，因为它们最后都期望得到一个对于整个输入图像的数值描述，如 VGG16 会输出一个向量表示输入图像属于每一类的概率，以此完成图像分类任务。

对于图像分割任务来说，普通 CNN 的全连接层会破坏特征图的空间信息，全连接层生成的一维向量不利于之后通过上采样恢复图像尺寸，而卷积产生的高维特征图保留了空间信息，并且可以通过转置卷积完成上采样操作，所以采用全卷积结构更适合图像分割任务。

全卷积结构还有一个优势，即 FCN 的输入可以是不同尺寸的图片，而普通 CNN 是只能输入同一尺寸的图片，如 VGG16 一般是输入尺寸为 224×224 的图片。这是由于卷积层的参数和输入图像尺寸无关，它仅仅是一个卷积核在图像上滑动，与输入图像尺寸无关，但全连接层的参数就与输入图像尺寸有关，因为它要把输入的所有像素点连接起来，不同的输入图片尺寸会导致全连接层无法完成计算。

4.4.2 上采样

上采样（详见 1.4.4 节）指的是任何将图像变成更高分辨率的技术，上采样的方式有重采样、插值法、转置卷积、反池化，通过计算每一个像素点的值，可以将输入图片放大到一个想要的尺寸，如使用双线性插值法对图片像素点进行插值来完成上采样过程。

对经典网络进行卷积化的结果还远不足以使得网络实现像素级别的分类任务，在将分类网络卷积化的基础上，FCN 的另一个关键在于上采样操作。FCN 使用的上采样操作为转置卷积，目的是让经过下采样的特征图能够逐步恢复到输入图片的尺寸，实现对输入图片的逐像素预测。与插值法不同，转置卷积需要一些学习参数，普通的卷积操作如果不加 padding 填充会使图像尺寸缩小，而转置卷积会让图像的尺寸增大。转置卷积虽然可以将特征图扩大尺寸，细化粗特征图，但是存在棋盘效应问题，这是由于转置卷积不均匀重叠，使得图像出现棋盘格一样的像素块，这里不详细介绍。

4.4.3 特征融合

CNN 的强大之处在于它的多层结构能自动学习特征，并且可以学习多个层次的特征。较浅的卷积层感受野（见 3.3.1 节）较小，学习一些局部区域的特征，即浅层网络中提取局部信息，其中物体的几何信息比较丰富，有助于分割尺寸较小的目标；较深的卷积层具有较大的感受野，能够学习更加抽象的语义特征，这些抽象的特征对物体的大小、位置和方向等敏感性更低，即深层网络能提取全局信息，物体的空间信息比较丰富，对不同特征的学习有助于识别性能的提高。这些抽象的特征对分类很有帮助，可以很好地判断出一幅图像中包含什么类别的物体,但是也因为丢失了物体的部分细节信息,不能很好地给出物体的具体轮廓及指出每个像素具体属于哪个物体,所以做到精确的分割就很有难度。

FCN 定义了一个跳跃连接结构来利用这些不同层次的特征,它结合了深层的、抽象的全局语义信息和浅层的、精细的局部信息,从结合的特征中得出每个像素所属的类别,即将图像级别的分类进一步延伸到像素级别的分类。

4.5 FCN 具体实现介绍

例 4-2 FCN 的具体实现。

下面给出 FCN 的具体实现代码(亦可见电子资源),并给出相关代码注释,以便读者更好理解。

```python
# 导入包和模块
import numpy as np
import torch
from torchvision import models
from torch import nn

# 生成转置卷积的参数
def bilinear_kernel(in_channels,out_channels,kernel_size):
    factor=(kernel_size+1)//2
    if kernel_size%2==1:
        center=factor-1
    else:
        center=factor-0.5
    og=np.ogrid[:kernel_size,:kernel_size]
    bilinear_filter=(1-abs(og[0]-center)/factor)*(1-abs(og[1]-
                    center)/factor)
    weight=np.zeros((in_channels,out_channels,kernel_size,kernel_
            size),dtype=np.float32)
    weight[range(in_channels),range(out_channels),:,:]=bilinear_
        filter
    return torch.from_numpy(weight)
```

```python
# 调用预训练的VGGNet
pretrained_net=models.vgg16_bn(pretrained=True)

# 搭建FCN-8s
class FCN(nn.Module):
    def __init__(self,num_classes):
        super().__init__()
        self.stage1=pretrained_net.features[:7]
        self.stage2=pretrained_net.features[7:14]
        self.stage3=pretrained_net.features[14:24]
        self.stage4=pretrained_net.features[24:34]
        self.stage5=pretrained_net.features[34:]

        self.conv_trans1=nn.Conv2d(512,256,1)
        self.conv_trans2=nn.Conv2d(256,num_classes,1)
        self.upsample_8x=nn.ConvTranspose2d(num_classes,num_
                        classes,16,8,4,bias=False)
        self.upsample_8x.weight.data=bilinear_kernel(num_cla
                                    sses,num_classes,16)
        self.upsample_2x_1=nn.ConvTranspose2d(512,512,4,2,1,
                         bias=False)
        self.upsample_2x_1.weight.data=bilinear_kernel(512,512,4)
        self.upsample_2x_2=nn.ConvTranspose2d(256,256,4,2,1,
                         bias=False)
        self.upsample_2x_2.weight.data=bilinear_kernel(256,256,4)

    def forward(self,x):
        # 搭建主干网络
        s1=self.stage1(x)
        s2=self.stage2(s1)
        s3=self.stage3(s2)
        s4=self.stage4(s3)
        s5=self.stage5(s4)
```

```
# 特征融合+上采样
s5=self.upsample_2x_1(s5)
add1=s5+s4
add1=self.conv_trans1(add1)
add1=self.upsample_2x_2(add1)
add2=add1+s3
output=self.conv_trans2(add2)
output=self.upsample_8x(output)
return output

# 测试模型是否可以运行
rgb=torch.randn(10,3,320,320)
net=FCN(12)
out=net(rgb)
print(out.shape)
```

4.6 小结及相关研究

本节将对 FCN 进行小结，并且对 FCN 相关拓展研究进行简单的叙述，希望读者可以借此增加对 FCN 的理解，拓展学习思维。本章参考了一些文献资料，如果读者对此感兴趣，可以翻阅相应的参考文献。

4.6.1 小结

FCN 首次实现了任意图片大小输入的像素级语义分割任务，将 CNN 模型中的全连接层替换为卷积层，使用转置卷积对特征图进行上采样，并提出跳跃连接融合全局语义信息和局部位置信息，将粗糙的分割结果转变为精细的分割结果，实现逐像素的精确分割。同时 FCN 使用预训练的 VGG16 作为主干网络，用于提取抽象的语义特征，使用预训练网络权重参数进行网络初始化，也可以加快网络收敛速度。

FCN 解决了传统分割网络由于使用像素块而带来的重复存储和计算卷积问题，极大地提升了图像语义分割的效率，并且刷新了当时的语义分割准确率，实现了端到端的网络训练和像素级语义分割，极大地推动了图像语义分割技术的发展。但 FCN 也存在一些不足，例如，上采样过程粗糙，对图像细节不敏感；没有考虑像素之间的联系，缺乏空间一致性；未有效考虑图像上下文特征信息，无法充分利用空间位置信息，导致局部特征和全局特征的利用率失衡。本书后续章节中的相关工作对 FCN 存在的问题提出了相应的解决方案。

4.6.2 相关研究

FCN 在图像语义分割领域里取得了巨大的突破，之后 FCN 的相关工作受到研究者们的广泛关注，由于 FCN 本身仍然存在一些不足之处，所以许多研究人员在 FCN 的基础上加以改进，提出一系列的图像语义分割算法。

Ronneberger 等[9]于 2015 年提出用于细胞分割的 U-Net。U-Net 是基于 FCN 的一种改进网络，是一种对称的编码器-解码器结构网络，其独特之处是使用镜像折叠弥补缺失的上下文信息，补充输入图片的语义信息，通过跳跃连接将编解码器中的特征图直接拼接，有效地融合了深层语义信息和浅层细节信息，实现像素级语义分割。U-Net 整体框架非常适合于医学图像分割，相关具体内容可参考本书第 5 章。

Zhao 等[10]于 2017 年提出 PSPNet，对 FCN 存在的分割问题进行了改进，其主要创新点是提出了空间金字塔模块，用于提取图像的上下文信息和多尺度信息，使得分割层拥有更多的全局信息，提高了网络模型的分割准确率。PSPNet 在网络层添加空洞卷积（dilated convolution），全局均池化操作将图像感受野增大，包含了图像的浅层特征和深层特征。

Lu 等[11]于 2018 年利用眼底图像中像素之间的空间关系，提出一种由粗至细的全卷积神经网络（coarse-to-fine fully convolutional network，CF-FCN）来提取眼底图像中的视网膜血管。Yuan 等[12]将 Jaccard 相似系数添加到损失函数中，提出了新型的 Jaccard 损失函数，并将其整合到 FCN 网络中，成功分割出了皮肤图像中的病变体。

参 考 文 献

[1] Shelhamer E, Long J, Darrell T. Fully convolutional networks for semantic segmentation[J]. IEEE Transactions on Pattern Analysis and Machine Intelligence, 2017, 39（4）：640-651.

[2] LeCun Y, Bottou L, Bengio Y, et al. Gradient-based learning applied to document recognition[J]. Proceedings of the IEEE, 1998, 86（11）：2278-2324.

[3] Krizhevsky A, Sutskever I, Hinton G E. Imagenet classification with deep convolutional neural networks[J]. Communications of the ACM, 2017, 60（6）：84-90.

[4] Simonyan K, Zisserman A. Very deep convolutional networks for large-scale image recognition[C/OL]. （2015-04-10）[2022-12-01]. https://www.robots.ox.ac.uk/~vgg/publications/2015/Simonyan15/simonyan15.pdf．

[5] Szegedy C, Liu W, Jia Y, et al. Going deeper with convolutions[C]//2015 IEEE Conference on Computer Vision

and Pattern Recognition (CVPR), Boston, IEEE, 2015: 1-9.

[6] Szegedy C, Vanhoucke V, Ioffe S, et al. Rethinking the inception architecture for computer vision[C]//2016 IEEE Conference on Computer Vision and Pattern Recognition (CVPR), Las Vegas, IEEE, 2016: 2818-2826.

[7] Sermanet P, Eigen D, Zhang X, et al. OverFeat: Integrated recognition, localization and detection using convolutional networks[C/OL]. (2013-01-01) [2022-09-04]. http://www.arxiv.org/pdf/1312.6229v4.pdf.

[8] Hariharan B, Arbelaez P, Bourdev L, et al. Semantic contours from inverse detectors[C]//2011 International Conference on Computer Vision, Barcelona, IEEE, 2011: 991-998.

[9] Ronneberger O, Fischer P, Brox T. U-Net: Convolutional networks for biomedical image segmentation[C]//Navab N, Hornegger J, Wells W M, et al. Medical Image Computing and Computer-Assisted Intervention-MICCAI 2015, 18th International Conference Munich. Berlin: Springer, 2015: 234-241.

[10] Zhao H S, Shi J P, Qi X Q, et al. Pyramid scene parsing network[C]//2017 IEEE Conference on Computer Vision and Pattern Recognition (CVPR), Honolulu, IEEE, 2017: 6230-6239.

[11] Lu J W, Xu Y X, Chen M L, et al. A coarse-to-fine fully convolutional neural network for fundus vessel segmentation[J]. Symmetry, 2018, 10 (11): 607-625.

[12] Yuan Y, Chao M, Lo Y C. Automatic skin lesion segmentation using deep fully convolutional networks with jaccard distance[J]. IEEE Transactions on Medical Imaging, 2017, 36 (9): 1876-1886.

第5章 U-Net

前面已对图像语义分割相关基础原理进行了介绍,并且介绍了全卷积网络(FCN)[1],本章将主要介绍 U-Net[2]及其变体网络模型 AFNet[3]。2015 年,Ronneberger 等[2]在全卷积神经网络的基础上改进,提出了 U-Net,并将其应用到医学图像中的细胞分割。此后,U-Net 不断在医学图像分割领域取得重大成果,可以说是当前医学图像分割领域中最热门的人工智能算法之一。

5.1 引　　言

U-Net 自身的网络结构较为简单,对于小数据集的适应性比较强,并且能够输出更加精确的预测结果,而医学图像数据集是相对较小的,并且对于分割结果有着很高的准确率要求,因此 U-Net 非常适合用于医学图像分割。实际上,在目前的医学图像分割领域,U-Net 及其相关变体网络也是最热门的人工智能分割算法之一。本节将介绍 U-Net 的相关基础概念及其发展历程。

5.1.1　U-Net 简介

U-Net 及其众多变体网络在医学图像分割领域得到广泛应用,并取得了很好的成绩,为了让读者更好地理解 U-Net,先介绍医学图像分割的相关知识。

医学图像分割是医学影像分析中的重要领域,也是计算机辅助诊断、监视、干预和治疗所必需的一环,其关键任务是对医学影像中感兴趣的对象(如器官和细胞)进行分割,在疾病的精准识别、详细分析、合理诊断、预测与预防等方面有非常重要的意义和价值。

人的身体里有很多器官,它们形态各异、各司其职。因此,临床上的医学图像分割任务也有许多种类。常见的任务有胰腺分割、视网膜血管分割、肺实质分割、肝脏分割等。然而,早期的医护人员通常都是人为地完成这些医学图像的分割,这种方法对医护人员的工作经验、专业技能等要求都较高,且在操作过程中易出现工作强度大、工作效率低等问题。此外,医学图像分割往往比自然图像分割更难提取出图像特征,这是因为医学图像往往存在图像模糊、噪声干扰、低对比度等问题,同时医学图像分割也对分割结果的准确性和稳定性有着更高的要求,不正确或不稳定的分割将会直接影响病人后续的诊断和治疗,从而失去了对医学图像分割的使用意义。

传统的图像分割方法利用数学和数字图像处理知识来分割图像,计算简单,分割速度快,但在细节上却不能保证分割的准确性。与传统的分割方法相比,基于深度学习的方法分割效果更优,准确性更好,更适合用于医学图像分割任务,但在目前的医学图像分割问题中,仍然存在以下几个难点。

(1)标记数据少。目前医学图像分割的标记数据是比较少的,因为手工对医学图像进行标注是一种费时费力的工作,将会耗费专家大量的精力,并且标注数据的质量也是与专家自身的水平挂钩,所以医学图像分割数据集一般比较小,而使用较小的数据集训练将会影响网络模型的分割效果。

(2)图像存在噪声或伪影。现代医学图像最基本的成像模态有核磁共振成像(nuclear magnetic resonance imaging,NMRI)、X 射线检查、计算机断层扫描(computed tomography,CT)和超声(ultrasound,US)检查等,通常这些成像的医学设备会存在物理噪声和图像重建误差,而医学图像模态和成像参数设定的差别则会造成不同大小的伪影,这些噪声和伪影给医学图像分割任务带来巨大的挑战。

(3)分割目标形态差异大。对于病变部位进行分割时,病变部位的大小、形状和位置可能存在巨大差异,因此解剖结构上会有差异。不同的分割部位也存在差异,以血管和肿瘤的分割为例,目标都非常小,而且极其不规则,因此不同模态、不同分割部位往往需要不同的深度学习算法。

(4)组织边界信息弱。人体内部的一些器官都是具有相似特征的软组织,它们相互接触且边界信息非常弱,而胰腺肿瘤、肝肿瘤、肾脏肿瘤等边界不清楚的肿瘤往往非常小,导致很难被识别到。

(5)维度信息丰富。自然图像是二维的,而在医学图像中,有不少都是三维图像,用于自然图像分割的分割算法迁移到三维医学图像分割,效果并不理想,目前专门用于三维医学图像分割的算法相对来说并不成熟。

U-Net 一经提出,就在医学图像分割领域得到不少研究者的关注。U-Net 起初是在细胞分割任务中取得了很好的成绩,之后研究者把它应用到血管、肺部、胰腺等分割任务,仍然取得了不错的效果。U-Net 这种架构的网络模型逐渐成为医学图像分割的首选,随着各种新的深度学习结构被提出,研究者将新的深度学习结构融入 U-Net,各种基于 U-Net 的变体网络模型也如雨后春笋般涌现。

5.1.2 U-Net 发展历程

1998 年,Lecun 等[4]构建了较为完备的卷积神经网络 LeNet-5,并在手写数字识别问题中取得成功。LeNet-5 及其之后产生的相关变体网络定义了现代卷积神经网络的基本结构，其构筑中交替出现的卷积层-池化层被认为能够提取输入图像的平移不变特征。LeNet-5 的成功使卷积神经网络的应用得到关注。经典的卷积神经网络主要由卷积层、池化层、全连接层组成，其中全连接层非常适合于图像分类问题，但全连接层会将原始图像中的二维矩阵信息压缩，导致图像的空间信息丢失，这会影响卷积神经网络模型在图像分割问题上的运用。

2015 年，Long 等[1]提出基于语义分割的全卷积神经网络 FCN，将 CNN 中的全连接层替换成卷积层，刷新了图像语义分割的精确率。FCN 与传统 CNN 相比，减少了滑动窗口重叠和全连接层冗余参数的计算量。在传统卷积神经网络中的输入只能是指定尺寸的图像，而在全卷积神经网络中则可以输入包括全图大小的任意尺寸的图像，并使用上采样将提取到的特征图恢复到输入图像尺寸大小，但网络中多次进行下采样也会丢失一些图像细节信息，造成最终的分割结果精度较低。为能有效地恢复低层细节信息，全卷积神经网络通过跳跃连接将浅层网络学习到的轮廓、纹理等细节信息传递到深层网络中，并与网络提取到的深层次语义信息相结合，提高整个网络的分割准确率。

全卷积神经网络结构可以实现对图像每一个像素的预测，输出和输入图像尺寸大小一样的分割效果图，但最后得到的分割图只是通过简单的上采样生成的，上采样过程中并不能完全恢复下采样中丢失的空间和细节信息，导致分割的精度不太够。后续研究者们在 FCN 的基础上进行改进，提出了 DeepLab[5]、RefineNet[6]、SegNet[7]等改进网络，使图像分割的精度不断上升。本章的 U-Net 也是基于 FCN 改进的。

针对医学图像数据少的特点，U-Net 中添加了数据增强功能，以重复使用数据样本进行端到端的模型训练。由于网络结构类似 U 形，所以称其为 U-Net。与全卷积神经网络不同的是，在 FCN 中只是对卷积提取到的高层语义特征进行上采样，而在 U-Net 中则是对每一层提取到的特征都进行上采样操作，并且结合编码阶段拥有相同数量的卷积结构以进一步提取深层次的语义信息。然后在 FCN 中跳跃连接只是将上采样后的特征和下采样提取的特征直接相加，而在 U-Net 中则是将每层上采样后的输出与编码阶段同层的特征以拼接的方式进行融合，保证网络的解码器接收更多的语义信息。

U-Net 克服了 FCN 不能保留部分像素空间位置信息和上下文信息导致局部特征和全局特征丢失的缺点，并在医学图像分割领域展现出卓越的性能，U-Net 逐渐成为图像分割领域最著名的网络模型之一，各种 U-Net 变体也相继被提出，如加入密集连接的 DenseUNet[8]、加入残差连接的 ResUnet[9]、加入注意力机制的 SA-UNet[10]。

5.1.3 U-Net 的基本概念

下面对 U-Net 的基本概念进行叙述，以便读者更好地学习 U-Net，降低理解的难度。掌握 U-Net 的基本概念，也有利于读者学习其他的网络模型。

1. 卷积模式

卷积有三种模式，分别为 Same 卷积、Valid 卷积、Full 卷积。Same 卷积在卷积核中心与输入图像中心重合时，输入图像通过 padding 填充 0 运算，保证卷积前后特征图大小不变；Valid 卷积不加入 padding 运算，直接进行卷积运算，特征图会变小；Full 卷积在卷积核与输入图像相交时，特征图中 padding 填充 0 运算，然后进行卷积运算，并使得特征图变大。Same 卷积、Valid 卷积、Full 卷积的示意图如图 5-1 所示（输入图像边界白色部分为填充部分）。

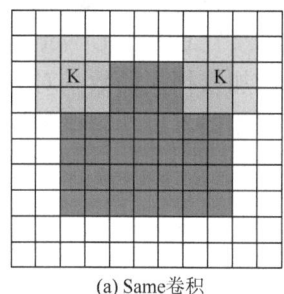

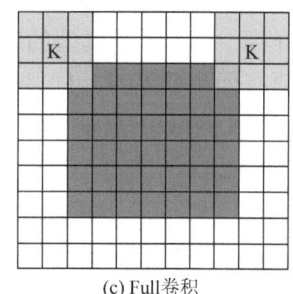

(a) Same 卷积　　(b) Valid 卷积　　(c) Full 卷积

图 5-1　卷积模式示意图

Valid 卷积的填充参数 padding = 0，也就是说 Valid 卷积没有进行 padding 填充，因此经过 Valid 卷积的图像会丢失边缘像素，图像尺寸变小。padding 填充是会产生误差的，而且特征图的抽象程度越高，受到 padding 填充的影响越大，所以在关于 U-Net 的研究中，所有的卷积都采用了 Valid 卷积（为了避免数据丢失，在图像输入前使用镜像折叠策略，5.2.2 小节有相关介绍）。

2. 拼接

拼接（concat）是把两个张量在某个维度上进行叠加，叠加后会扩充张量的维度。拼接操作中需要叠加的维度可以不同，但其他维度必须相同。U-Net 在解码器部分使用了拼接操作，并且应用在通道维度上。图 5-2 为拼接示意图。

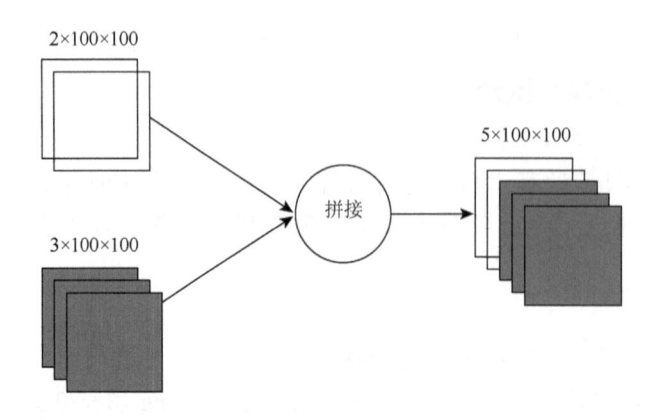

图 5-2　拼接示意图

5.2　U-Net 网络模型

本节将从网络结构、算法原理、算法流程及代码实现等方面对 U-Net 进行介绍。U-Net 是典型的编码器-解码器结构，网络结构形如一个 U 形。U-Net 主要有四个创新点：U 型结构、镜像折叠策略、图像增强、加权损失函数。对于 U-Net 网络模型的实现，使用的编程语言为 Python3.7.0，使用的深度学习框架为 PyTorch。

5.2.1　网络结构

U-Net 正如它的名字一样，是一个 U 型网络，U-Net 由收缩路径（左侧）和扩张路径（右侧）两部分组成，属于端对端的网络模型；收缩路径通过 4 组下采样操作和卷积（最大池化）进行图像特征信息的提取，扩张路径通过 4 组上采样操作（转置卷积）和卷积恢复图像的细节，中间插入跳跃连接，通过跳跃连接将图像浅层的位置信息和深层的语义信息进行融合，从而实现图像的像素级语义分割。U-Net 是典型的编码器-解码器结构，所以也可分为编码器和解码器部分，收缩路径对应编码器，扩张路径对应解码器。U-Net 网络结构如图 5-3 所示。

由图 5-3 可知（以最低分辨率 572×572 为例子），U-Net 由左侧的收缩路径和右侧的扩张路径组成。U-Net 并非是一个完全对称的结构。下面将以图 5-3 的 U-Net 结构为例，从收缩路径和扩张路径两部分对 U-Net 的网络结构进行详细的论述。

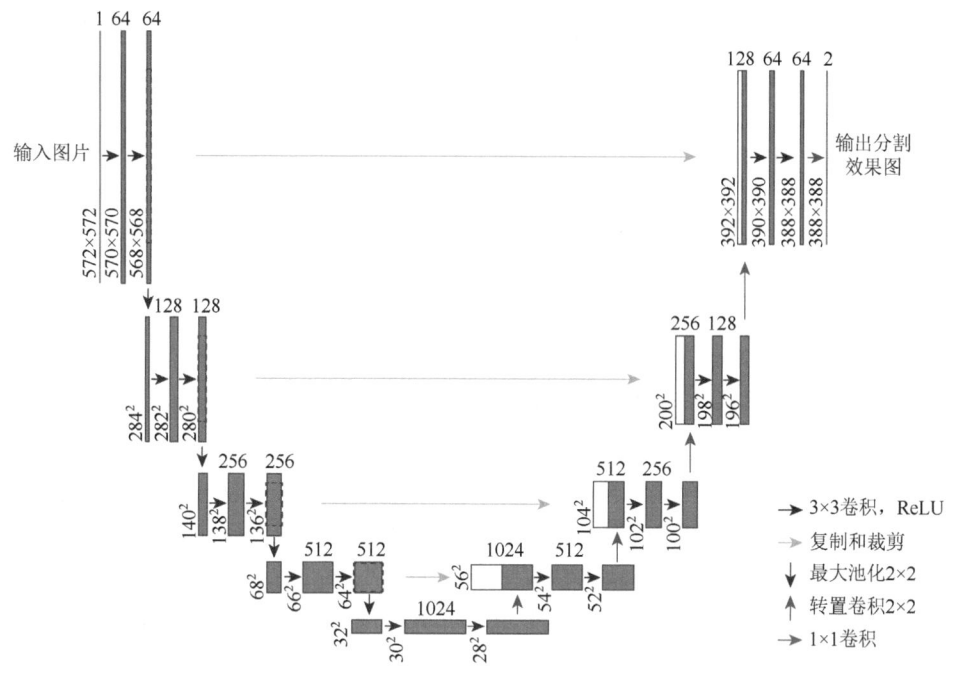

图 5-3 U-Net 网络结构

收缩路径：该 U-Net 的输入为单通道且分辨率为 572×572 的图像数据，经过两次 3×3 Valid 卷积和两次 ReLU 函数激活，图像数据的通道数变为 64。由于 Valid 卷积会丢失图像的边缘像素，图像的分辨率也相应减小，分辨率变为 568×568，然后通过步长为 2 的最大池化来实现下采样操作，提取图像的特征，并且将图像的尺寸大小转化为原来的一半，此时图像的尺寸为 284×284。重复上面的操作，将提取的特征图尺寸变为 28×28，通道数变为 1024。输入的图像数据经过多层卷积和最大池化，图像的深层抽象的语义信息被提取出来，而位置信息相对被弱化。

扩张路径：最底层的特征图尺寸为 28×28，通道数为 1024，通过转置卷积实现上采样操作，将特征图尺寸大小翻倍，转化为 56×56，通道数为 512。然后将特征图通过跳跃连接和同层收缩路径带有位置信息的特征图进行拼接，同层收缩路径的特征图具有更多的位置和细节信息。拼接操作需要特征图的尺寸大小一致，所以必须对收缩路径的特征图进行裁剪，经过拼接操作后，特征图的通道数翻倍，变为 1024。接下来经过两次 Valid 卷积和 ReLU 函数激活，特征图尺寸大小变为 100×100，通道数变为原来的一半，通道数为 512。将上面的操作重复三遍，再通过一个 1×1 逐点卷积，生成最终的特征图，该特征图尺寸为 388×388，通道数为 2。最后逐点卷积生成的特征图的通道数取决于所需分割的语义类别数量,而在细胞分割中,所需分割的语义类别为 2。U-Net 模型没有全连接层,只有卷积层和池化层,模型一共含有 23 个卷积层。

5.2.2 算法原理

本节主要对 U-Net 的 U 型结构、镜像折叠策略、图像增强、加权损失函数的相关原理及效果进行介绍。

1. U 型结构

U-Net 是基于改进全卷积神经网络提出的,通过这种改进,使其在数据集较小的情况下,仍能达到很好的分割效果。从图 5-3 可以看出,U-Net 是一种 U 型结构,左侧的收缩路径通过下采样操作(最大池化)提取抽象的深层语义特征,并在深层产生大量的特征通道;右侧的扩张路径利用上采样操作(转置卷积)扩大特征图的分辨率,使图像逐渐恢复细节,大量的特征通道有利于上采样操作把上下文信息传递给高分辨率图像,中间的跳跃连接可以弥补下采样过程中损失的特征信息,以便网络模型输出精确的语义分割图,语义分割图的分辨率和原图是一致的。U-Net 的网络结构 5.2.1 节已作介绍,此处不再赘述。

U-Net 通过下采样与上采样的层进行结合,在抽象的基础上补充细节,最后实现精细的重建。利用上采样与下采样之间的跳跃连接,保持图像信息的完整性,极大地减少失真。这种 U 型结构在图像分割领域中取得了很好的效果,克服了 FCN 不能保留部分像素空间位置信息和上下文信息,从而导致局部特征和全局特征丢失的缺点,并且 U-Net 的结构较为简单,往后的很多图像分割网络模型都是在其基础上进行改进的。

2. 镜像折叠策略

仔细观察 U-Net 的网络结构可以看出,U-Net 并不是完全对称的结构,如输入图像的分辨率和输出图像的分辨率是不一样的,这种不完全对称结构就可引出镜像折叠策略。

因为 Valid 卷积会丢失边缘像素,导致图像的分辨率减小,进而导致 U-Net 的不完全对称结构,但 U-Net 仍然要保证原图和分割效果图的分辨率一致,所以文献[2]提出一种镜像折叠策略来解决这个问题,通过提前对原图像进行镜像 padding 预处理,然后把处理之后的图输入 U-Net 模型。通过计算得到全部 Valid 卷积丢失的边缘像素,接下来合理地设置镜像 padding 的大小,可以使模型最终输出的分割效果图和需要分割的原图分辨率保持一致,图 5-4 为镜像折叠策略的示意图。

(a)　　　　　　　　　　　　　　　　(b)

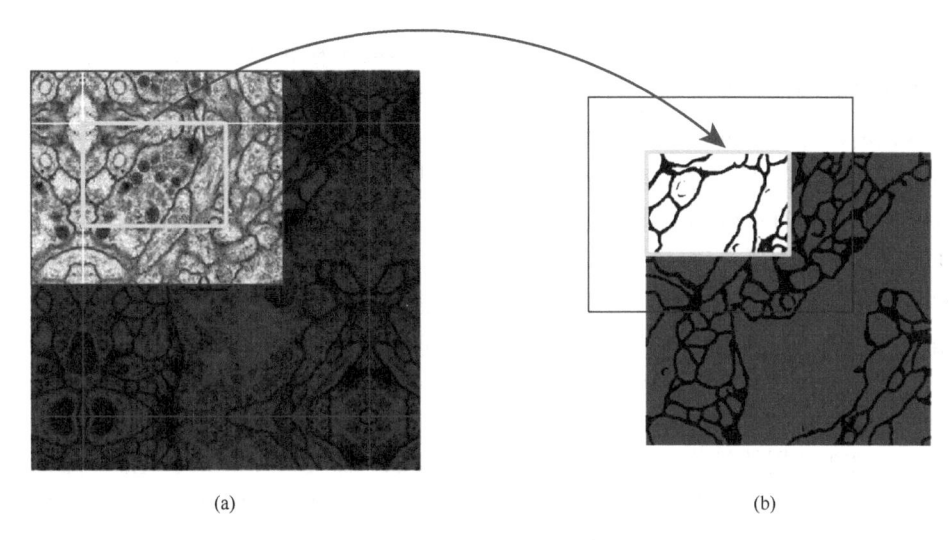

图 5-4　镜像折叠策略示意图

图 5-4（a）是对原图像进行镜像 padding 的结果，白色方框内是需要进行语义分割的图像块，若要对白色方框内区域进行预测，需要输入黑色方框内的图像数据，黑色方框中既包括了需要进行语义分割的部分，也包括了其上下文信息，网络需要利用图像块的上下文信息进行预测。结合图 5-4（b）可知，镜像折叠策略利用镜像 padding 补充了缺失的上下文信息，而更完备的上下文信息可以提高语义分割的精确度。

镜像折叠策略可搭配图像分块一起使用。当需要进行分割的图片分辨率过高，且计算机资源不充足时，硬件上的制约会使模型无法对整张图片进行分割，因此可以先对图像进行镜像 padding 填充，然后按顺序将填充后的图像分割成固定大小的分块。通过镜像折叠策略和图像分块搭配使用，能够实现对任意大小图像的无缝分割，同时每个图像块也可获得完备的上下文信息。此外，在训练数据较少的情况下，每张图像都被分割成多个分块，相当于起到了扩充训练数据的作用。更重要的是，这种策略不需要对原图进行缩放，每个位置的像素值与原图保持一致，不会产生因缩放而带来的误差。

3. 图像增强

文献[2]使用了图像增强技术。可用于生物医学图像分割的开源标签数据一般比较少，过少的训练数据会使模型产生过拟合问题，可以使用图像增强技术对训练集数据进行扩充。在深度学习的领域里，图像增强是为了丰富图像的样本特征，从而增强模型的泛化能力，常用方式有旋转、裁剪、水平或垂直翻转、改变亮度、色彩抖动、噪声扰动等。

对于显微镜下的细胞图像,需要保证算法具有平移和旋转不变性,同时对于细胞图像的变形和灰度变化具有一定的鲁棒性。此外,由于细胞图像数据的标注成本较高,因此训练样本数量较少。为了解决这个问题,一种常用的方法是利用随机弹性变形技术,对训练样本进行扩增,从而增加训练数据的多样性。这样可以使得模型具有更好的泛化能力,能够更好地适应不同的细胞图像数据。文献[2]使用随机位移向量在 3×3 网格上生成平滑变形。随机位移向量是从标准差为 10 的高斯分布中采样的,然后使用双三次方插值计算每个像素位移。在收缩路径末端加入 Dropout 层可以实现进一步的隐式数据增强。

4. 加权损失函数

文献[2]使用的优化方法为随机梯度下降算法。梯度下降中的导数部分是把所有样本代入到导数中累加然后更新参数。随机梯度下降算法则是随机选一个样本计算一个导数,然后马上更新参数,是一种非常经典的优化方法。随机梯度下降算法本身的收敛速度是比较慢的,通过叠加 Momentum 动量方法,可以加快收敛速度。文献[2]将 Momentum 值设定为 0.99,能量函数是基于对最后输出的通道图进行逐像素计算 Softmax 函数和交叉熵损失函数。其中,能量函数最早在热力学中被定义,能量函数值越小,系统越趋于稳定,这和损失函数的意义相同。具体 Softmax 函数计算公式如下:

$$p_k(x) = \exp(a_k(x)) / \left(\sum_{k'=1}^{K} \exp(a_{k'}(x)) \right) \quad (5\text{-}1)$$

其中,K 表示总共的类别数量,k 表示第几个特征通道,$a_k(x)$ 表示第 k 个特征通道图上像素位置 x 的激活值,x 表示像素点,$p_k(x)$ 为对于类别 k 的像素预测概率值。

接下来将像素点经过 Softmax 函数计算后的值作为输入,计算损失。文献[2]使用的基本损失函数为特殊的交叉熵损失函数,其在标准的交叉熵损失函数有一些改进,为每一个像素添加了权重。文献[2]使用的加权损失函数如下:

$$E = \sum_{x \in \Omega} w(x) \log \left(p_{l(x)}(x) \right) \quad (5\text{-}2)$$

其中,$l: \Omega \to \{1, \cdots, K\}$,表示每个像素的真实标签;$w: \Omega \to R$,表示在训练过程中添加给每个像素的权重,以便给某些像素赋予更多的重要性,也可以表现出每个像素的重要性。权重 $w(x)$ 的计算公式如下:

$$w(x) = w_c(x) + w_0 \cdot \exp\left(-\frac{\left(d_1(x) + d_2(x)\right)^2}{2\sigma^2} \right) \quad (5\text{-}3)$$

其中，w_c: $\Omega \to R$，表示用来平衡类频率的权重图，为图像的二值分割图；d_1: $\Omega \to R$，表示背景的某个像素点到最近细胞边界的距离；d_2: $\Omega \to R$ 表示背景的某个像素点到第二近细胞边界的距离。经过多次实验表明，$w_0 = 10$、$\sigma = 5$ 是比较合适的参数设置。

当像素点距离细胞边界很远时，通过权重计算公式可发现 $w(x)$ 的值非常接近 $w_c(x)$。对于两个贴在一起的细胞边界附近的像素点，权重公式的后半部分计算出来的值会大一些；对于离细胞比较远的像素点，权重公式的后半部分计算出来的值会小一些。同类细胞贴得比较近，可能就会增大训练的难度，降低准确率，因为卷积会考虑该像素点周围的一些特征，所以两个同类细胞贴在一起，就容易误判。该公式可给两个同类细胞贴在一起的细胞边界像素赋予较大的权重，离细胞边界较远的像素赋予较少的权重，迫使网络更多地对细胞边界像素进行学习，从而提高图像分割的精确度。权重示意图如图 5-5 所示。

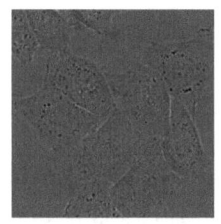

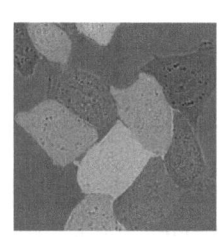

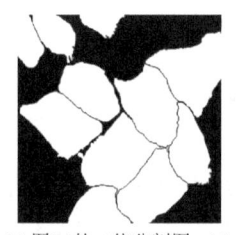

(a) 需要分割的原图像　　(b) 已分割的标签图　　(c) 图(b)的二值分割图$w_c(x)$　　(d) 权重图$w(x)$

图 5-5　权重示意图（后附彩图）

5.2.3　算法流程及实现代码

下面简要介绍 U-Net 的算法流程，并且给出 U-Net 模型的具体实现代码，以便加深对 U-Net 的理解。

1. 算法流程

U-Net 首先将数据集分为训练集、测试集，其中训练集用于训练 U-Net 模型，测试集用于对已训练模型的效果进行测试。接下来对图像进行图像增强，选择的图像增强方式为随机弹性形变，然后是预处理部分，对原图像进行镜像 padding，把经过预处理的图像数据用来训练 U-Net 模型，使用的优化方法为随机梯度下降算法，通过不断地进行迭代，使网络模型的权重不断更新，最终得到模型的最优性能，利用测试集的数据就可对已训练的 U-Net 模型进行性能测试。为了便于读者更好地理解 U-Net 图像分割算法，表 5-1 列出了 U-Net 的算法流程。

表 5-1 U-Net 算法流程

U-Net 算法流程
输入：
1：x：图像数据；
2：y：目标标签；
输出：
1：O：预测结果；
步骤 1：数据增强；
1：对图像数据进行随机弹性形变操作；
步骤 2：图像预处理；
1：使用镜像折叠策略，对图像数据进行镜像 padding；
步骤 3：网络训练；
1：初始化；
2：开始迭代；
3：计算输出 y'；
4：计算损失 J；
5：计算梯度 g；
6：更新权重；
7：结束迭代；
8：利用训练好的网络计算预测值 O。

Ronneberger 等使用 U-Net 在 2015 年 ISBI 细胞追踪挑战赛中取得了优异的成绩，比赛中使用的数据集为 PhC-U373 和 DIC-HeLa。图 5-6 为 U-Net 的分割结果图，其中图 5-6（a）为 PhC-U373 数据集输入的图像；图 5-6（b）为 U-Net 输出的分割结果图（彩色部分为模型的分割效果图），黄色边界为专家手动分割的标注；图 5-6（c）为 DIC-HeLa 数据集输入的图像；图 5-6（d）为 U-Net 输出的分割结果图（彩色部分为模型的分割效果图），黄色边界为专家手动分割的标注。

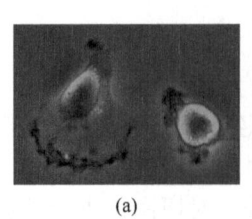

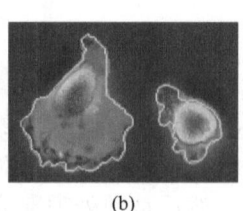

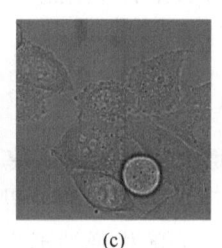

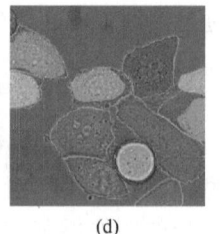

图 5-6 U-Net 分割结果图（后附彩图）

2. 具体实现代码

例 5-1 U-Net 模型具体实现代码。
U-Net 模型的实现代码请见电子资源。

5.3 AFNet 网络模型

AFNet 是一种专门用于视网膜血管分割的网络，也是 U-Net 的变体网络之一[3]。视网膜血管分割通常被用于各种眼部疾病的诊断和治疗，如脑卒中、高血压、糖尿病诱发的视网膜病和青光眼。由于视网膜血管与背景之间的低对比度、血管宽度和曲率的不均匀变化以及血管图像采集过程中噪声的影响，视网膜血管的精确分割面临巨大的挑战。AFNet 是一种结合位置注意力、语义聚合模块和多尺度特征融合模块的血管分割网络。在网络的特征编解码块中添加位置注意力，用于建模全局依赖和减少类内不一致性。在编码器的顶部添加多尺度特征融合模块，获取多尺度特征信息，用于解决视网膜血管尺度变化大的难题。设计的语义聚合模块则可以更好地利用上下文语义信息，提升毛细血管的分割精度。在三个公开的眼底数据集 DRIVE[11]、STARE[12]和 CHASE_DB1[13]上的实验结果表明，AFNet 能够较好地分割细小血管，取得很好的综合性能。

5.3.1 AFNet 网络结构介绍

U-Net 是一种基于编码器-解码器的有监督学习网络，对医学图像等小型图像数据集表现出较好的分割性能。近年来，U-Net 已成功地应用到血管图像分割并获得较高的分割准确率，但其仍有一些不足。

（1）U-Net 网络特征提取过程中只包含局部上下文信息，在连续的血管分割任务中可能会导致错误的语义理解。

（2）在 U-Net 的卷积中，所有像素都被同等对待，这可能会削弱语义特征学习，带来不必要的冗余信息。

（3）血管结构不规则、复杂、多尺度，U-Net 对这些固定区域的血管特征的感知是不充分的。

（4）U-Net 对血管分割的精度不够高，在面对微血管分割时，分割结果图中的部分微血管会出现断裂、血管易联结等问题。

针对上述 U-Net 在血管图像分割方面的问题，文献[3]提出了 AFNet。AFNet 整体上是一种对称的 U 型结构网络，如图 5-7 所示。

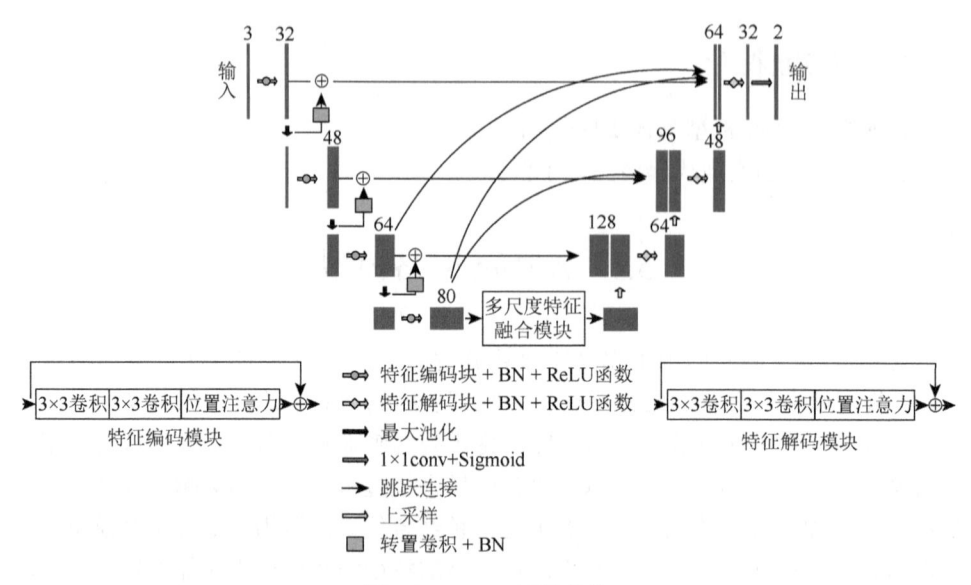

图 5-7　AFNet 网络结构

AFNet 的网络结构整体采用编码器-解码器结构，主要由特征编码器、多尺度特征融合模块、语义聚合模块和特征解码器四个部分组成。相比 U-Net，AFNet 的编码层和解码层都要少一层，且每一层的通道数也是大幅减少，这可以减少需要计算的网络参数，使网络更加轻量化。

U-Net 的卷积中所有像素都被同等对待，这可能会削弱语义特征学习；卷积提取的特征也只包含局部上下文信息，在连续的血管分割任务中可能会导致错误的语义理解，因此在 AFNet 特征编解码块的卷积层后添加了位置注意力模块。

特征编码器提取输入图像的有效特征并逐渐减小输入数据的空间维度，主要由四层结构组成，包括特征编码模块和最大池化层。特征编码模块包括两个 3×3 卷积，之后是位置注意力、批量标准化（BN）层和校正线性单元（ReLU），为减少结构信息丢失和加快网络收敛，加入残差连接，最后利用最大池化操作进行下采样。

多尺度特征融合模块插入到编码器的顶部以提取多尺度特征信息。设计的语义聚合模块替换传统 U-Net 中层与层之间的跳跃连接，将低层的空间信息和高层的语义信息相融合使网络可以获得比较连贯的血管信息。

特征解码器同样是四层结构，包括特征解码模块和上采样层，其中特征解码模块和特征编码模块具有相同的结构设计。解码器通过上采样层逐渐恢复目标的细节和相应的空间维度。在网络的最后一层，使用 1×1 卷积和 Sigmoid 函数获得输出分割图。

5.3.2 相关研究内容

U-Net 由于其独特的 U 型结构,非常适合小数据集的图像分割任务,并且在生物医学分割领域取得了不错的成果,但在面对视网膜血管分割时,仍然存在局限性。针对这些局限性,AFNet 在 U-Net 基础上添加了三个模块,这三个模块分别为位置注意力模块、多尺度特征融合模块、语义聚合模块。

1. 位置注意力模块

注意力机制[14]是对卷积神经网络提取的特征图进行加权,增大有用特征的权重并抑制无关特征的权重。近年来,许多研究人员通过添加注意力提高网络的识别能力。受此启发,AFNet 在每个卷积层添加位置注意力,以此提取更精确的血管特征信息。

位置注意力通过将位置信息嵌入到通道注意力中,不仅可以捕获跨通道信息,还能捕获方向感知信息和位置感知信息。通过建模每个位置之间的相关性,将局部特征与全局上下文信息相结合,有助于网络更关注所要提取的血管特征。位置注意力模块具体结构如图 5-8 所示。

给定输入 X,采用两个尺寸 $(H, 1)$,$(1, W)$ 的池化核分别进行水平和垂直的池化操作,得到高为 h 的第 c 个通道的输出为

$$Z_c^h(h) = \frac{1}{W} \sum_{0 \leq i \leq w} x_c(h, i) \tag{5-4}$$

同理,宽度为 w 的第 c 个通道的输出为

$$Z_c^w(w) = \frac{1}{H} \sum_{0 \leq i \leq H} x_c(j, w) \tag{5-5}$$

上述两个变换沿着两个空间方向进行特征融合,并生成一对方向感知注意力图。这两种变换使得注意力模块既捕捉到沿着一个空间方向的长程依赖性,又保存了沿着另一个空间方向的精确位置信息。

将式(5-4)和式(5-5)产生的两个特征图级联,然后使用一个共享的 1×1 卷积 F_1 变换得到

$$f = \delta(F_1([Z^h, Z^w])) \tag{5-6}$$

式中,[,] 表示沿空间维度的拼接操作,δ 是非线性激活函数。生成的 $f \in R^{C/r \times (H+W)}$ 是对空间信息在水平方向和竖直方向的中间特征图,r 表示用于控制模块大小的压缩比例参数。接着,将 f 沿着空间维度拆分为两个独立张量 $f^h \in R^{R/r \times H}$ 和

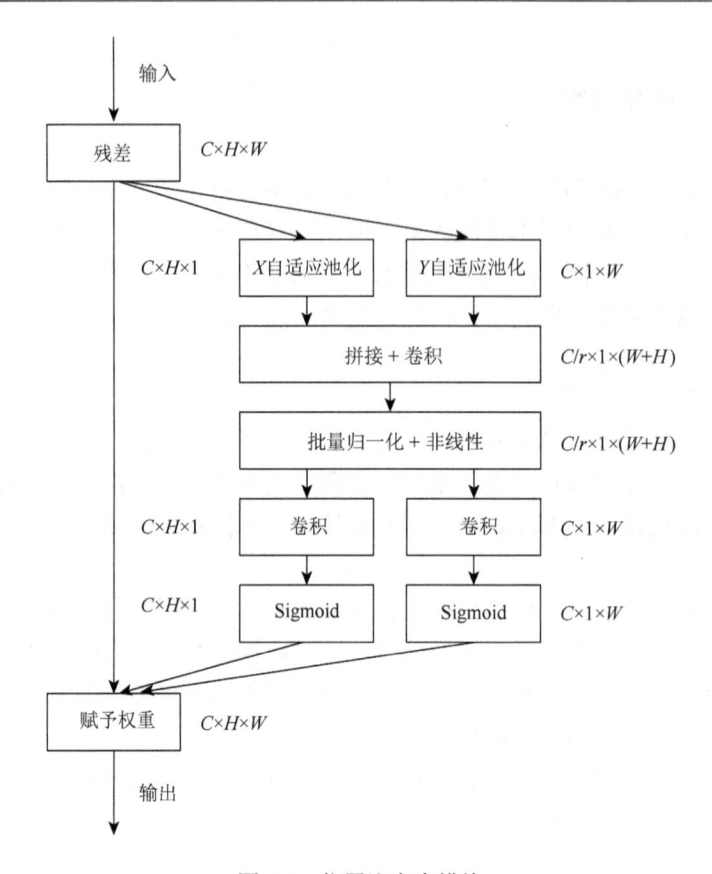

```
                输入
                 ↓
              ┌─────┐
              │ 残差 │  C×H×W
              └─────┘
               ╱  ╲
              ╱    ╲
   C×H×1   ┌────────┐  ┌────────┐  C×1×W
          │X自适应池化│  │Y自适应池化│
          └────────┘  └────────┘
                ╲    ╱
              ┌──────────┐
              │ 拼接+卷积 │  C/r×1×(W+H)
              └──────────┘
                   ↓
              ┌──────────────┐
              │批量归一化+非线性│  C/r×1×(W+H)
              └──────────────┘
                ╱    ╲
   C×H×1  ┌─────┐  ┌─────┐  C×1×W
          │ 卷积 │  │ 卷积 │
          └─────┘  └─────┘
                ↓      ↓
   C×H×1  ┌───────┐┌───────┐  C×1×W
          │Sigmoid││Sigmoid│
          └───────┘└───────┘
                ╲   ╱
              ┌───────┐
              │赋予权重│  C×H×W
              └───────┘
                  ↓
                输出
```

图 5-8 位置注意力模块

$f^w \in R^{C/r \times W}$，再利用两个 1×1 卷积 F_h、F_w，将特征图 f^h、f^w 变成和输入 X 同样的通道数：

$$g^h = \delta\left(F_h(f^h)\right) \quad (5\text{-}7)$$

$$g^w = \delta\left(F_w(f^w)\right) \quad (5\text{-}8)$$

最后将输出 g^h、g^w 作为注意力权重，并作用于原输入特征图得到位置注意力的加权图 Y：

$$y_c(i,y) = x_c(i,j) \times g_c^h(i) \times g_c^w(j) \quad (5\text{-}9)$$

这样，特征图就可以有丰富的语义信息，并根据注意力加权图选择性地聚合语义。因此，AFNet 能够自适应地选择对血管分割有利的特征，具有较强的语义表示能力。

2. 多尺度特征融合模块

视网膜血管的弯曲程度和粗细长短等各有不同,使得血管的精细分割具有挑战性。多尺度特征融合模块能够让网络学习到多尺度的血管特征信息,从而提高视网膜血管的分割精度。多尺度特征融合模块如图 5-9 所示。

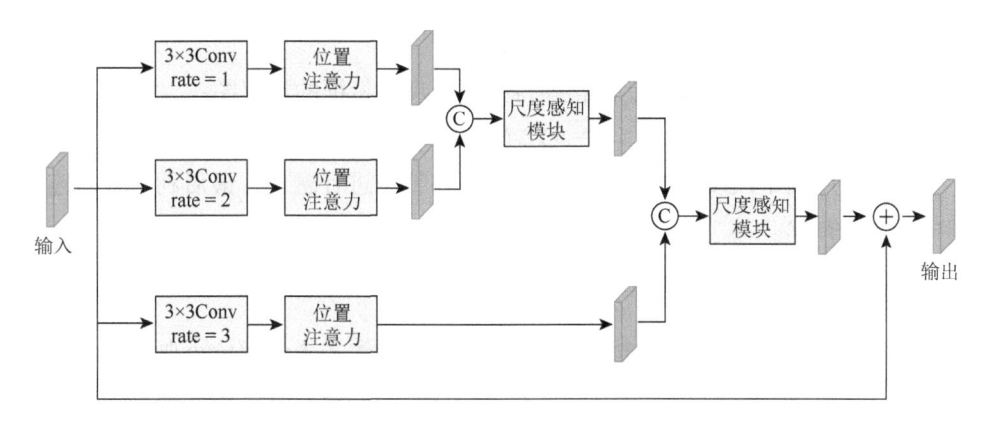

图 5-9　多尺度特征融合模块

多尺度特征融合模块使用三个具有不同比率的平行空洞卷积获取图像中的特征信息,这三个空洞卷积具有共享的权重以减少网络的参数量。同时在三个空洞卷积后加入位置注意力,进一步优化网络在各个感受野下的特征提取。获得的三个特征图通过尺度感知模块进行融合。尺度感知模块中引入空间注意力机制,可以动态选择合适的尺度特征进行融合。尺度感知模块具体结构如图 5-10 所示。

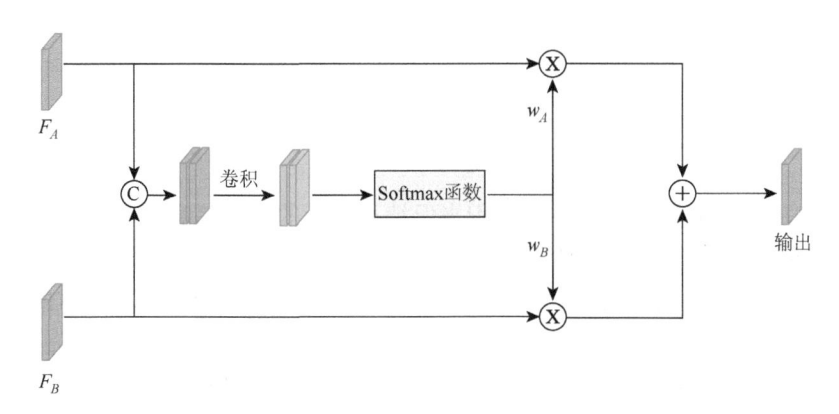

图 5-10　尺度感知模块

两个不同比例的特征 F_A 和 F_B 通过一系列卷积，得到两个特征图 $A, B \in R^{H \times W}$（H 为特征图的高度，W 为特征图的宽度），然后由 Softmax 函数得到 A、B 的权重：

$$w_A = \frac{e^A}{e^B + e^A} \tag{5-10}$$

$$w_B = \frac{e^B}{e^B + e^A} \tag{5-11}$$

生成的权重分别与原特征图相乘得到不同尺度特征的加权图：

$$F = w_A \times F_A + w_B \times F_B \tag{5-12}$$

通过使用两个尺度感知模块将三个分支的特征进行融合，最后利用残差连接融合多尺度特征。

3. 语义聚合模块

在网络模型的特征提取过程中，最大池化会导致丢失一部分小血管的信息，语义聚合模块可以对丢失的信息进行补全，并将编码器的底层语义信息和解码器的高层位置信息进行融合。语义聚合模块具体结构如图 5-11 所示。

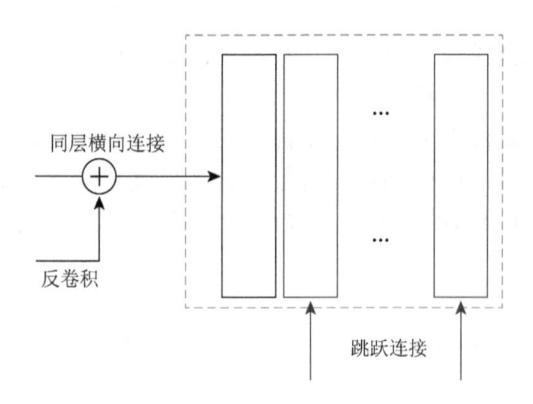

图 5-11　语义聚合模块

在每层特征编码块后添加反卷积来保持小血管的空间信息并将其传递到同层的跳跃连接。语义聚合模块除了连接同层的编码器外，还通过跳跃连接到下一个高层次的解码器和更高层次的其他编码器，将低层的空间信息和高层丰富的细节信息相融合，提高网络对毛细血管的分割准确率。为了匹配大小和通道，先用 1×1 卷积使各层通道数相同，然后用线性插值法得到相同的尺寸后再进行拼接融合，最后使用一个和本层相同通道数的 1×1 卷积对拼接融合后的特征图进行降维，以减少参数量。

5.3.3 算法流程及实现代码

下面介绍 AFNet 的算法流程，同时通过具体代码来实现网络模型，以便读者更好理解 AFNet。

1. 算法流程

AFNet 是一种基于 U-Net 改进的血管分割网络，首先将数据集分为训练集和测试集，使用的测试集为 DRIVE、STARE 和 CHASE_DB1。接下来使用灰度化、标准化、自适应直方图、伽马变换四种预处理方法增强图像血管轮廓与背景的对比度，使图像更好地适应后续处理。把经过预处理的图像进行随机裁剪，通过图像分块的方法进行数据扩增，这可以增加后续网络的泛化能力。把经过分块的图像数据输入到 AFNet 进行训练，使用的优化方法为 Adam，通过不断地进行迭代，使网络模型的权重不断更新，最终得到模型的最优性能，利用测试集的数据就可对已训练的 AFNet 模型进行效果测试。为了便于读者更好地理解 AFNet，表 5-2 列出了 AFNet 的算法流程。

表 5-2 AFNet 算法流程

AFNet 算法流程
输入：
1：x：图像数据；
2：y：目标标签；
输出：
1：O：预测结果；
步骤 1：图像预处理；
1：灰度化；
2：标准化；
3：自适应直方图；
4：伽马变换；
步骤 2：数据扩增；
1：通过随机裁剪的方式进行数据扩增；
步骤 3：网络训练；
1：初始化；
2：开始迭代；
3：计算输出 y'；
4：计算损失 J；
5：计算梯度 g；
6：更新权重；
7：结束迭代；
8：利用训练好的网络计算预测值 O。

经过一段时间的训练，AFNet 的效果会不断增强，可以使用事先准备好的

测试集对 AFNet 进行效果测试。通过把测试集数据输入已训练好的 AFNet，AFNet 输出分割后的结果图，通过金标准图、U-Net 分割结果图、AFNet 分割结果图的对比，可以很好地感受模型分割质量的高低。图 5-12 是使用 DRIVE 数据集进行测试的分割效果对比图，图 5-13 是使用 STARE 数据集进行测试的分割效果对比图，图 5-14 是使用 CHASE_DB1 数据集进行测试的分割效果对比图。各图中第一列为测试集中的原图，第二列为专家手动分割的金标准图，第三列是为 U-Net 的分割结果图，第四列为 AFNet 的分割结果图。

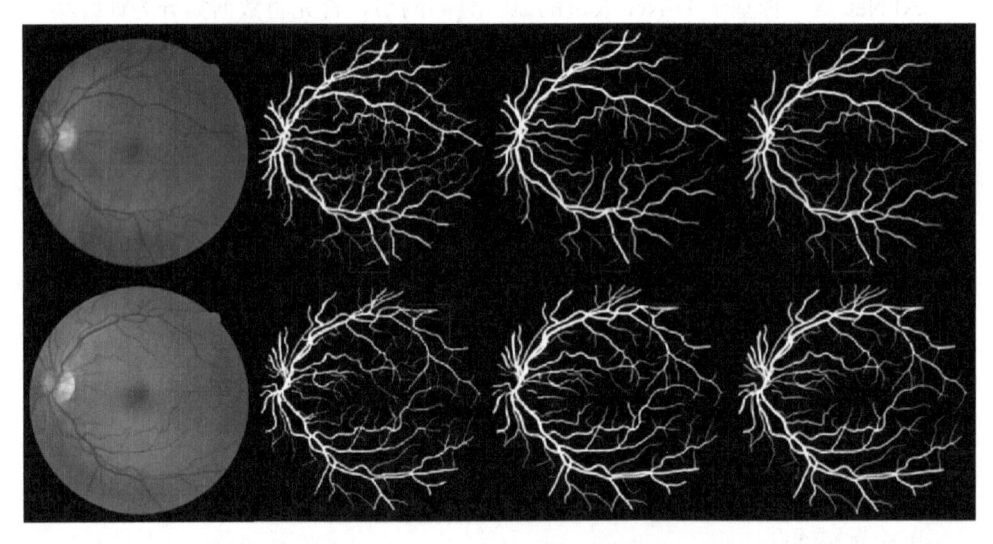

图 5-12　AFNet 分割效果对比图（DRIVE 数据集）（后附彩图）

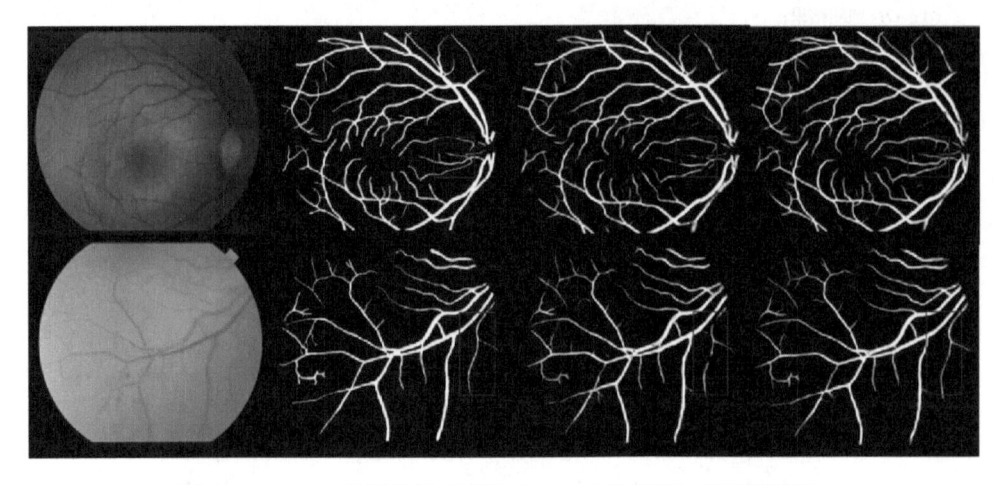

图 5-13　AFNet 分割效果对比图（STARE 数据集）（后附彩图）

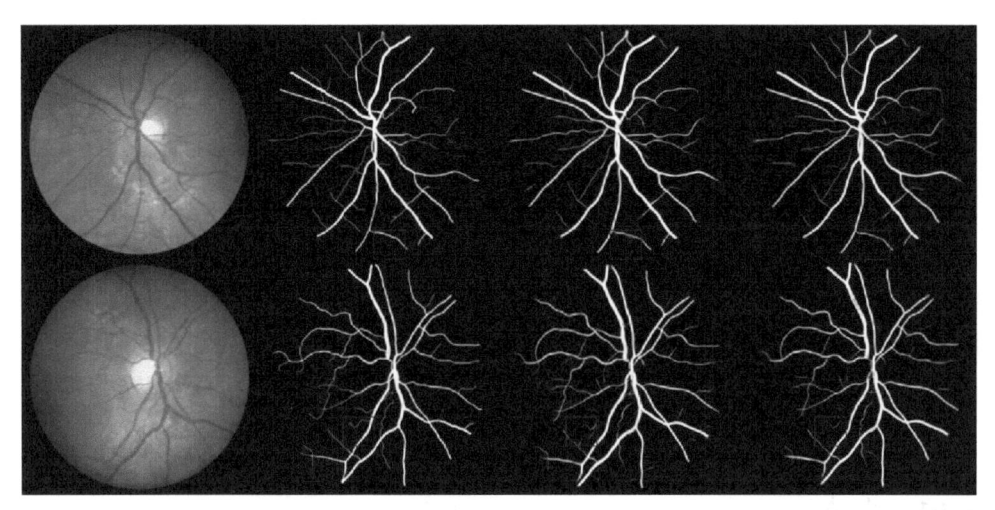

图 5-14 AFNet 分割效果对比图（CHASE_DB1 数据集）（后附彩图）

从三个数据集的分割结果可以看出，U-Net 相较于金标准存在毛细血管漏分割、血管分割断裂和错误分割的情况，而 AFNet 提取出的血管更加清晰，血管的大小也接近标准大小，含有的错误分割少，更加接近标准的视网膜血管图像。同时 AFNet 保留了更多血管中的细节，较好地解决了血管分割断裂的问题，并且在微血管部分能分割出比金标准更多的细节结构。图 5-15 为 AFNet 微血管分割效果对比图，是把图 5-12 的方框部分放大后的对比图，其中第一列为金标准图，第二列为 U-Net 分割结果图，第三列为 AFNet 的分割结果图，经过对比可发现 AFNet 对于微血管的分割精度有所提高。

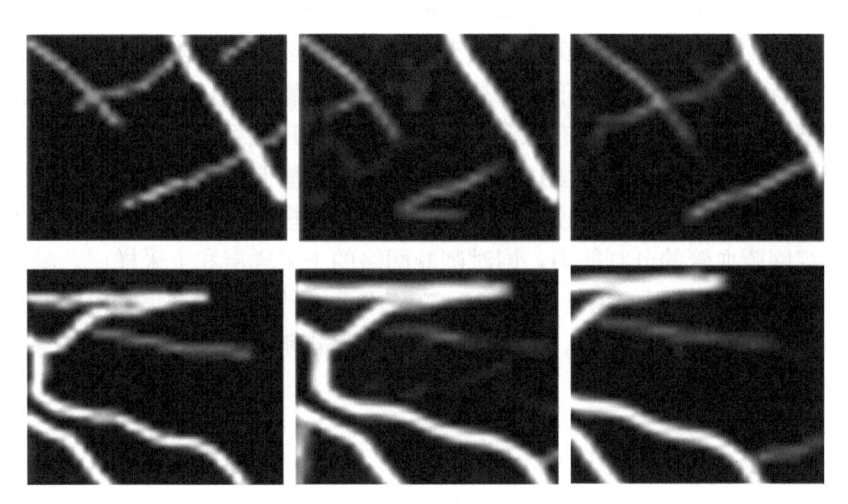

图 5-15 AFNet 微血管分割效果对比图

2. 具体实现代码

例 5-2　AFNet 模型具体实现代码。
AFNet 模型的具体实现代码，请见电子资源。

5.4　小结以及相关研究

本节对 U-Net 和 AFNet 进行小结，并且对其他相关研究进行简单的叙述。本章内容的写作参考了很多文献，读者可根据语句中的标注，找到对应的参考文献，进行更详细的阅读。

5.4.1　小结

U-Net 是在 ISBI 2015 显微图像分割竞赛中提出的，在生物医学图像分割任务中取得了非常好的效果，尤其是在复杂的环境下，其分割性能效果显著。与传统的全卷积神经网络相比，U-Net 进行了改进，使用上采样和下采样的联合操作，同时在层与层之间使用了跳跃连接，实现特征的充分提取，可以保留更多的图像特征，从而提升了模型的分割性能。U-Net 提出了一种 U 型的编码器-解码器结构，这种结构非常适用于小数据集的医学图像分割任务，被大量深度学习研究工作借鉴学习，各种 U-Net 的变体网络如雨后春笋般出现，应用于各类分割任务中，并且取得了不错的效果。至此，U-Net 成为图像分割领域中最著名的网络模型之一。

AFNet 是 U-Net 的一种变体网络，该网络主要针对血管分割任务而提出。U-Net 在医学图像处理领域取得了良好的效果，但在视网膜血管分割中，U-Net 通过卷积提取的特征仅包含局部上下文信息，在连续的血管分割任务中容易导致错误的语义理解。在 U-Net 中，所有像素信息被同等对待，这可能会带来不必要的冗余信息。此外 U-Net 对于微血管的分割精度是不够的。基于上述情况，AFNet 在 U-Net 的基础上添加了位置注意力模块、多尺度特征融合模块、语义聚合模块，以增强模型对视网膜血管的分割能力，同时削减网络的下采样层和上采样层，减少通道数，以此实现网络模型的轻量化。AFNet 在三个公开的眼底数据集 DRIVE、STARE 和 CHASE_DB1 上进行实验，结果表明 AFNet 都能够取得很好的分割效果，并且能够较好地分割微血管。

5.4.2　相关研究

U-Net 是图像分割领域最著名的网络模型之一，其独特的 U 型结构也是被众多学者不断地进行研究和扩展,因此诞生了不少综合性能优越的 U-Net 变体网络。下面介绍几种常见改进机制的 U-Net 变体网络,以便读者对 U-Net 相关扩展研究有一定的了解,一起探讨 U-Net 结构改进的思路和方法。

U-Net++[15]是将密集连接机制引入 U-Net 的网络模型。密集连接的思想来自于 DenseNet[16]。在 DenseNet 出现之前,卷积神经网络的进化一般通过层数的加深或者加宽进行,而 DenseNet 通过对特征的复用提出了一种新的结构,不但减缓了梯度消失的现象,同时模型的参数量也更少。相比 U-Net,U-Net++拥有更多的跳跃连接和上采样层,用于弥补编码器和解码器之间的语义鸿沟,同时引入深度监督机制[17],来解决网络训练的梯度消失问题。

SA-UNet[10]是将注意力机制引入 U-Net 的网络模型。注意力机制会对输入的上下文表示进行一次基于权重的筛选,通过这种加权的方式让网络能学到空间上或者时序上的结构关系。U-Net 中的注意力机制主要是通过在编码器、解码器中加入注意力模块,或者在跳跃连接中加入注意力模块来实现。本章提到的 AFNet 也是引入注意力机制。SA-UNet 在 U-Net 加入空间注意力模块,沿通道轴应用最大池化和平均池化,并将它们连接以产生有效的特征描述符。空间注意力模块可以帮助网络聚焦于重要特征,抑制不必要的特征,从而提高网络的表征能力。同时 SA-UNet 采用结构化丢弃卷积块来代替 U-Net 中原有的卷积块,以防止网络训练的过拟合问题。

ResUnet[9]是将残差连接机制引入 U-Net 的网络模型。残差思想源自 ResNet[18],残差块的输入通过残差连接直接叠加到残差块的输出之中,残差块会尝试去学习并拟合残差,以此保证增加的网络层数不会削弱网络的表达性能,解决神经网络因为宽度和深度的增加而面临梯度消失或梯度爆炸引起的网络退化问题。ResUnet 在 U-Net 当中引入残差连接机制,残差连接对于 ResUnet 来说是不可或缺的,它可以提高网络的表示能力,加快梯度反向传播,避免网络训练的不稳定性。

文献[19]针对工业缺陷检测领域的缺陷样本较少和实时性要求两大挑战,设计了一个预处理、分割网络、校正模块和决策网络四阶段的工业产品表面缺陷检测系统,在少量缺陷样本的条件下,三个数据集中取得了超过 0.9 的 F1 分数,并在推理时间和检测性能上取得了优秀的平衡。

U-Net 因为其独特的 U 型结构,得到很多研究者的青睐,上面介绍了几种 U-Net 的变体网络,希望能够加深读者对 U-Net 及其变体网络的理解。

参 考 文 献

[1] Shelhamer E, Long J, Darrell T. Fully convolutional networks for semantic segmentation[J]. IEEE Transactions on Pattern Analysis and Machine Intelligence,2017,39(4):640-651.

[2] Ronneberger O, Fischer P, Brox T. U-Net: Convolutional networks for biomedical image segmentation[C]//Navab N, Hornegger J, Wells W M, et al. Medical Image Computing and Computer-Assisted Intervention-MICCAI 2015, 18th International Conference Munich. Berlin: Springer, 2015: 234-241.

[3] Li D Y, Peng L X, Peng S H, et al. Retinal vessel segmentation by using AFNet[J]. The Visual Computer, 2022, 39: 1929-1941.

[4] LeCun Y, Bottou L, Bengio Y, et al. Gradient-based learning applied to document recognition[J]. Proceedings of the IEEE, 1998, 86 (11): 2278-2324.

[5] Chen L C, Papandreou G, Kokkinos I, et al. Deeplab: Semantic image segmentation with deep convolutional nets, atrous convolution, and fully connected CRFs[J]. IEEE Transactions on Pattern Analysis and Machine Intelligence, 2017, 40 (4): 834-848.

[6] Lin G S, Milan A, Shen CH, et al. Refinenet: Multi-path refinement networks for high-resolution semantic segmentation[C]//2017 IEEE Conference on Computer Vision and Pattern Recognition (CVPR), Honolulu, IEEE, 2017: 5168-5177.

[7] Badrinarayanan V, Handa A, Cipolla R. Segnet: A deep convolutional encoder-decoder architecture for robust semantic pixel-wise labelling[C/OL]. (2015-05-27) [2022-09-04]. https://arxiv.org/pdf/1505.07293.pdf.

[8] Xu J T, Lu K G, Shi X P, et al. A DenseUnet generative adversarial network for near-infrared face image colorization[J]. Signal Processing, 2021, 183: 108007.

[9] Liu J, Kang Y Q, Qiang J, et al. Low-dose CT imaging via cascaded ResUnet with spectrum loss[J]. Methods, 2022, 202: 78-87.

[10] Guo C L, Szemenyei M, Yi Y G, et al. SA-UNet: Spatial attention U-Net for retinal vessel segmentation[C]//2020 25th International Conference on Pattern Recognition (ICPR), Milan, IEEE, 2021: 1236-1242.

[11] Staal J, Abramoff M D, Niemeijer M, et al. Ridge-based vessel segmentation in color images of the retina[J]. IEEE Transactions on Medical Imaging, 2004, 23 (4): 501-509.

[12] Hoover A D, Kouznetsova V, Goldbaum M. Locating blood vessels in retinal images by piecewise threshold probing of a matched filter response[J]. IEEE Transactions on Medical Imaging, 2000, 19 (3): 203-210.

[13] Huang G, Liu Z, Van Der Maaten L, et al. Densely connected convolutional networks[C]//2017 IEEE Conference on Computer Vision and Pattern Recognition (CVPR), Honolulu, IEEE, 2017: 2261-2269.

[14] Xu K, Ba J L, Kiros R, et al. Show, attend and tell: Neural image caption generation with visual attention[C]//Proceedings of the 32nd International Conference on International Conference on Machine Learning, 2015, 37: 2048-2057.

[15] Zhou Z W, Siddiquee M M R, Tajbakhsh N, et al. Unet++: A nested u-net architecture for medical image segmentation[C]//Stoyanov D, Taylor Z, Carneiro G, et al. Deep Learning in Medical Image Analysis and Multimodal Learning for Clinical Decision Support. Cham: Springer, 2018: 3-11.

[16] Iandola F, Moskewicz M, Karayev S, et al. DenseNet: Implementing efficient convNet descriptor pyramids[C/OL]. (2014-04-07) [2022-08-21]. https://arxiv.org/pdf/1404.1869.pdf.

[17] Lee C Y, Xie S, Gallagher P, et al. Deeply-supervised nets[C/OL]. (2014-09-18) [2022-08-01]. https://arxiv.org/pdf/1409.5185v1.pdf.

[18] He K M, Zhang X Y, Ren S Q, et al. Deep residual learning for image recognition[C]//2016 IEEE Conference on Computer Vision and Pattern Recognition (CVPR), Las Vegas, IEEE, 2016: 770-778.

[19] Xie X, Zhang R F, Peng L X, et al. A four-stage product appearance defect detection method with small samples[J]. IEEE Access, 2022, 10: 83740-83754.

第 6 章　SegNet

前面介绍了继全卷积神经网络（FCN）[1]后图像分割领域的经典网络 U-Net[2]，本章将介绍实时语义分割领域的 SegNet 及其变体网络模型 Bayesian SegNet。

SegNet[3]是一个由英国剑桥大学团队开发的图像语义分割开源项目，虽然最初它被提交到 2015 年 IEEE 国际计算机视觉与模式识别会议（CVPR），但最后并没有在 CVPR 上发表，而是发布于 2017 年 TPAMI（*Transactions on Pattern Analysis and Machine Intelligence*），且引用次数超过上千次。回过头来看，可将 SegNet 列为实时语义分割领域中的首创成果。

6.1　引　　言

SegNet 是剑桥大学为解决自动驾驶问题而提出的语义分割深度网络。它是基于 FCN，通过修改 VGG16 网络而得到的语义分割网络，有两种版本的 SegNet，分别为 SegNet 与 Bayesian SegNet。同时，文献[3]根据网络的深度提供了一个 Basic 基础版，相比正常版本，Basic 版本的体积更小，速度更快。SegNet 的核心是利用编码器-解码器结构进行语义分割，解码器使用在对应编码器的最大池化步骤中计算的池化索引（反卷积）执行非线性上采样，这与反卷积相比，减少了参数量（上采样过程所需要学习的参数）和运算量。

6.1.1　SegNet 背景

前面已介绍，SegNet 的诞生主要是为了解决自动驾驶，而这一类任务不仅有分割精度的要求，对于分割速度同样要求极高。下面看实时语义分割的难点。

（1）图像场景的复杂性：图像中物体存在不同尺度大小和位置，即使是同一个物体类别，也存在很大的外观差异，如不同颜色、大小等方面的小汽车，但是它们同属一个语义类别。此外，场景中不同物体之间相互遮挡，使得模型很难准确地分割每类物体。还有就是部分图像中的背景区域占据了大部分内容，这会对前景分割产生误导信息。这些问题都对场景理解和像素点判别造成了极大困难。

（2）空间语义的不确定性：在一般的卷积神经网络中都会使用池化操作和带

步长的卷积，这使得高级语义层输出的特征分辨率会急剧减少，从而提升卷积神经网络的平移不变性以及降低模型复杂度，但这些特性也限制了语义分割任务的性能，因为语义分割任务需要获取图像中每个像素点的空间位置信息，并对空间细节信息具有敏感性，所以如何有效地保留或恢复网络深层抽象特征的结构信息是十分重要的。

（3）预测实时性：基于深度学习的语义分割模型，具有数千万或者更多的网络参数。庞大的网络模型，需要大量的内存开销以及花费大量的处理时间，导致现有的语义分割模型很难应用于真实场景。于是，很多研究工作开始向实时语义分割问题发展，实时语义分割一般需要实时预测以及很低的内存开销，并且在分割准确率上能保持良好的性能。因此，设计具有快速预测速度和小容量的高效实时语义分割模型是一项很有挑战性的任务。

6.1.2 SegNet 发展历程

SegNet 网络由于提出时间较早，且主要目的是提供实时场景的解决方案，所以当时侧重点在于模型大小和运算速度，导致很多指标不如现阶段的语义分割模型。但是其提出的编码器-解码器结构却为后来的语义分割模型奠定了基础。

全卷积神经网络（FCN）已经提出了上采样，通过上采样可以将最后一个卷积层输出的特征图进行放大。FCN 不仅能够使得所有尺寸的输入图像得到处理，而且保留了相应的空间信息，能较好地做出语义预测和像素分类，但 FCN 同时也存在几个限制。

（1）网络的感受野尺寸是预先设定的。因此，对于输入图片中比感受野大或者小的物体可能会被忽略。虽然可以通过 U-Net 中用到的跳跃连接来改善效果，但这一做法也难以从根本上解决问题。

（2）编码器参数量和计算量远大于解码器，参数量分别是 1.34×10^8 个和 5.0×10^5 个，差距明显，导致卷积后送入反卷积层的特征图十分稀疏，即输入图片中的结构细节信息不可避免地会有所损失，而反卷积的过程又较为粗糙，导致最终输出的语义分割预测图边界等细节信息分割效果不太理想。

（3）解码器需要复用编码器的特征，在网络的前向传播以及误差反向传播过程中，这些中间特征图、特征向量要保存在内存中不能释放，导致大量内存被占用，使得整个网络运算速度较慢，而自动驾驶等任务对时间要求极高，FCN 很难满足。

2015 年出现了许多为解决 FCN 问题而诞生的网络，比较出名的是 SegNet 和 DeconvNet[4]。SegNet 和 DeconvNet 都对 FCN 的上采样研究有所创新。SegNet 更是直接提出了编码器-解码器结构，对输入的低分辨率特征图采用了非线性上采样处理方式，从而省去了上采样过程的参数学习。由此可以看出，SegNet 的核心就是编码器-解码器结构。虽然 DeconvNet 没有直接提出编码器-解码器结构，但其思想已经非常接近。DeconvNet 借助 VGG16[5]的卷积层，反卷积层由反卷积和反池化层组成，用于密集像素预测。DeconvNet 通过全卷积网络的集成，在 PASCAL VOC 2012 数据集上，在没有外部数据的情况下获得了最佳性能（MIoU 为 72.5%）。

6.2　SegNet 结构介绍

本节主要从网络结构、相关内容以及具体实现代码三个方面对 SegNet 进行论述。SegNet 的创新点主要有两个：编码器-解码器结构和池化索引，对于 SegNet 网络模型的实现，本节也会对一些深度学习相关名词进行解释。

6.2.1　SegNet 网络结构介绍

SegNet 是一个由编码器（左侧）和解码器（右侧）组成的对称网络。SegNet 的网络结构如图 6-1 所示。

编码器的前两个模块都是由两层组合卷积层（卷积后通过 BN 操作及 ReLU 函数得到新的特征图，可防止学习过程中梯度消失，ReLU 函数后再加上池化层组合而成）。其中使用的 Same 卷积，可以在卷积前自动填充边缘，使得每次卷积时不会改变特征图的尺寸大小（详见 5.1.3 节）。

从第三个到第五个模块的组合卷积层则由两层上升到了三层，其余不变；从解码器部分可以看到，每一个模块的开始都是上采样层，同时，会有解码器部分的池化层的池化索引与之连接，经过上采样层后，会经过两层或者三层的卷积层（与编码器对应的模块卷积层数相同，如编码器第一个模块和解码器最后一个模块对应，都包含两层卷积层）。在解码器的最后一层，会经过激活函数得到最终的输出特征图。

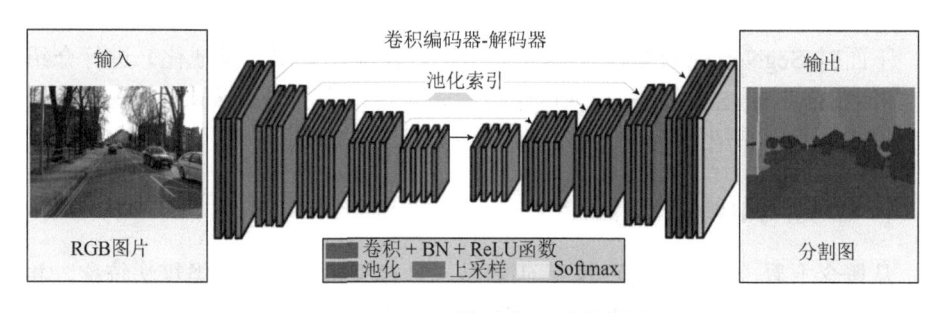

图 6-1　SegNet 网络结构（后附彩图）

编码阶段的五个编码块中，前两个编码块的前两层由卷积层、BN 层和 ReLU 函数组成（简称卷积层）。第三块到第五块中的前三层是卷积层。每一个编码块的最后一层都是池化层。解码阶段每个解码块的第一层都是上采样层，前三个解码块的第二层到第四层是卷积层，后面两个解码块的卷积层是第二层和第三层，其中最后一个解码块在最后一层卷积层后添加了 Softmax 函数。

输入一张 RGB 图像，SegNet 根据图像中物体的语义信息，把图像中的物体进行分类，最后生成一张分割图。与单步检测（single shot detector，SSD）生成的边界框（bounding box）[6]相比，图像分割可以对物体生成更加精准的二维区域信息，如道路的空旷路段、汽车边界和路标等信息。这些精度的提升，使汽车的自动驾驶功能跨上了一个新台阶。

SegNet 和 FCN 思路十分相似，只是编码器和解码器以及上采样使用的技术不一样。编码器部分使用卷积提取特征，通过池化增大感受野，同时图片尺寸变小；解码器部分通过反池化使得图像分类后特征得以重现，通过对特征图进行非线性上采样使之还原到图像原始尺寸，最后通过 Softmax 函数，输出不同分类的最大值，得到最终的分割图。

此外还可以发现，与 FCN 网络类似，SegNet 的编码器部分使用的是 VGG16 的前 13 层卷积网络，并且删除 VGG16 中的全连接层，使得 SegNet 编码器网络比许多同时期的网络架构更小，更易于训练。SegNet 的关键组件是解码器网络，该网络由一系列解码器组成，每个解码器对应编码器网络中的一个编码器，如图 6-1 所示。其中，解码器使用从相应编码器接收的最大池化索引对其输入特征映射执行非线性上采样。在解码过程中重用最大池化索引具有很强的实用性，可进一步减少上采样编码器网络中的计算量和学习参数。最后解码器的输出被送入 Softmax 分类器得到最终的输出语义分割图。

6.2.2 相关内容介绍

下面对 SegNet 中的编码器-解码器结构以及池化索引（反池化）进行介绍，同时借助 Bayesian SegNet 介绍深度学习中防止过拟合的 Dropout 操作。相关原理及效果通过文字介绍，并给出相关的图，以便读者理解。

1. 编码器与解码器

从概念上看，首先，编码器-解码器是一种模型构架，是一类算法统称，并不是特指某一个具体的算法，在这个框架下可以使用不同的算法解决不同的任务。

编码实际上是由一个编码器将原始输入转化成一个固定维度的向量，而解码则是将这个激活状态生成最终输出。

从实际组成来看，编码器本身是由一连串的卷积网络组成。该网络主要由卷积层、池化层和 BN 层组成。卷积层负责获取图像局域特征信息，池化层对图像进行下采样并且将尺度不变特征传送到下一层，而 BN 层主要对训练图像的分布归一化，加速学习的同时还能降低过拟合带来的不良影响。总体而言，编码器对图像的低级局部信息进行归类与分析，从而获得高阶语义信息。通过编码器已经获取到所有的物体信息与大致的位置信息，下一步就需要将这些物体对应到具体的像素点上，而这一系列工作是由解码器完成。解码器对缩小后的特征图进行上采样，然后对上采样后的图像进行卷积处理，目的是完善物体的几何形状，弥补编码器中池化层将特征图尺寸缩小造成的细节损失。因此，解码器的主要作用是收集这些语义信息，并将同一物体对应到原始输入相应的像素点上，在输出分割图上每个物体像素都用对应类别的颜色表示。

2. 池化索引（反池化）

卷积网络中的池化操作是不可逆的，但可以通过池化索引（pooling indices）的方式进行近似可逆。在 SegNet 中使用的是尺寸为 2×2、步长为 2 的最大池化操作，即将每个 2×2 区域大小的最大值传递给下一层。这样可以在提取特征的同时，减少网络的参数量。

但是，在网络进行上采样时会存在一个不确定性的问题，即一个 1×1 的特征点经过上采样将会变成一个 2×2 特征区域，这个区域中的某个 1×1 区域将会被原来的 1×1 特征点取代，其他的三个区域为空。但是哪个 1×1 区域会被原特征点取代呢？一种做法就是随机将这个特征点分配到任意的一个位置，或者干脆给它分配到一个固定的位置。但是这样做无疑会引入一些误差，并且这些误差会传递给下一层。层数越深，误差影响的范围也就越大。因此，把 1×1 特征点放到正确的位置至关重要。

那么在 SegNet 中是如何处理这个问题的呢？答案是通过池化索引的方式保存这个池化特征点的来源信息。在编码器的池化层处理中，会记录每一个池化后的 1×1 特征点来源于之前的 2×2 的哪个区域，这个信息被称为池化索引。每个 2×2 池化窗口中池化索引的保存可以通过使用 2 位（bit）大小实现，然后池化索引会在解码器中使用。SegNet 是一个对称网络，那么在解码器中需要对特征图进行上采样的时候，就可以利用它对应的编码器池化层的池化索引来确定某个 1×1 特征点应该放到上采样后的 2×2 区域中的哪个位置，如图 6-2 所示。

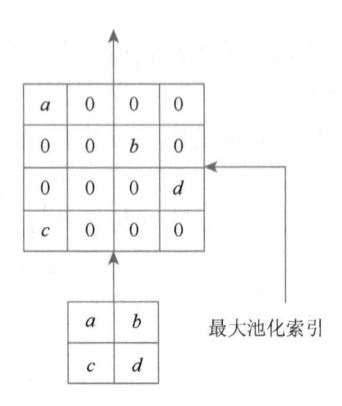

图 6-2 最大池化索引示意图

在添加了池化索引的操作后,可以减少来自反池化操作产生的误差问题;同时文献[3]还提到,如果每个 2×2 的池化窗口用 2 位的空间来存储,整个 SegNet 所用于最大池化索引操作的内存仅为 17MB,由此可见,池化索引操作并不会耗费太多的内存空间,对网络大小的影响微乎其微。下面是池化索引具体实现的 PyTorch 代码。

```
import torch.nn.functional as F
#encode1 是解码器中第一个完整层结构
def forward(self,x):
        idx=[ ]
        x=self.encode1(x)
        x,id1=F.max_pool2d_with_indices(x,kernel_size=2,stride
            =2,return_indices=True)
        idx.append(id1)
#encode1 是编码器中第一个完整层结构
def forward(self,x,idx):
    x=F.max_unpool2d(x,idx[0],kernel_size=2,stride=2)
    x=self.decode1(x)
```

3. Dropout 层

6.1 节不仅提到了 SegNet,还提到了 Bayesian SegNet(图 6-3)。Bayesian SegNet 结构与 SegNet 最大的区别是在池化层和上采样层后面添加了 Dropout(舍弃)层,那什么是 Dropout 层呢？又为什么要添加 Dropout 层呢？

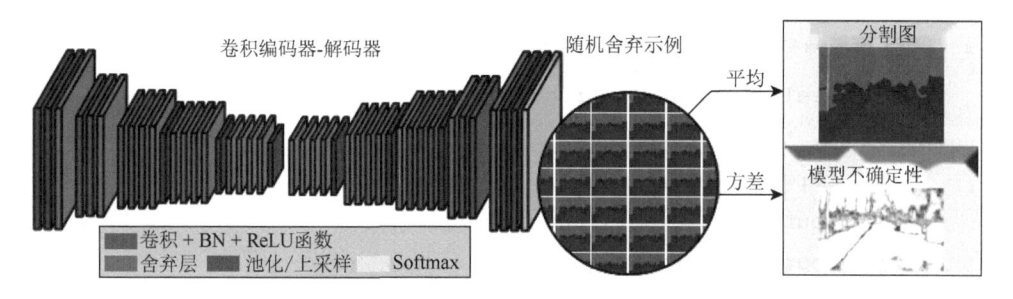

图 6-3　Bayesian SegNet 网络结构图（后附彩图）

在机器学习的模型中，如果模型的参数太多，而训练样本又太少，训练出来的模型很容易产生过拟合的现象。过拟合现象是指模型在训练数据上损失值较小，预测准确率较高，但是在测试数据上损失值比较大，预测准确率较低，无法有效使用模型的情况。如何简洁有效地解决过拟合问题一直是机器学习讨论的焦点。Dropout 的出现，为解决过拟合问题提供了全新的方法。

模型参数太多是出现过拟合的重要原因之一，Hinton 等针对此问题提出了 Dropout[7]。其核心思想是减少模型参数，使特征在前向传播的时候，让某个神经元的激活值以一定的概率停止工作，这样可以使模型泛化性更强，因为它不会太依赖某些局部的特征。下面是 Dropout 的具体操作。

（1）首先以概率 P 随机删掉网络中一部分的隐藏神经元，使其进入"失活状态"，而输入输出神经元保持不变。

（2）然后把输入 x 通过修改后的网络前向传播，把得到的损失结果通过修改的网络反向传播。一小批训练样本执行完这个过程后，在没有被删除的神经元上按照随机梯度下降算法更新对应的参数 (ω, b)。

（3）最后恢复被删掉的神经元（此时被删除的神经元保持原样，而没有被删除的神经元已经有所更新），从隐藏层神经元中以概率 P 随机选择一个子集临时删除（备份被删除神经元的参数），重复此过程。

对一小批训练样本，先向前传播然后反向传播损失并根据随机梯度下降算法更新参数 (ω, b)（没有被删除的那一部分参数得到更新，被选中删除的神经元参数保持被删除前的结果）。

下面是 Dropout 的具体实现 PyTorch 代码。

```
class Dropout(nn.Module):
    def __init__(self):
```

```
            super(Dropout,self).__init__()
            self.linear=nn.Linear(20,40)
# p=0.3 表示神经元有 p=0.3 的概率不被激活
            self.dropout=nn.Dropout(p=0.3)

    def forward(self,inputs):
            out=self.linear(inputs)
            out=self.dropout(out)
            return out
net=Dropout()
```

6.3 实　　验

本节将介绍 SegNet 的算法流程实验及实现代码。

6.3.1 评价指标

为比较不同解码器变体的定量性能，使用了三种常用的性能度量：平均准确率（MAcc）、类准确率（CA）、PASCAL VOC2012 挑战中使用的所有类的平均交并比（MIoU）。

对语义分割效果的另一个核心度量指标是 F1-Measure。F1-Measure 是一种统计量，F1-Measure 又称 F1 分数，是精确率和召回率的加权调和平均，计算公式参考 1.5.6 节。当 F1-Measure 较高时，则能说明试验方法比较有效。

6.3.2 参数及数据集

采用 CamVid（剑桥大学公开发布的城市道路场景）数据集作为道路场景数据集对解码器变体的性能进行基准测试。该数据集很小，由 367 个训练图像和 233 个测试 RGB 图像（白天和黄昏场景）组成，分辨率为 360×480。挑战任务是划分 11 个类别，如道路、建筑、汽车、行人、标志、电线杆、人行道等。

为进一步对比 SegNet 与传统图像分割方法以及其他网络的分割效果，选择室内场景作为分割场景，数据集选用 SUN RGB-D。SUN RGB-D 是一个非常具有挑战性的大型室内场景数据集，包含 5285 个训练图像和 5050 个测试图像。图像由不同的传感器捕获，因此具有不同的分辨率。该任务是分割 37 个室内场景类，包括墙、地板、天花板、桌子、椅子、沙发等。由于对象类的形状、大小和姿势各不相同，并且存在频繁的部分遮挡，因此该任务非常困难，预处理部分即对输入的 RGB 彩色图像进行局部对比度归一化（local contrast normalization）[8]处理。

编码器和解码器权重均使用 He 等[9]描述的初始化。在训练过程中，使用随机梯度下降算法，固定学习率为 0.1，动量（momentum）为 0.9，使用交叉熵损失函数作为训练网络的损失函数。

此外，在每个 Epoch 迭代之前，训练集被随机打乱，然后按每个小批次 batch-size 为 12 进行训练，最后选一个训练效果最好的模型在验证数据集上进行验证实验。

6.3.3　SegNet 性能对比

为验证 SegNet 网络的性能，现进行以下几组实验对比。

1. 解码器性能对比

解码器属于 SegNet 不同于 FCN 以及其他早期网络的重要结构特征之一，为验证不同解码器结构的表现，针对 SegNet 以及 FCN 设计不同的解码器结构，并进行详细的实验分析。该实验使用 CamVid 数据集，实验结果如表 6-1 所示。

表 6-1 中的一些名词解释如下。

双线性插值：双线性插值法作为上采样方法。

SegNet-Basic：SegNet 的变体，其编码器和解码器数量降为 4，卷积核尺寸为 7×7。

单通道解码器：解码器采用单通道滤波器，有效减少参数数量。

添加编码器：将解码器与编码器对应的特征图相加，进行特征融合，过程如图 6-4 所示。

FCN-Basic：与 SegNet-Basic 具有相同的编码器，其余同 FCN。

FCN-Basic 无添加：去掉特征图相加的步骤，只学习上采样的卷积核。

FCN-Basic 无维度缩减：不进行降维。

由解码器性能对比实验可以得出如下结论：

（1）双线性插值法表现较差，说明了在进行分割时解码器学习的重要性。

（2）较大的编码器效果更好，并且编码器中的低层特征图的融合对分割效果的提升有很大帮助。

（3）编码器特征图全部存储时，性能最好。这明显地反映在 F1 分数中，当限制存储时，可以存储压缩形式的编码器特征图（如降维、最大池化索引），并与适当的解码器一起使用，以提高性能。

表 6-1 解码器变体性能对比

变体	参数量/ (10^6 个)	存储倍数/倍	推理时间/ms	中间平衡 测试 MAcc CA MIoU F1 分数	中间平衡 训练 MAcc CA MIoU	自然平衡 测试 MAcc CA MIoU F1 分数	自然平衡 训练 MAcc CA MIoU
双线性插值	0.625	0	24.2	77.9 61.1 43.3 20.83	89.1 90.2 82.7	182.7 52.5 43.8 23.081	93.5 74.1 59.9
最大池化索引上采样
SegNet-Basic	1.425	1	52.6	82.7 62.0 47.7 35.78	94.7 96.2 92.7	84.0 54.6 46.3 36.67	96.1 83.9 73.3
SegNet-Basic-添加编码器	1.425	64	53.0	83.4 63.6 48.5 35.92	94.3 95.8 92.0	84.2 56.5 47.7 36.27	95.3 80.9 68.9
SegNet-Basic-单通道解码器	0.625	1	33.1	81.2 60.7 46.1 31.62	93.2 94.8 90.3	83.5 53.9 45.2 32.45	92.6 68.4 52.8
学习上采样（双线性初始化）
FCN-Basic	0.65	11	24.2	81.7 62.4 47.3 38.11	92.8 93.6 88.1	83.9 55.6 45.0 37.33	92.0 66.8 50.7
FCN-Basic-无添加	0.65	n/a	23.8	80.5 58.6 44.1 31.96	92.5 93.0 87.2	82.3 53.9 44.2 29.43	93.1 72.8 57.6
FCN-Basic-无维度缩减	1.625	64	44.8	84.1 63.4 50.1 37.37	95.1 96.5 93.2	83.5 57.3 47.0 37.13	97.2 91.7 84.8
FCN-Basic-无添加无维度缩减	1.625	0	43.9	80.5 61.6 45.9 30.47	92.5 94.6 89.9	83.7 54.8 45.5 33.17	95.0 80.2 67.8

第 6 章　SegNet

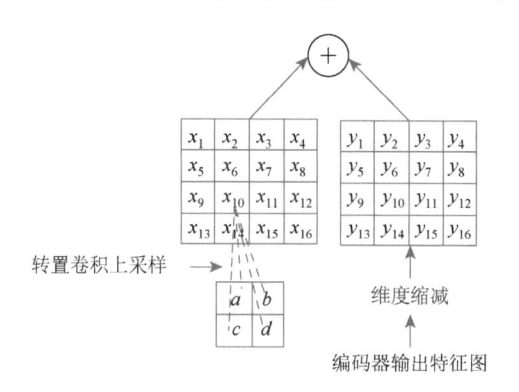

图 6-4　添加编码器示意图

2. 与其他图像分割方法对比

为进一步验证 SegNet 在语义分割领域的效果，还进行了 3 个对比实验，分别是在 CamVid 数据集上与传统图像分割方法和其他网络进行道路分割场景的对比，以及在 SUN RGB-D 数据集上与其他网络在室内场景的对比，实验结果如表 6-2～表 6-4 所示。

从表 6-2 中的数据可以看出，SegNet 在道路场景分割方面，以平均准确率（MAcc）90.4%、类准确率（CA）71.2%的数据完胜传统图像分割方法（包括在大多数类上使用深度、视频和 CRF 的方法）。与基于 CRF 的方法相比，SegNet 预测在 8 个类别中更准确。同时 SegNet 在与其他网络性能的比较中也同样以优异的成绩证明了自身性能的优越性。

表 6-3 中的数据表明，与其他模型相比，SegNet 和 DeconvNet 在所有指标中得分最高。其中，DeconvNet 具有更高的边界描绘精度，但 SegNet 与 DeconvNet 相比，SegNet 效率更高。

表 6-4 中的数据表明，在这个包含 37 个类的复杂任务中，因为类的尺寸较小，并且类分布不均匀，所有架构的性能表现都不太好。SegNet 在 MAcc、CA 和 F1 分数指标方面优于所有其他方法，仅 MIoU 略低于 DeepLab-LargeFOV。

实验结果如图 6-5 和图 6-6 所示。

6.3.4　SegNet 结构代码

例 6-1　SegNet 网络结构实现代码。
SegNet 网络结构实现代码请见电子资源。

表 6-2 SegNet 与传统图像分割方法性能比较（CamVid 数据集）

模型	建筑物	树木	天空	车	信号标志	道路	行人	栅栏	电杆	人行道	自行车	CA/%	MAcc/%	MIoU F1 分数
SfM + Appearance	46.2	61.9	89.7	68.6	42.9	89.5	53.6	46.6	0.7	60.5	22.5	53.0	69.1	n/a*
Boosting	61.9	67.3	91.1	71.1	58.5	92.9	49.5	37.6	25.8	77.8	24.7	59.8	76.4	n/a*
Dense Depth Maps	85.3	57.3	95.4	69.2	46.5	98.5	23.8	443	22.0	38.1	28.7	55.4	82.1	n/a*
Structured Random Forests						n/a						51.4	72.5	
Neural Decision Forests						n/a						56.1	82.1	
Local Label Descriptors	80.7	61.5	88.8	16.4	n/a	98.0	1.09	0.05	4.13	12.4	0.07	36.3	73.6	n/a*
Super Parsing	87.0	67.1	96.9	62.7	30.1	95.9	14.7	17.9	1.7	70.0	19.4	51.2	83.3	n/a*
SegNet（3.5K 数据集训练-140K）	89.6	83.4	96.1	87.7	52.7	96.4	62.2	53.45	32.1	93.3	36.5	71.20	90.40	60.10% 46.84
基于 CRF 的方法														
Boosting + pairwise CRF	70.7	70.8	94.7	74.4	55.9	94.1	45.7	37.2	13.0	79.3	23.1	59.9	79.8	n/a*
Boosting + Higher order	84.5	72.6	97.5	72.7	34.1	95.3	34.2	45.7	8.1	77.6	28.5	59.2	83.8	n/a*
Boosting + Detectors + CRF	81.5	76.6	96.2	78.7	40.2	93.9	43.0	47.6	14.3	81.5	33.9	62.5	83.8	n/a*

表 6-3 SegNet 与其他网络性能比较（CamVid 数据集）

网络	40K					80K					>80K					最大迭代次数/次
	MAcc/%	CA/%	MIoU/%	F1 分数	MAcc/%	CA/%	MIoU/%	F1 分数	MAcc/%	CA/%	MIoU/%	F1 分数	
SegNet	88.81	59.93	50.02	35.78	89.68	69.82	57.18	42.08	90.40	71.20	60.10	46.84	140K
DeepLab-LargeFOV	85.95	60.41	50.18	26.25	87.76	62.57	53.34	32.04	88.20	62.53	53.88	32.77	140K
DeepLab-LargeFOV-denseCRF		未计算				未计算			89.71	60.67	54.74	40.79	140K
FCN	81.97	54.38	46.59	22.86	82.71	56.22	47.95	24.76	83.27	59.56	49.83	27.99	200K
FCN（转置卷积）	83.21	56.05	48.68	27.40	83.71	59.64	50.80	31.01	83.14	64.21	51.96	33.18	160K
DeconvNet	85.26	46.40	39.69	27.36	85.19	54.08	43.74	29.33	89.58	70.24	59.77	52.23	260K

表6-4 SegNet与其他网络性能比较（SUN RGB-D数据集）

网络	80K MAcc/%	80K CA/%	80K MIoU/%	80K F1分数	MOK MAcc/%	MOK CA/%	MOK MIoU/%	MOK F1分数	>140K MAcc/%	>140K CA/%	>140K MIoU/%	>140K F1分数	最大迭代次数/次
SegNet	70.73	30.82	22.52	9.16	71.66	37.60	27.46	11.33	72.63	44.76	31.84	12.66	240K
DeepLab-LargeFOV	70.70	41.75	30.67	7.28	71.16	42.71	31.29	7.57	71.90	42.21	32.08	8.26	240K
DeepLab-LargeFOV-denseCRF	未计算	未计算	未计算	未计算	未计算	未计算	未计算	未计算	66.96	33.06	24.13	9.41	240K
FCN（转置卷积）	67.31	34.32	24.05	7.88	68.04	37.2	26.33	9.0	68.18	38.41	27.39	9.68	200K
DeconvNet	59.62	12.93	8.35	6.50	63.28	22.53	15.14	7.86	66.13	32.28	22.57	10.47	380K

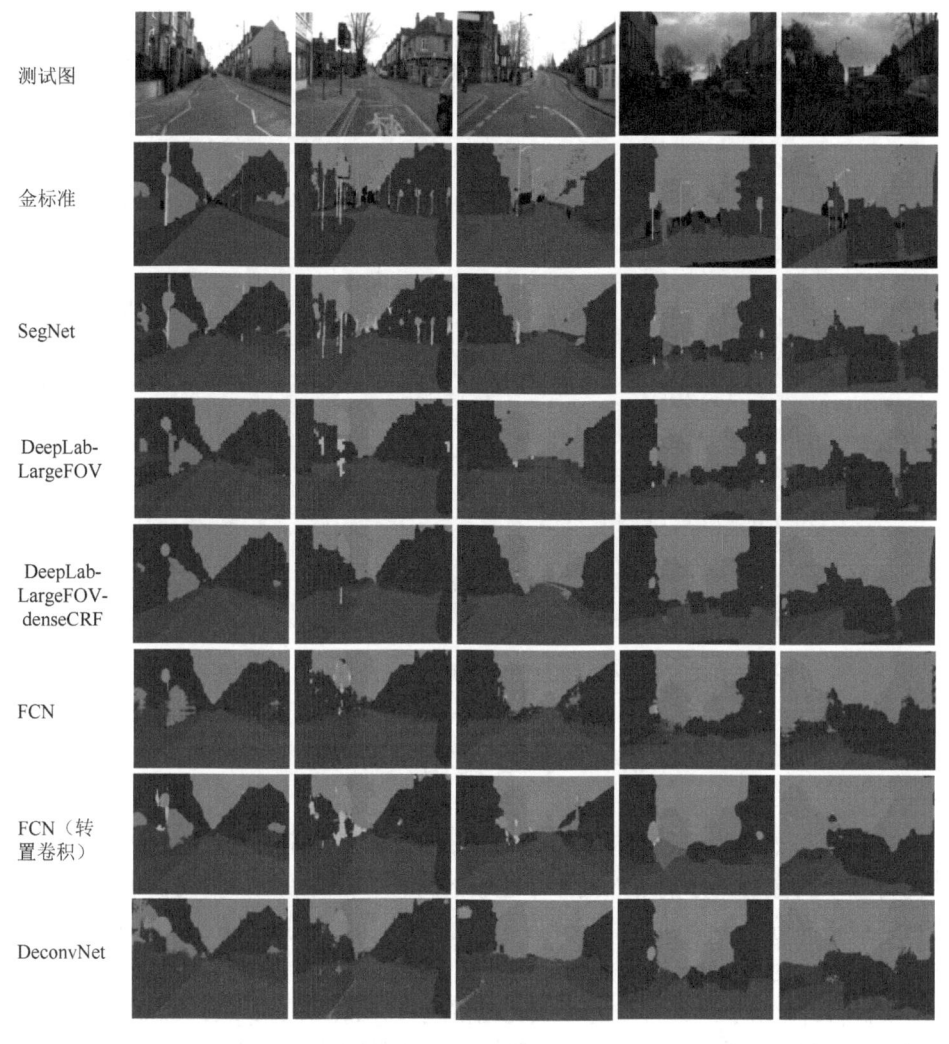

图 6-5 CamVid 数据集日间和黄昏场景测试（后附彩图）

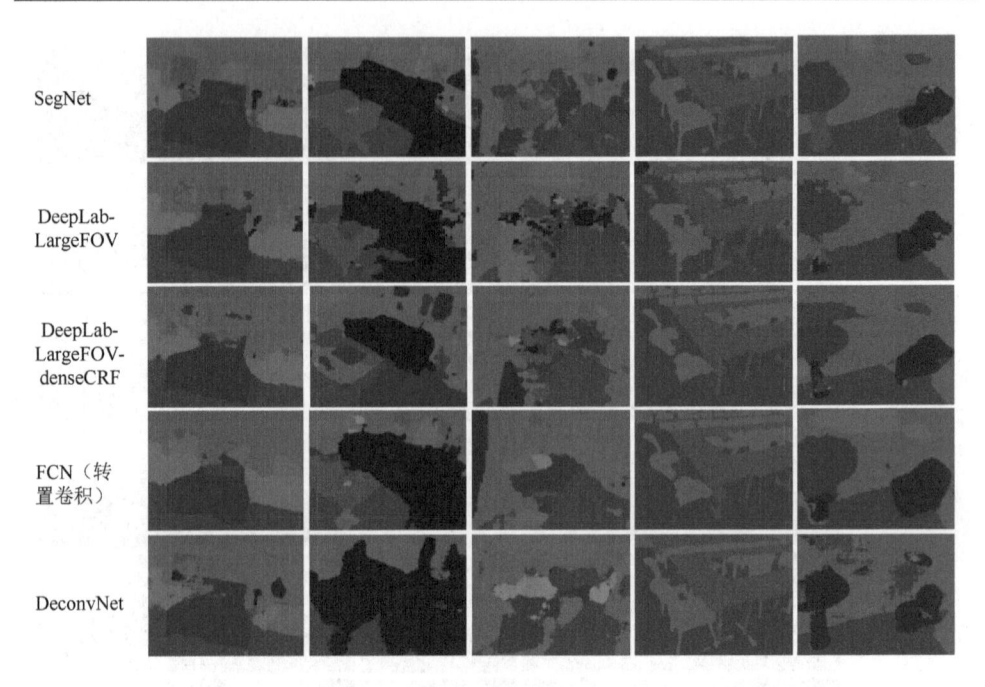

图 6-6　SUN RGB-D 数据集室内测试场景的测试（后附彩图）

6.4　小结及相关研究

　　SegNet 虽然是为解决自动驾驶问题而诞生的,但其简洁高效的编码器-解码器结构将整个图像语义分割带入到一个全新的时代。自此以后,编码器-解码器结构的网络在语义分割各个领域百花齐放。下面介绍几种不同领域的 SegNet 的变体网络,以便读者对 SegNet 的相关研究有一定了解,增强对 SegNet 的认识。

　　文献[10]介绍了一种有效的合成孔径雷达（synthetic aperture radar,SAR）图像溢油暗斑检测方案,将 SegNet 模型与 SAR 图像的溢油暗斑检测结合起来,提出了一种可以有效对抗溢油图像噪声的 DB-SegNet。该模型利用编码器充分提取 SAR 图像中深层和抽象的特征,然后经过解码器反卷积得到与原图大小相同的标签图,能够在原图中准确标记浮油位置和像素,为后续的溢油处理提供准确的位置信息,有利于 SAR 图像的溢油暗斑检测。与传统机器学习方法和经典自动阈值分割算法相比,DB-SegNet 像素精度取得了较大的提升,在高噪声和弱边界的 SAR 图像的分割上也获得了准确率较高的分割结果。

　　近年来,深度学习的应用不断推动计算机视觉的发展。越来越多的工程师选择用深度学习对遥感图像进行语义分割,文献[11]基于 SegNet 网络,提出了一种对称的编码器-解码器网络结构 U-SegNet,完成了背景复杂、种类繁多的遥感图像分割任务。该网络在编码器中逐层提取特征,在解码器中通过无参数的双线性插值将深层特征进行上采样,同时引入跳跃连接将深层特征图上采样的结果与编码器中对应尺寸的浅层特征图进行融合,使得网络模型能够将浅层信息中的纹理细节与深层特征进行融合,提升了分割精度。SegNet 在医学图像分割领域也颇具影响力。Hassan 等[12]于 2020 年提出了一种新的联合语义分割框架 SIP-SegNet,用于眼睛特征(包括巩膜、虹膜和瞳孔)的分割。SIP-SegNet 是一个完全对称的编码器-解码器网络,其中编码器路径有 5 层下采样层,解码器路径使用对应编码器的池化索引以逐步方式对较小尺寸的特征图进行上采样,并且解码器路径的末端添加 Softmax 函数进行像素级分类。此外,该框架还包含一个预处理阶段,可以有效地对原始图像进行去噪和增强。SIP-SegNet 不仅效果好,也是同类网络中首个可以同时分割三种眼部特征的网络模型。文献[13]提出了一种新的用于像素语义分割的深度全卷积神经网络 Squeeze-SegNet。该体系结构基于编码器-解码器风格。使用一个类似 SqueezeNet 的编码器,以及一个包含压缩解码器模块和上采样层的解码器,上采样层使用 SegNet 中的下采样索引,添加了一个反卷积层来提供最终的多通道特征图。Squeeze-SegNet 参数少,仅为 SegNet 参数量的 1/10,却在 CamVid 等数据集上获得与 SegNet 同级别的分割效果。文献[14]提出了一种基于多视图学习概念的半监督图像分割技术 Duo-SegNet。与之前的技术相比,该模型引入了对峙形式的双视训练,并将多视图训练中的学习问题归结为最小-最大化问题,锐化预测掩码中不同区域之间的边界。实验结果表明,Duo-SegNet 能在有限注释的情况下产生接近完全监控的性能。

参 考 文 献

[1] Shelhamer E, Long J, Darrell T. Fully convolutional networks for semantic segmentation[J]. IEEE Transactions on Pattern Analysis and Machine Intelligence, 2017, 39(4): 640-651.

[2] Ronneberger O, Fischer P, Brox T. U-Net: Convolutional networks for biomedical image segmentation[C]//Navab N, Hornegger J, Wells W M, et al. Medical Image Computing and Computer-Assisted Intervention-MICCAI 2015, 18th International Conference Munich. Berlin: Springer, 2015: 234-241.

[3] Badrinarayanan V, Kendall A, Cipolla R. SegNet: A deep convolutional encoder-decoder architecture for image segmentation[J]. IEEE Transactions on Pattern Analysis and Machine Intelligence, 2017, 39(12): 2481-2495.

[4] Noh H, Hong S, Han B. Learning deconvolution network for semantic segmentation[C]//2015 IEEE International Conference on Computer Vision (ICCV), Santiago, 2016: 1520-1528.

[5] Simonyan K, Zisserman A. Very deep convolutional networks for large-scale image recognition[C/OL]. (2015-04-10) [2022-12-01]. https://www.robots.ox.ac.uk/~vgg/publications/2015/Simonyan15/simonyan15.pdf.

[6] Liu W, Anguelov D, Erhan D, et al. SSD: Single shot multiBox detector[C/OL]. [2022-09-04]. https://ar5iv.labs.arxiv.org/html/1512.02325.

[7] Hinton G E, Srivastava N, Krizhevsky A, et al. Improving neural networks by preventing co-adaptation of feature detectors[C/OL]. (2012-07-03) [2022-09-04]. https://arxiv.org/pdf/1207.0580.pdf.

[8] Jarrett K, Kavukcuoglu K, Ranzato M A, et al. What is the best multi-stage architecture for object recognition? [C]// 2009 IEEE 12th International Conference on Computer Vision (ICCV'09), Kyoto, IEEE, 2009: 2146-2153.

[9] He K M, Zhang X Y, Ren S Q, et al. Delving deep into rectifiers: Surpassing human-level performance on imageNet classification[C]//2015 IEEE International Conference on Computer Vision (ICCV), Santiago, 2015: 1026-1034.

[10] 魏帼. 基于 Segnet 的 SAR 图像海面溢油暗斑检测[D]. 大连：大连海事大学, 2019.

[11] 张群. 基于改进的 SegNet 城市遥感图像语义分割算法研究[D]. 南昌：南昌大学, 2021.

[12] Hassan B, Ahmed R, Hassan T, et al. SIP-SegNet: A deep convolutional encoder-decoder network for joint semantic segmentation and extraction of sclera, iris and pupil based on periocular region suppression[C/OL]. (2020-02-15) [2022-09-04]. https://arxiv.org/ftp/arxiv/papers/2003/2003.00825.pdf.

[13] Nanfack G, Elhassouny A, Thami R . Squeeze-SegNet: A new fast deep convolutional neural network for semantic segmentation[C/OL]. (2017-11-15) [2022-09-04]. https://arxiv.org/ftp/arxiv/papers/1711/1711.05491.pdf.

[14] Peiris H, Chen Z L, Egan G F, et al. Duo-SegNet: Adversarial dual-views for semi-supervised medical image segmentation[C]//Medical Image Computing and Computer-Assisted Intervention-MICCAI 2021, 2021: 428-438.

第 7 章　DeepLab 系列算法

前 6 章已对语义分割的一些基础操作及其原理进行了介绍，本章将介绍谷歌团队提出的 DeepLab 系列算法。DeepLab 创造性地结合深度卷积神经网络（deep convolutional neural network，DCNN）和空洞空间金字塔池化（atrous spatial pyramid pooling，ASPP）模块，并在此基础上进行了系列改进，从而产生了新的图像语义分割模型。新的模型在提高分割准确率的同时，保证了计算效率。

7.1　引　　言

DeepLab v1[1]于 2014 年提出，提出时间与 FCN 相近，但 DeepLab 系列算法是基于 FCN 理念基础发展起来的，并且在随后的几年内陆续推出了 v2（2016）[2]、v3（2017）[3]和 v3+（2018）[4]版本。直到 2022 年，在谷歌内部数据集 JFT（包含超过 3.5 亿个高分辨率图像，并用 17 000 个类别中的标签注释）上预训练的 DeepLab v3+依然在语义分割基准数据集 PASCAL VOC 2012 上 MIoU 指标排名第二。DeepLab 中运用的结构（如空洞卷积、ASPP）也被后续的大量文献或分割模型借鉴，DeepLab 系列算法见证了深度卷积神经网络在图像语义分割方面的发展。

7.1.1　DeepLab 系列算法简介

在详细介绍 DeepLab 系列算法之前，首先需要回顾语义分割所面临的三大问题，即分辨率、感受野和多尺度特征的问题，前面的 FCN、U-Net、SegNet 等网络均对这三大问题提出了一系列的解决方案，DeepLab 也不例外。为更好地理解 DeepLab，这里对上面提到的三大问题进行再次描述。

（1）分辨率。从第 4～6 章可知，模型是通过不断下采样（如池化）提取图片的特征，然后再通过上采样（如反卷积、反池化）还原图片的尺寸。连续的卷积和池化会大幅降低图片的分辨率，而在上采样中难以恢复，导致很多的细节信息（物体边界信息）在下采样中丢失，且上采样难以还原。

（2）感受野。第 4～6 章已提及，感受野是指卷积神经网络每一层输出的特征图上每个像素点映射回输入图像上的区域的大小。增加感受野对于识别和分割是有好处的，从感受野的计算公式可以看出，要获取更大的感受野，可以增大卷积核的大小，或者增大它的步长。但是相应地也存在以下矛盾：使用更大的卷积核会引入更多的无关信息，并且也需要更大的算力消耗；增大步长则会跳过特征图中很多可能有用的信息，因此也不可取。

（3）多尺度特征。第 1 章已经介绍，通过设置不同参数的卷积层或池化层，就能提取到不同尺度的特征图。将这些特征图送入网络进行融合，对于整个网络性能的提升很大。但也存在由于图像金字塔的多尺度输入，会在计算时保存大量的梯度，这会对硬件的要求（如显存）很高。针对这个问题，大多数文献是将网络进行多尺度训练，在测试阶段进行多尺度融合。如果网络遇到了瓶颈，可以考虑引入多尺度信息提高网络性能。

针对语义分割主要存在的上述三大问题，谷歌团队提出了解决方案，即DeepLab 系列算法，并在此基础上不断完善和提高。

7.1.2 DeepLab 发展历程

DeepLab v1[1]在 DCNN 的最后一层不足以进行精确分割目标的情况下，将深度卷积神经网络与 CRFs 相结合，克服了深度网络的局部化特性。同时，DeepLab v1 取消了 VGG16 中最后的两个 Maxpooling 层，而且选择将后面的普通卷积替换成空洞卷积，有效解决了上面提到的分辨率和感受野问题。此外，DeepLab v1 也提到融合多个特征层的输出，即使用多尺度（multi-scale，MSc）预测的方法来提高边界定位的准确性。最后 DeepLab v1 在 PASCAL VOC 2012 数据集中取得了71.6%的 IoU，并且在正常 GPU 上可达到每秒 8 帧的处理速度。

DeepLab v2[2]更具体地探讨了空洞卷积作用，空洞卷积可实现在不增加参数量的情况下有效扩大感受野，合并更多的上下文信息，同时首次提出 ASPP 模块，增强了网络在多尺度下多类别分割时的鲁棒性，使用不同的采样比例与感受野提取输入特征，能在多个尺度上捕获目标与上下文信息，解决不同分割目标不同尺度的问题，并沿用了 DeepLab v1 中的全连接 CRFs，进一步优化网络效果。DeepLab v2最后在 PASCAL VOC 2012 数据集中取得了 79.7%的 MIoU。

DeepLab v3[3]对 DeepLab v2 提出的 ASPP 模块进行了改进，有效解决了因为空洞率过大导致的卷积退化问题，同时 DeepLab v3 还提出多网格（multi-grid）策略，主要针对 ResNet-101 的空洞卷积空洞率的设置进行了大量实验，试图找到最优解。由于 ASPP 模块与 Multi-Grid 具有优秀的性能，DeepLab v3 在没有经过 CRFs 后处理的情况下，依然取得了不错的效果。DeepLab v3 最后在 PASCAL VOC 2012 数据集中获得了与其他最先进模型相当的性能。

DeepLab v3+[4]主要是对 DeepLab v3 做了一些改进，即使用编码器-解码器结构，DeepLab v3+使用 DeepLab v3 作为编码器，通过再添加一个简单且有效的解码器模块扩展 DeepLab v3 以优化分割结果。该网络超过了以往方法的精度水平,可以更好地定位分割边界。DeepLab v3+在 PASCAL VOC 2012 数据集和 Cityscapes 数据集中分别取得了 89.0%（2018 年排名第一,2022 年排名第二）和 82.1%的 MIoU。

从 2014 年的 DeepLab v1 到 2018 年的 DeepLab v3+,从最初在 PASCAL VOC 2012 数据集上 71.6%的 IoU 到最后 89.0%的 MIoU,从最初的 VGG16 主干网络到最后更快更强的 Xception,DeepLab 网络中有很多原理、思想和解决方案在图像分割研究中依然值得学习和借鉴。

7.2 网络结构

本节主要介绍 DeepLab 系列算法用到的基础网络结构,以及 DeepLab 系列中的空洞卷积、CRFs、ASPP 等,这些至今仍值得借鉴。

7.2.1 网络结构介绍

从 DeepLab 发展历程可以知道,DeepLab v1 和 DeepLab v2 使用 VGG16 作为主干网络,DeepLab v2、DeepLab v3 和 DeepLab v3+使用 ResNet-101 作为主干网络,同时 DeepLab v3+还使用当时最先进的网络 Xception 作为主干网络,经过比较,使用 Xception 较 ResNet 取得了更好的性能。VGG16 的网络结构在 4.2.1 节中已有描述,这里重点介绍 ResNet-101 和 Xception。需要特别注意,无论是 VGG16,还是 ResNet-101 和 Xception 结构,均为初始版本,网络结构和相应文献提出的相同,而在 DeepLab 系列中,每个网络结构均有微调,微调后的结构在 7.3 节将有详细描述,这里主要介绍原始网络基本组成及其思想。

1. ResNet-101

随着网络的不断加深,网络中的误差会上升,这种现象就是网络退化（区别于过拟合问题）。其主要原因是,网络加深导致在训练时反向传播中梯度无法有效传递到浅层网络,最终导致梯度消失。为解决这个问题,文献[5]提出一种新的结构 ResNet,ResNet 使用 shortcut 捷径连接,可以缩短误差反向传播到浅层网络的路径,进而能够抑制梯度消失,使得网络在层数增加后不会出现性能下降。

不同结构的残差块如图 7-1 所示,其中图 7-1（a）是普通的残差结构,而图 7-1（b）是瓶颈结构,这是一种特殊的残差结构。具体来说,普通的残差结构中输入和输出通道数都是一样的［图 7-1（a）中均为 64 通道］,而在瓶颈结构中的输入通道数［图 7-1（b）中输入为 256］小于第一个卷积层以及第二个卷积层的输出通道数,这和瓶子的瓶颈结构类似。瓶颈结构与普通的残差结构相比,两个 1×1 卷积分别用于降低和提升特征维度（通道数），主要是为了减少参数的数量，从而减少计算量，并且在降维之后可以更加有效、直观地进行数据的训练和特征提取，因此瓶颈结构中网络参数减少，深度加深，训练也相对容易。因此，在更深的 ResNet 网络（如 ResNet-50、ResNet-101 和 ResNet-152，表 7-1）中均采用瓶颈结构，而浅层的 ResNet 结构（如 ResNet-18、ResNet-34，表 7-1）则采用普通的残差结构。

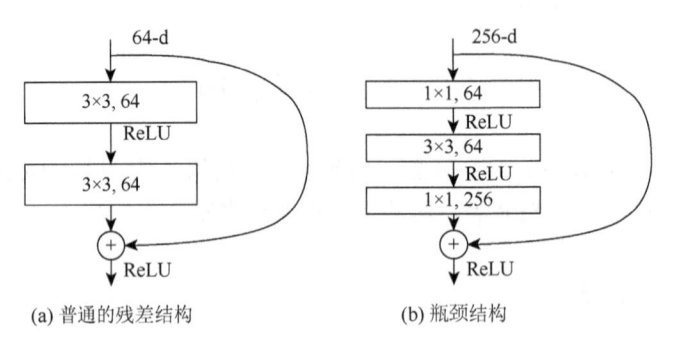

(a) 普通的残差结构　　(b) 瓶颈结构

图 7-1　不同结构的残差块

表 7-1　不同深度的 ResNet 结构

层名	输出大小	18-layer	34-layer	50-layer	101-layer	152-layer
conv1	112×112	7×7, 64, 步长 2				
		3×3 最大池化, 步长 2				
conv2_x	56×56	$\begin{bmatrix}3\times3 & 64\\3\times3 & 64\end{bmatrix}\times2$	$\begin{bmatrix}3\times3 & 64\\3\times3 & 64\end{bmatrix}\times3$	$\begin{bmatrix}1\times1 & 64\\3\times3 & 64\\1\times1 & 256\end{bmatrix}\times3$	$\begin{bmatrix}1\times1 & 64\\3\times3 & 64\\1\times1 & 256\end{bmatrix}\times3$	$\begin{bmatrix}1\times1 & 64\\3\times3 & 64\\1\times1 & 256\end{bmatrix}\times3$
conv3_x	28×28	$\begin{bmatrix}3\times3 & 128\\3\times3 & 128\end{bmatrix}\times2$	$\begin{bmatrix}3\times3 & 128\\3\times3 & 128\end{bmatrix}\times4$	$\begin{bmatrix}1\times1 & 128\\3\times3 & 128\\1\times1 & 512\end{bmatrix}\times4$	$\begin{bmatrix}1\times1 & 128\\3\times3 & 128\\1\times1 & 512\end{bmatrix}\times4$	$\begin{bmatrix}1\times1 & 128\\3\times3 & 128\\1\times1 & 512\end{bmatrix}\times8$
conv4_x	14×14	$\begin{bmatrix}3\times3 & 256\\3\times3 & 256\end{bmatrix}\times2$	$\begin{bmatrix}3\times3 & 256\\3\times3 & 256\end{bmatrix}\times6$	$\begin{bmatrix}1\times1 & 256\\3\times3 & 256\\1\times1 & 1024\end{bmatrix}\times6$	$\begin{bmatrix}1\times1 & 256\\3\times3 & 256\\1\times1 & 1024\end{bmatrix}\times23$	$\begin{bmatrix}1\times1 & 256\\3\times3 & 256\\1\times1 & 1024\end{bmatrix}\times36$
conv5_x	7×7	$\begin{bmatrix}3\times3 & 512\\3\times3 & 512\end{bmatrix}\times2$	$\begin{bmatrix}3\times3 & 512\\3\times3 & 512\end{bmatrix}\times3$	$\begin{bmatrix}1\times1 & 512\\3\times3 & 512\\1\times1 & 2048\end{bmatrix}\times3$	$\begin{bmatrix}1\times1 & 512\\3\times3 & 512\\1\times1 & 2048\end{bmatrix}\times3$	$\begin{bmatrix}1\times1 & 512\\3\times3 & 512\\1\times1 & 2048\end{bmatrix}\times3$
	1×1	均值池化, 1000-d fc, Softmax				
浮点计算量/FLOPs		1.8×10^9	3.6×10^9	3.8×10^9	7.6×10^9	11.3×10^9

不同深度的 ResNet 网络结构如表 7-1 所示，图中[ ]表示一个残差块结构，[ ]×3 则表示网络此处有 3 个相同的[ ]残差块结构堆叠。从表 7-1 中可以看出，一个残差块可能包括两个卷积层或者三个卷积层，也可以包括其他优化结构，如 BN 层或 Dropout 层。表 7-1 中提出了 5 种深度的 ResNet，分别是 18、34、50、101 和 152。例如，ResNet-101 中第一层（conv1）是 $7 \times 7 \times 64$ 的卷积，然后是 $3 + 4 + 23 + 3 = 33$ 个残差块（residual block），每个 block 块为 3 层，所以有 $33 \times 3 = 99$ 层。最后有个全连接（FC）层，所以总共为 $1 + 99 + 1 = 101$ 层。

传统的卷积层或全连接层在信息传递时，随着网络加深会出现信息丢失、损耗、训练困难等问题。ResNet 在某种程度上解决了这个问题，通过直接将输入信息连接到输出，能保护信息的完整性，整个网络则只需要学习输入、输出差别的那一部分（即残差），这样简化了学习目标和难度。

2. Xception

Xception[6]是谷歌对 Inception v3[7]的一种改进，探讨了 Inception 与深度可分离卷积（depthwise separable convolutions）的关系，主要采用深度可分离卷积替换原来 Inception 中的卷积操作。

首先回顾 Inception，简单的 Inception 模块如图 7-2 所示。Inception 的主要思想是：对于输入的特征图，特征的提取和传递可以通过 1×1 卷积、3×3 卷积、5×5 卷积、池化等进行，而哪种才是最好的特征提取方式？Inception 模块将这个疑问留给网络自己训练，也就是将一个输入特征图同时经过这几种提取特征方式，然后对输出的特征图做拼接。而 Inception v3[7]和 Inception v1（GoogleNet）[8]相比，主要是将 5×5 卷积换成两个 3×3 卷积层的叠加，其中图 7-3 是 Inception v1 的 Inception 模块，而图 7-4 是 Inception v3 中的 Inception 模块。

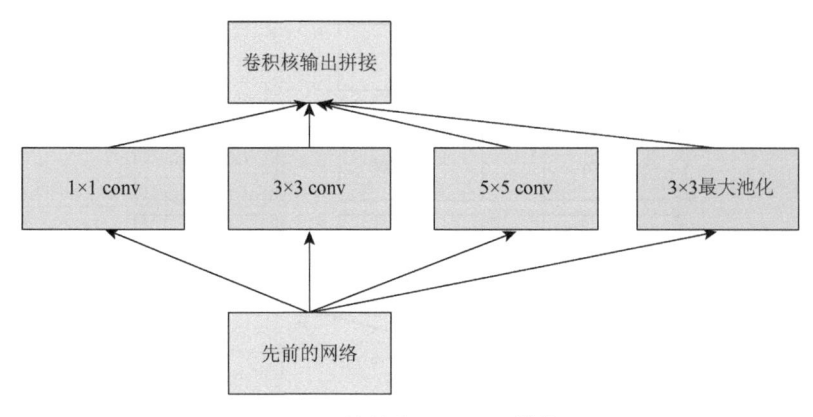

图 7-2 简单的 Inception 模块

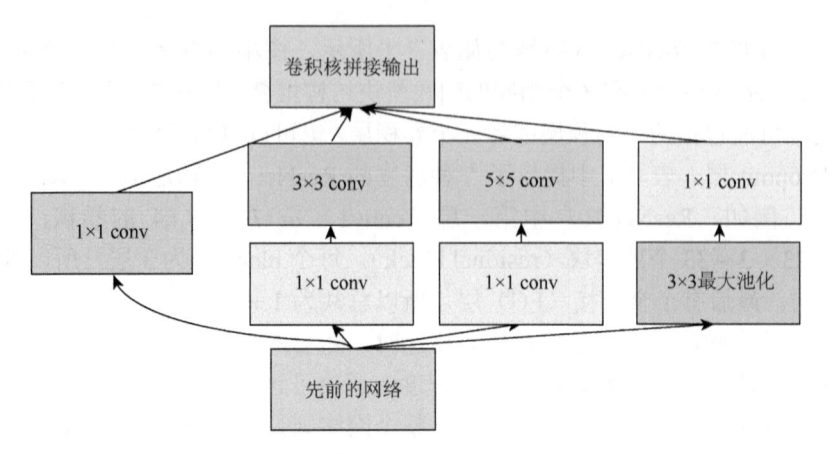

图 7-3　Inception v1 的 Inception 模块

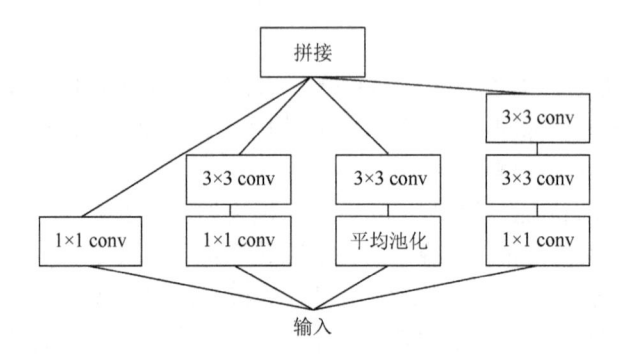

图 7-4　Inception v3 的 Inception 模块

Inception v3 提出了一个简化的 Inception 模块，如图 7-5 所示。

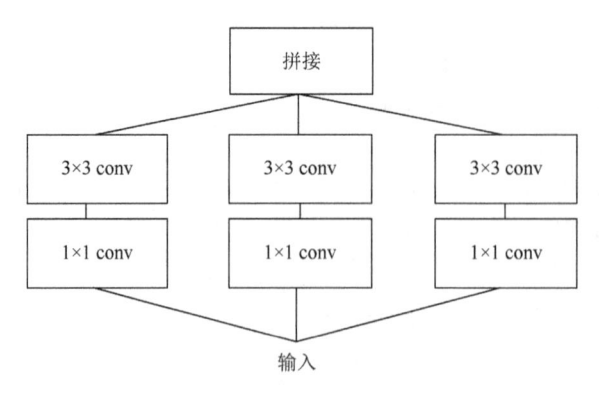

图 7-5　简化的 Inception 模块

将简化 Inception 模块延伸，得到与简化模块严格等价的 Inception 模块，如图 7-6 所示，即对于一个输入，首先通过三组 1×1 卷积得到三组特征图（图 7-5），它先用一个统一的 1×1 卷积核卷积（图 7-6），然后连接 3 个 3×3 的卷积，这 3 个卷积操作只将前面 1×1 卷积结果中的一部分作为自己的输入（这里是将 1/3 通道的特征图作为每个 3×3 卷积的输入），这两种模块是完全等价的。

但是，在这里需要计算和比较上面提到的两种 Inception 模块的参数量。假设图 7-6 中 1×1 卷积核的输出通道数是 k_1，3×3 的卷积核输出通道数是 k_2，输入特征图的通道数是 m。则简化的 Inception 模块的参数量如式（7-1）所示，而严格等价的 Inception 模块的参数量如式（7-2）所示，显然式（7-1）中参数量约为式（7-2）的 3 倍。

$$m \times 1 \times 1 \times k_1 + 3 \times 3 \times k_1 \times k_2 \tag{7-1}$$

$$m \times 1 \times 1 \times k_1 + 3 \times 3 \times 3 \times \frac{k_1}{3} \times \frac{k_2}{3} = m \times k_1 + 3 \times k_1 \times k_2 \tag{7-2}$$

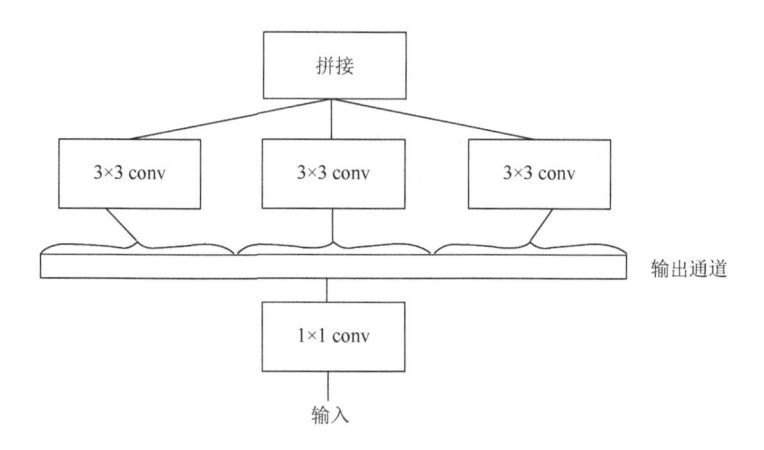

图 7-6　简化 Inception 模块（图 7-5）的一个严格等价形式

如果再进行下一步延伸，即由图 7-6 到图 7-7，也就是 3×3 卷积的个数和 1×1 卷积的输出通道数一样，即每个 3×3 卷积对 1×1 卷积输出的 1 个通道的特征图做卷积，此时它的参数量如下：

$$m \times k_1 + k_1 \times 3 \times 3 \tag{7-3}$$

相比于简化的 Inception 模块，它的参数量大幅减少，因此这种形式的 Inception 被称为极致的 Inception，即 Extreme Inception，如图 7-7 所示。

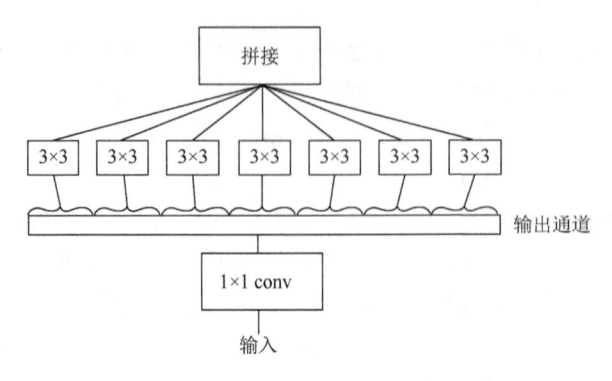

图 7-7 极致 Inception

上面就是 Xception 中 Inception 的主要思想，接下来介绍与之类似的深度可分离卷积思想。在 Xception 中主要采用深度可分离卷积的思想，深度可分离在 MobileNet v2[9]中被提出，这里不叙述 MobileNet 的结构，只简单介绍深度可分离卷积。图 7-8 即为深度可分离卷积示意图，实际上是将传统的卷积操作分成两步：一是深度卷积（depthwise convolution），如图 7-8（a）所示；二是逐点卷积（pointwise convolution），如图 7-8（b）所示。

假设原来是 3×3 的卷积，那么深度卷积就是用 M 个 3×3×1（1 为输入通道）卷积核对原特征图的每个通道一对一卷积得到输出的 M 个特征图；逐点卷积就是用 N 个 1×1×M（M 为输入通道）的卷积核正常卷积前面生成的 M 个特征图，生成 N 个特征图。这两种操作结合等价于使用 N 个 3×3×M（M 为输入通道）卷积对原始特征图卷积。深度可分离卷积的参数量如式（7-4）所示，而普通卷积的参数量如式（7-5）所示。例如，假设 M 是 3，N 是 256，则深度可分离卷积的参数量是 795，而普通卷积的参数量是 6912，显然深度可分离卷积相比于普通卷积，其参数量和运算量都大幅减少。

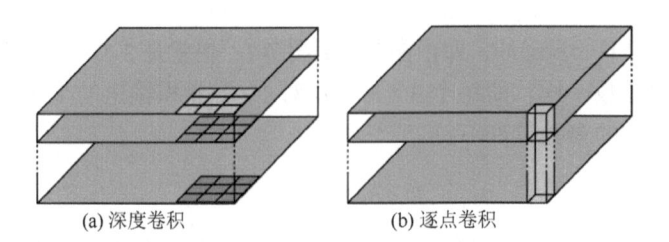

$$3\times 3\times 1\times M + 1\times 1\times M\times N = 9M + MN \quad (7\text{-}4)$$

$$3\times 3\times M\times N = 9MN \quad (7\text{-}5)$$

(a) 深度卷积　　　　　(b) 逐点卷积

图 7-8　深度可分离卷积示意图

下面给出深度可分离卷积的实现代码，具体如例 7-1 所示。

例 7-1 深度可分离卷积的实现。

```python
# 深度可分离卷积的实现
def fixed_padding(inputs,kernel_size,dilation):
    # 给输入图片添加padding,避免原来输入尺寸不是偶数时,输出尺寸不是想要的尺寸
    # 但是实际上影响不大,也可不要fixed_padding
    kernel_size_effective=kernel_size+(kernel_size-1)*(dilation-1)
#新卷积核大小(空洞卷积)
    # padding=(k-1)/2(指明小数时向下取整)
    pad_total=kernel_size_effective-1
    pad_beg=pad_total//2
    pad_end=pad_total-pad_beg
    # 给原图补零操作,可能上下pad_beg补零和左右pad_end补零不同
    padded_inputs=F.pad(inputs,(pad_beg,pad_end,pad_beg,pad_end))
    return padded_inputs


class SeparableConv2d_same(nn.Module):
    def __init__(self,inplanes,planes,kernel_size=3,stride=1, dilation=
        1,bias=False):
        super(SeparableConv2d_same,self).__init__()
        # 深度卷积
        self.conv1=nn.Conv2d(inplanes,inplanes,kernel_size,
            stride,0,dilation,groups=inplanes,bias=bias)
        # 逐点卷积
        self.pointwise=nn.Conv2d(inplanes,planes,1,1,0,1,1,
            bias=bias)

    def forward(self,x):
        # 先根据空洞卷积的空洞率给输出图片添加padding
        # 然后进行深度卷积和逐点卷积
        x=fixed_padding(x,self.conv1.kernel_size[0],dilation=self.
            conv1.dilation[0])
        x=self.conv1(x)
        x=self.pointwise(x)
        return x
```

Extreme Inception 和深度可分离卷积，操作是类似的，只是两种操作的顺序不一致：Extreme Inception 先进行 1×1 卷积（逐点卷积），再进行 3×3 卷积（深度卷积），而深度可分离卷积先进行深度卷积，再进行逐点卷积。实际上这个差异并没有太大的影响，本质类似，深度可分离卷积和 Extreme Inception 是由不同学者提出的，都是为了简化参数量和计算量。

最后，Xception 的网络结构如图 7-9 所示，其中的卷积层大部分已经换成深度可分离卷积（即 Extreme Inception 模块）；图中 ⊕ 是 add 相加操作，即两个特征图进行单位相加，并且在中间流程中还使用了残差连接的思想。从图中不难看出，Xception 结构是残差连接的深度可分离卷积层的线性堆叠，使得 Xception 结构非常容易定义和修改，后面的工作（包括 DeepLab v3+）也针对 Xception 进行了一系列修改。

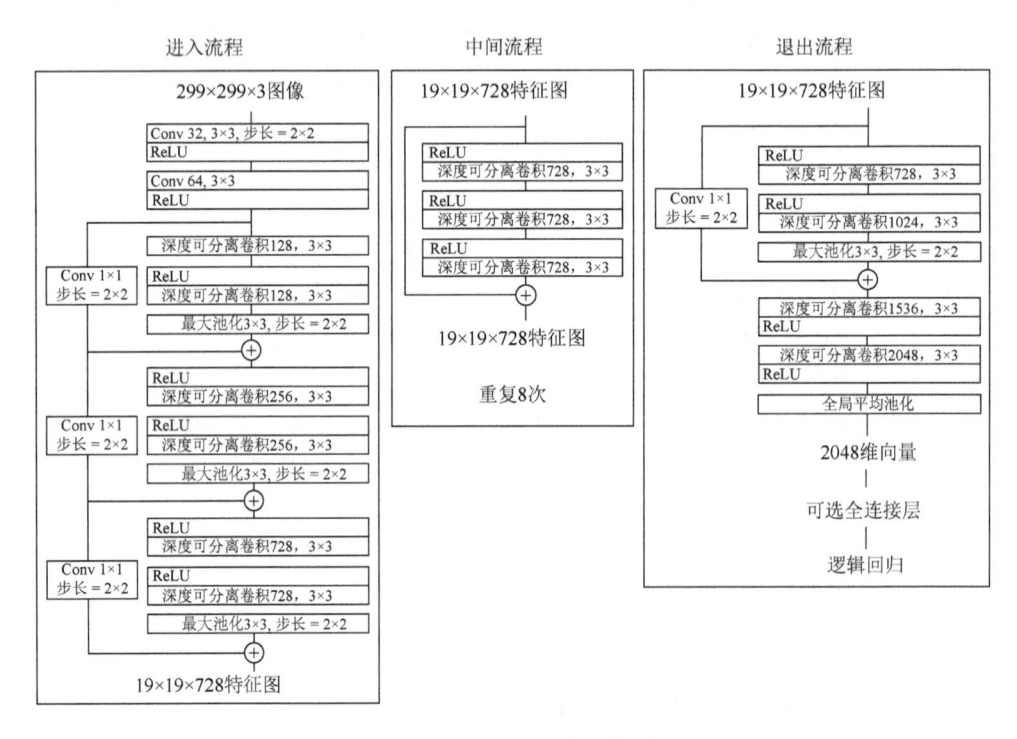

图 7-9　Xception 网络结构图

7.2.2　主要创新点

下面介绍 DeepLab 系列算法中使用的空洞卷积、CRFs、ASPP、Multi-Grid 策略、Poly 策略。

1. 空洞卷积

DeepLab v1 中最关键的是引入了空洞卷积，当然文献[1]还引入了 DenseCRF 后处理以及多尺度（特征融合）预测。但 DenseCRF 在 DeepLab v3 以后就被研究者放弃，多尺度特征融合的方法在后面的研究（v2、v3、v3+）中一直在变，而空洞卷积则一直作为核心思想被广泛使用。

空洞卷积，也可以称为带孔卷积、膨胀卷积、扩张卷积，英文名为 atrous convolution 或 dilated convolution。下面介绍空洞卷积的诞生背景、优点以及实现。

回顾前面的全卷积网络 FCN，FCN 有两个关键点，一个是通过池化在减小图像尺寸的同时增大感受野，另一个是通过上采样还原图像尺寸输出。因此，FCN 先对输入图像或者特征图进行连续的卷积和池化操作，在降低图像尺寸的同时增大感受野。与图像识别不一样，图像分割预测是像素级的预测输出，所以要将池化后较小的图像尺寸通过上采样对原始的图像尺寸进行预测，其中 FCN 中上采样采用反卷积（DeConv），DeConv 的原理和操作见 4.2 节。虽然前面一系列的池化操作使得后面特征图中每个像素预测时能看到较大感受野信息，但是在池化操作减少尺寸时，特征图中肯定有一些细节信息不可逆地损失，这会造成网络整体定位能力的缺失。因此在语义分割网络中，下采样的过多使用会造成目标分割边界的不准确，但过少使用又会造成整体分割的不足。因此，能不能设计一种新的操作，即使不通过池化的前提也能有较大的感受野？答案就是空洞卷积。

空洞卷积的优点是在不使用池化损失信息的情况下，加大了感受野，让每个卷积输出都包含较大范围的信息，并且保持输入特征图的尺寸不变（需要将填充参数 padding 设置为 1 以保证特征图尺寸不变）。式（7-6）是感受野的计算公式，式（7-7）是空洞卷积的 kernel_size 计算公式，通过式（7-6）和式（7-7）不难看出，在同样的卷积核大小下，通过增加空洞率也能增大卷积核的感受野。

$$RF_{l+1} = RF_l + (kernel\_size - 1) \times stride \qquad (7-6)$$

$$k_{new} = k_{ori} + (k_{ori} - 1)(rate - 1) \qquad (7-7)$$

其中，k_{ori} 表示卷积核的大小，rate 表示空洞率（也称空洞因子、膨胀因子、dilate rate 或 input stride），参数 rate 定义了卷积核处理数据时各值的间距。

空洞卷积示意图如图 7-10 所示。假设图 7-10（a）～（c）的 output_stride [对应式（7-6）中的 stride] 均为 1，其中图 7-10（a）对应的是 3×3 1-dilated conv，也就是普通的卷积操作；图 7-10（b）对应 3×3 2-dilated conv，也就是卷积核大

小 kernal_size 是 3，空洞率 rate 为 2，但是这个卷积的感受野已经增大到 7×7 [如果考虑 2-dilated conv 的前一层是 1-dilated conv，第一层的感受野为 3，故 1-dilated 和 2-dilated 合起来就能达到 7×7 的卷积效果，计算公式为 $RF_2 = 3 + (5-1) \times 1 = 7$，但实际上只有 9 个红色的点和 3×3 的 kernel 核发生卷积操作，而其余的点略过不计算，也可以理解为 kernel 的 size 为 7×7，但是只有图中的 9 个点的权重不为 0，其余都为 0]；图 7-11（c）是 4-dilated conv，空洞率 rate 为 4，同理如果跟在两个 1-dilated conv 和 2-dilated conv 的后面，经过计算其感受野能达到 15。对比传统的卷积操作，如果 3 层 3×3 的卷积加起来，stride 为 1，只能达到（kernel–1）× layer + 1 = 7 的感受野，也就是和层数 layer 呈线性关系，而 dilated conv 的感受野接近指数级增长。

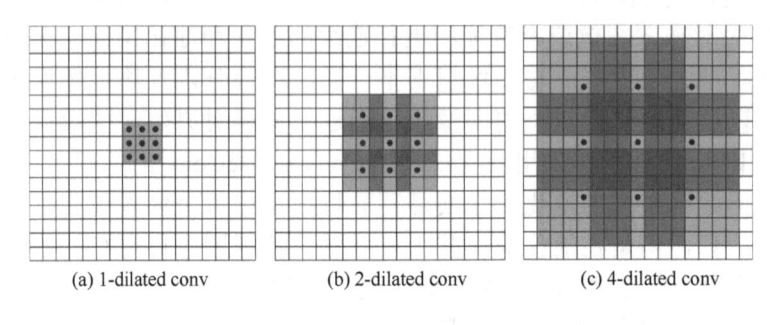

(a) 1-dilated conv　　(b) 2-dilated conv　　(c) 4-dilated conv

图 7-10　空洞卷积

在 PyTorch 中使用空洞卷积比较方便，接口函数如下所示。PyTorch 官方接口 torch.nn.Conv2d( ) 函数中的膨胀参数 dilation 为上面强调的空洞率 rate，默认为 1，即上面提到的普通卷积，读者按需填写其他值即可使用对应的空洞卷积。

torch.nn.Conv2d(in_channels, out_channels, kernel_size, stride = 1, padding = 0, dilation = 1, groups = 1, bias = True)

2. CRFs

在 DeepLab v1 和 DeepLab v2 中均有使用条件随机场（conditional random fields，CRFs），其中 CRFs 主要作为后处理模块对分割的效果进一步优化。尽管 DCNN 能够给出每个像素的粗分类结果，但对于边界的识别和分类比较模糊。结合前面所学的知识，不难得出以下结论：卷积神经网络中，对整张图片的分类准确度和与对每个像素分类的准确度是互斥的。正如前面所说，经过连续的卷积和池化操作使得网络具有很好的平移不变性和较大的感受野，在整张图片的分类问题上表现较好，但也会造成在最后一层的每个像素位置给出准确的预测比较困难

（前面提到的经过池化后边界细节损失，上采样难以还原问题）。因此 DeepLab v1 结合 DCNN 和进行精细分割的全连接 CRFs 后处理，最后取得了非常好的效果，如图 7-11 所示。

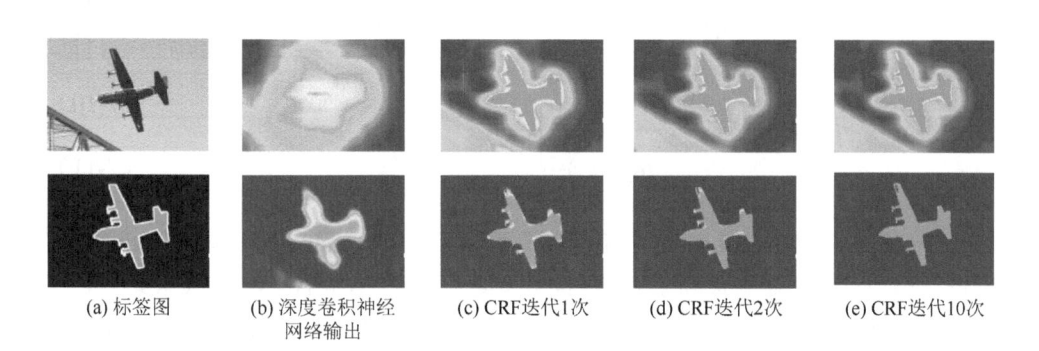

(a) 标签图　　(b) 深度卷积神经网络输出　　(c) CRF 迭代 1 次　　(d) CRF 迭代 2 次　　(e) CRF 迭代 10 次

图 7-11　CRFs 后处理效果图（后附彩图）

一般来说，CRFs 用于平滑有噪声的分割图。CRF 模型（多种变体）中有个能量项跟邻域的像素点有关，两个像素在距离上比较接近时，其分类就倾向于相同。例如，短程（short-range）CRFs 主要用于清除弱分类器带来的噪声点错误，这里所说的弱分类器是指使用手工设计的特征。显然 DCNN 不是弱分类器，给出的结果非常平滑且没有噪声点错误，而且据上文所述，DCNN 需要进一步恢复细节信息而不是平滑分割结果，因此不需要使用短程 CRFs。

DeepLab v1 和 DeepLab v2 中所使用的都是全连接，全连接 CRFs 的能量函数 $E(x)$ 如式（7-8）所示。因为式（7-8）计算了所有像素点，所以它被叫作全连接 CRFs。其中，x 对应每个像素 i 的类别，$\theta_i(x_i)$ 是一元势函数，$\theta_{ij}(x_i, x_j)$ 是二元势函数，它们的计算公式分别如式（7-9）和式（7-10）所示。式（7-9）中 $P(x_i)$ 是 DCNN 计算出的对应像素 i 处的预测概率。式（7-10）中的 μ 函数在式（7-11）中有描述，当 $x_i \neq x_j$ 时，它的值为 1，也就是只考虑不同标签的像素点之间的能量值。$\exp(\cdot)$ 表示的是高斯核函数，其中，第一个核 Appearance Kernel 同时依赖于像素位置（记为 p）和像素颜色强度（记为 I），它的物理意义是当两个像素点的 label 标签值不同时，它们应该离得比较远且颜色差距比较大。第二个核 Smoothness Kernel 只依赖于像素位置（记为 p），其物理意义是离得近的像素的 label 尽量保持一致。超参数 σ_α、σ_β 和 σ_γ 控制了高斯核的"尺度"，w_1 和 w_2 分别是两个高斯核的权值。简单理解就是说，在对一个像素做分类时，不仅需要考虑 DCNN 输出的结果，还要考虑周围像素尤其是比较接近的像素对该像素的影响，这样得出的语义分割结果才会有更好的边缘。

$$E(x) = \sum_i \theta_i(x_i) + \sum_{ij} \theta_{ij}(x_i, x_j) \tag{7-8}$$

$$\theta_i(x_i) = -\log P(x_i) \tag{7-9}$$

$$\theta_{ij}(x_i, x_j) = \mu(x_i, x_j)\left[w_1 \exp\left(-\frac{\|p_i - p_j\|^2}{2\sigma_\alpha^2} - \frac{\|I_i - I_j\|^2}{2\sigma_\beta^2}\right) + w_2 \exp\left(-\frac{\|p_i - p_j\|^2}{2\sigma_\gamma^2}\right)\right] \tag{7-10}$$

$$\mu(x_i, x_j) = \begin{cases} 1, & \text{若 } x_i \neq x_j \\ 0, & \text{若 } x_i \equiv x_j \end{cases} \tag{7-11}$$

DeepLab v1 和 DeepLab v2 中还使用了平均场逼近（mean field approximation）[10]来进行高效计算（显著提高了 CRFs 的计算速度，在 PASCAL VOC 数据集上处理速度低于 0.5 张/s），但因为 CRFs 在后续的分割算法中已被取代，并且 CRFs 的处理速度还是相对较慢，这里不再介绍。

3. ASPP

DeepLab v2 沿用了 DeepLab v1 中的空洞卷积和 CRFs，DeepLab v2 的改进之一就是将主干网络 VGG 16 替换成 ResNet，另一个改进便是引入了空洞空间金字塔池化（ASPP）。

空间金字塔池化（spatial pyramid pooling，SPP）是目标检测的经典算法 SPPNet[11]提出的思想，它的初衷是为了解决 CNN 对输入图片尺寸的限制。如图 7-12 所示，由于全连接层的存在，与之相连的最后一个卷积层的输出特征需要固定尺寸，从而要求输入图片尺寸也要固定。在 SPPNet 提出以前，通常对图片进行裁剪或变形（crop/warp）。但是裁剪或变形会导致图片信息缺失或变形，影响识别精度。为了解决上述问题，SPPNet 在最后一层卷积特征图的基础上又进一步进行处理，提出了空间金字塔池化。如图 7-13 所示，SPPNet 就是将任意尺寸的

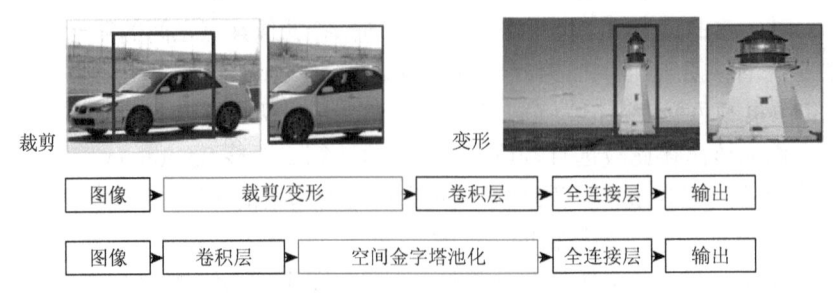

图 7-12 传统卷积网络面临的难题与 SPPNet

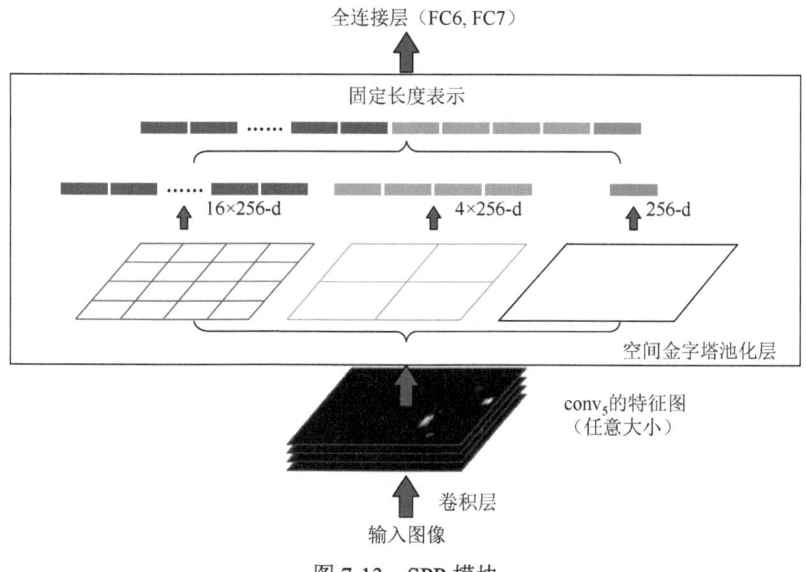

图 7-13 SPP 模块

特征图用三个尺度的金字塔层分别池化，将池化后的结果拼接得到固定长度的特征向量，送入全连接层进行后续操作。

受 SPP 的影响，ASPP 的提出也是用于解决不同分割目标不同尺度的问题。DeepLab v2 中 ASPP 模块如图 7-14 所示，ASPP 模块对给定的输入特征图以不同空洞率（rate）的空洞卷积并行采样，相当于以多个比例捕捉图像的上下文，这样得到的特征就具有不同大小的感受野，最终再将它们求和合并。图 7-15 是 ASPP 在 VGG16 上应用的实际结构，其中 Pool5 是 VGG16 结构中的最后一个池化层，原始 VGG16 结构详见 4.2.1 节。特别注意的是，图 7-15 中的 FC6、FC7、FC8 均不是全连接层，而是对应输入输出通道的卷积层，只是习惯仍然叫 FC6、FC7、FC8 而已，但其实际含义已经不同（不是全连接层而是卷积层）。

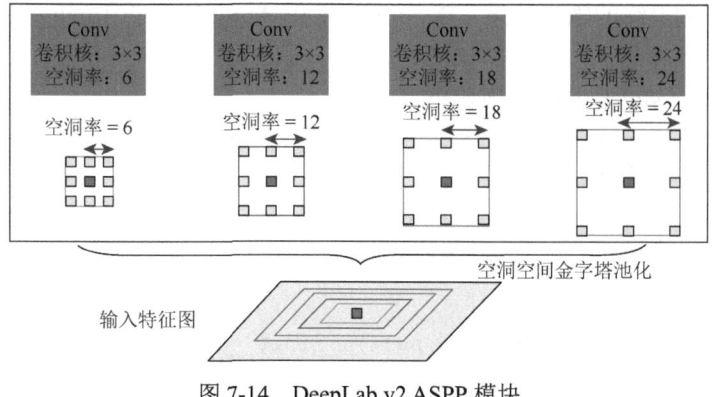

图 7-14 DeepLab v2 ASPP 模块

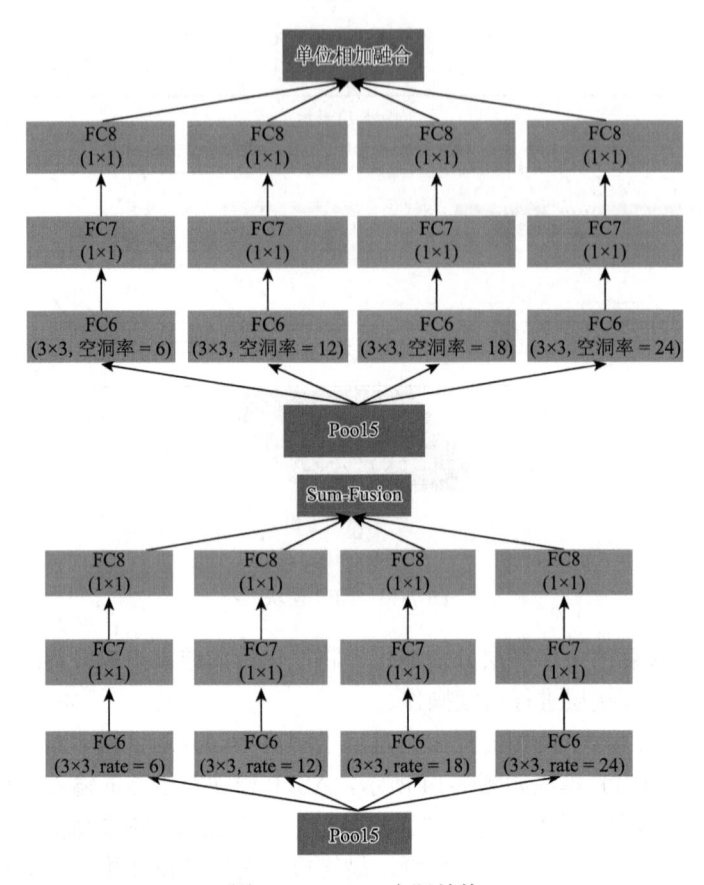

图 7-15 ASPP 实际结构

DeepLab v2 中 ASPP 有 ASPP-S 和 ASPP-L 两个不同尺度的结构，它们的空洞率不同，两个 ASPP 的空洞率 rate 分别是{2, 4, 8, 12}和{6, 12, 18, 24}。如图 7-15 所示，在进行空洞卷积后再增加两个卷积（1×1）进行特征融合，最后通过单位相加融合得到最终的输出结果。DeepLab v2 中 ASPP-L 在 PyTorch 中的实现代码如例 7-2 所示。

例 7-2 ASPP-L 具体实现代码。

```
#DeepLabv2 使用的 ASPPmodule
class ASPP_module(nn.ModuleList):
    def __init__(self,in_channels,out_channels,dilation_list=[6,
12,18,24]):
        super(ASPP_module,self).__init__()
        self.dilation_list=dilation_list
```

```
            for dila_rate in self.dilation_list:
                self.append(
                    nn.Sequential(
                        nn.Conv2d(in_channels,out_channels,kernel_
                            size=1 if dia_rate==1 else 3,dilation=dila_
                            rate,padding=0 if dia_rate==1 else dila_
                            rate),
                        nn.Conv2d(out_channels,out_channels,kernel_
                            size=1),
                        nn.Conv2d(out_channels,out_channels,kernel_
                            size=1),
                    )
                )

        def forward(self,x):
            outputs=[]
            for aspp_module in self:
                outputs.append(aspp_module(x))
            return torch.cat(outputs,1)
```

DeepLab v3 相对于 DeepLab v2 做了部分改进，DeepLab v3 的 ASPP 模块如图 7-16 所示。对比 DeepLab v2 的 ASPP（图 7-14），DeepLab v2 的 ASPP 模块使用的是 4 个不同空洞率 rate、相同卷积核大小的空洞卷积，而 DeepLab v3 的 ASPP 模块是并行 1 个 1×1 普通卷积、3 个空洞卷积以及 1 个全局平均池化层。

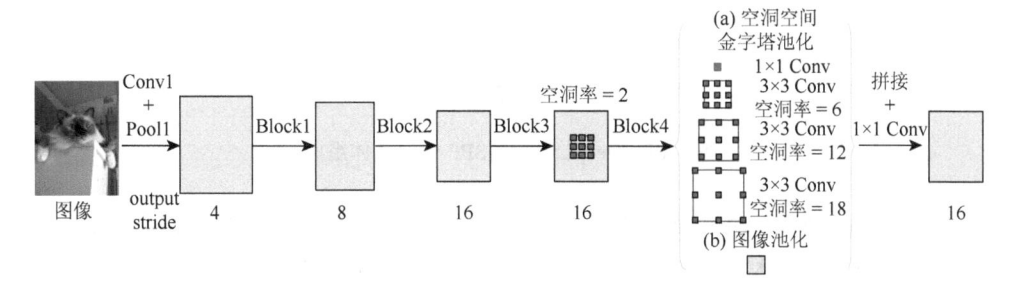

图 7-16　DeepLab v3 改进后的 ASPP 模块

相比于 DeepLab v2，DeepLab v3 中新增图像池化（image pooling）来捕获图像级（image-level）的特征，主要原因如下：在 DeepLab v2 中，ASPP 以不同的空洞率 rate 捕捉多尺度信息，但是随着 Block 块的深入，空洞率变大，会导致卷积核退化为 1×1。例如，对于一个 3×3 大小、空洞率为 30 的空洞卷积，假设前一层的特征图输出的特征图尺寸是 65×65，那么当这个 3×3 的空洞卷积核应用于此特征图时，实际上就只有中心点在特征图内，而其他的卷积核参数，已经到了 0 填充区域，此时空洞卷积就已经没有意义，因为它已经捕获不到全局信息。

DeepLab v3 的 ASPP 具体结构如图 7-17 所示，最右侧的一支即为图像池化的相关操作。对于输入的特征图的每一个通道先做全局平均池化，再通过 256 个 1×1 的卷积核构成新的（1, 1, 256）的特征图，然后通过双线性插值得到需要的分辨率的特征图。最后此特征图再与其他卷积得到的特征图做拼接输出，然后通过 256 个 1×1 的卷积核，得到新的特征图。增加图像池化操作实际上是为了补偿空洞率太大时丢失的全局信息，也可以理解成图像池化给最后输出的特征图添加了全局信息。

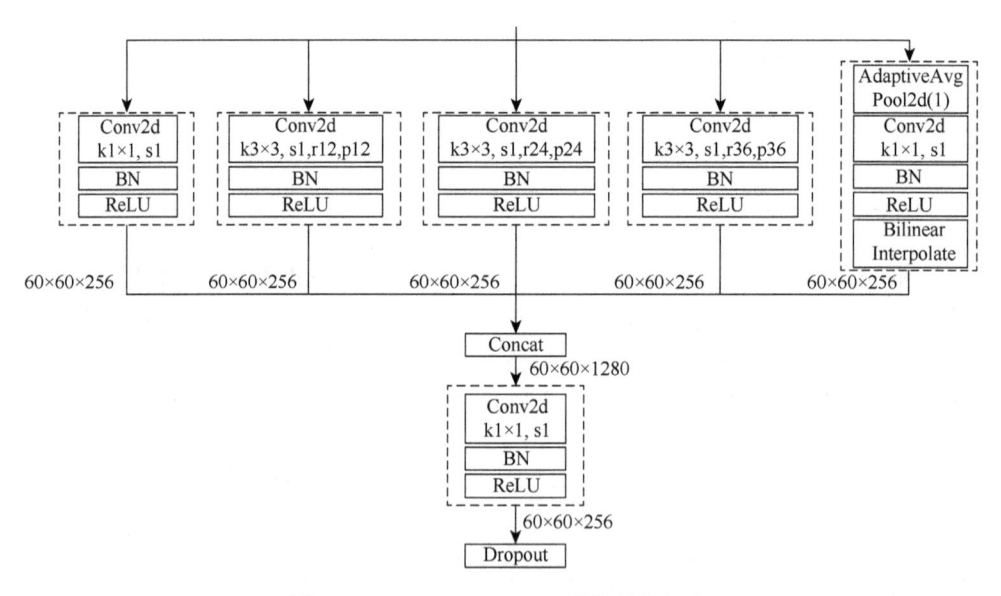

图 7-17　DeepLab v3 ASPP 模块具体组成

DeepLab v3 的 ASPP 模块相比于 DeepLab v2，除了加入全局平均池化保存上下文信息外，还加入了 BN 层，并且为了防止空洞率组合不当导致 3×3 的卷积退化成 1×1 卷积，DeepLab v3 还重新调整空洞率的组合，从 DeepLab v2 的{6, 12, 18, 24}改为{1, 6, 12, 18}。但要注意的是 ASPP 模块（图 7-17）中三个空洞卷积分支的空洞率是 12、24 和 36，这是因为 DeepLab v3 中无论是训练还是验证 output_stride 都使用的是 8（output_stride 等于输入图像分辨率和输出分辨率的比值，文献[3]做了相关消融实验，output_stride = 8 可以更多的内存使用为代价获得更好的性能），而当 output_stride = 8 时空洞率进行了翻倍。DeepLab v3 中 ASPP 模块的实现代码如例 7-3 所示。

例 7-3 DeepLab v3 中 ASPP 模块实现代码。

```
#定义 DeepLab v3 中 ASPP 不同空洞率的分支
class ASPP_module(nn.Module):
    def __init__(self,inplanes,planes,os):
        super(ASPP_module,self).__init__()
        # 根据 output_stride 设定对应四个分支的空洞率
        if os==16:
            dilations=[1,6,12,18]
        elif os==8:
            dilations=[1,12,24,36]
        # ASPP 四个卷积分支
        self.aspp1=nn.Sequential(nn.Conv2d(inplanes,planes,
        kernel_size=1,stride=1,padding=0,dilation=dilations[0],
        bias=False),nn.BatchNorm2d(planes),
                            nn.ReLU( ))


        self.aspp2=nn.Sequential(nn.Conv2d(inplanes,planes,kernel_
        size=3,stride=1,padding=dilations[1],dilation=dilations
        [1],bias=False),nn.BatchNorm2d(planes),
                            nn.ReLU( ))
        self.aspp3=nn.Sequential(nn.Conv2d(inplanes,planes,kernel_
        size=3,stride=1,padding=dilations[2],dilation=dilations
        [2],bias=False),
                            nn.BatchNorm2d(planes),
                            nn.ReLU( ))
            self.aspp4=nn.Sequential(nn.Conv2d(inplanes,planes,kernel_
                size=3,stride=1,
                            padding=dilations[3],dilation
                                =dilations[3],
```

```python
                                    bias=False),
                        nn.BatchNorm2d(planes),
                        nn.ReLU( ))
        # 全局信息提取分支
        self.global_avg_pool=nn.Sequential(nn.AdaptiveAvgPool2d
                    ((1,1)),nn.Conv2d(2048,256,1,stride=1,
                    bias=False),nn.BatchNorm2d(256),
                                nn.ReLU( ))
        # concat 后的操作:1×1 卷积,BN 层,ReLU 激活以及 Dropout
        self.conv1=nn.Conv2d(256*5,1280,1,bias=False)
        #5 个 256 通道的特征图输入
        self.bn1=nn.BatchNorm2d(1280)
        self.relu=nn.ReLU(inplace=True)
        self.dropout=nn.Dropout(0.5)
        # 参数初始化
        self._init_weight( )

    def forward(self,x):
        x1=self.aspp1(x)
        x2=self.aspp2(x)
        x3=self.aspp3(x)
        x4=self.aspp4(x)
        x5=self.global_avg_pool(x)
        # 如图 7-17 所示,对于全局信息提取分支需要进行双线性插值,使其输出与
        # 其他四个分支尺寸相同
        x5=F.interpolate(x5,size=x4.size( )[2:],mode='bilinear'
        ,align_corners=True)
        # 拼接 5 个分支
        x=torch.cat((x1,x2,x3,x4,x5),dim=1)
        # 1×1 卷积,BN 层,ReLu 激活以及 Dropout
        x=self.conv1(x)
        x=self.bn1(x)
        x=self.dropout(x)
        return x
```

```
def _init_weight(self):
    #初始化卷积层和BN层的参数
    for m in self.modules():
        if isinstance(m,nn.Conv2d):
            n=m.kernel_size[0] *m.kernel_size[1]* m.out_
            channels
            m.weight.data.normal_(0,math.sqrt(2./n))
        elif isinstance(m,nn.BatchNorm2d):
            m.weight.data.fill_(1)
            m.bias.data.zero_()
```

4. Multi-Grid 策略

DeepLab v1 和 DeepLab v2 虽然一直使用空洞卷积，但实际上空洞率的设置比较随意，没有进行大规模实验测试。但 DeepLab v3 做了相关实验，对比不同的参数，试图找到最优解，相关实验结果如表 7-2 所示。DeepLab v3 以级联模型（cascaded model）（ResNet-101 作为主干网络）为实验对象，级联模型示意图如图 7-18 所示。

该实验采用不同数量的级联模块（cascaded blocks）及其组成的模型研究不同的 Multi-Grid 参数效果。需要特别注意的是，Multi-Grid 并不是实际的空洞率。如图 7-18 所示，假设图片输入后的第一个 Block 称为 Block1，后面依次递增，实际上 ResNet-101 模型（详见 7.2.1 节）只有 4 个 Block，即 Block1～Block4 为 ResNet-101 模型的内容（对比表 7-1，Block1～Block4 即对应为 conv2_x～conv5_x，conv1 只有一层且为输入层，文献[3]没将其写为 Block1），而级联模型实际上是将 Block4 的结构复制 3 次分别作为 Block5、Block6、Block7，然后级联起来，而 Block4、Block5、Block6、Block7 中卷积层使用不同的空洞率。

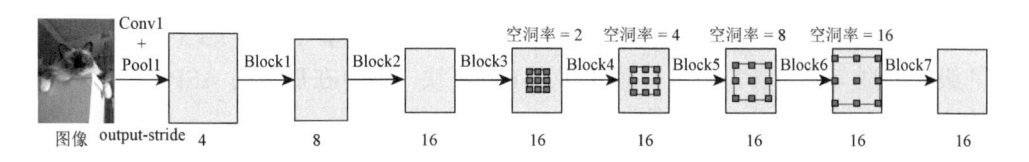

图 7-18 DeepLab v3 级联模型

Block5、Block6、Block7 的结构和 Block4 是一样的,回顾表 7-1 可知,Block4 由 3 个残差块构成,每个残差块中包括 1 个 3×3 卷积和 2 个 1×1 卷积。需要明白的第一点是,要把其中的 3×3 卷积变成空洞卷积,而 2 个 1×1 卷积仍然是普通卷积。需要明白的第二点是,Block4 中有 3 个残差块,即有 3 个 3×3 卷积需要变成空洞卷积。因此,相同结构的 Block4、Block5、Block6、Block7 中均有 3 个 3×3 卷积需要变成空洞卷积。

如表 7-2 所示,Multi-Grid 中有 3 个参数,即(1, 2, 1)或者(1, 2, 4)。这 3 个参数对应的是一个 Block 中的 3 个 3×3 卷积,这里强调的是对应,而不是这 3 个 3×3 卷积的实际空洞率。细看图 7-18,Block4、Block5、Block6、Block7 上都有标注空洞率的值,这些空洞率的值同样也不是这 3 个 3×3 卷积的实际空洞率。Block 中 3 个 3×3 卷积真正采用的空洞率应该是图 7-19 中的空洞率乘上 Multi-Grid 参数。例如,图 7-18 中 Block4 标注的空洞率是 2,假设使用 Multi-Grid (1, 2, 1),那么 Block4 中实际的空洞率应该是 2×(1, 2, 1) = (2, 4, 2),即 3 个 3×3 卷积的实际空洞率分别为 2、4、2。到这里已经能正确区分 Multi-Grid、空洞率和实际空洞率之间的关系了。

表 7-2　在 ResNet-101 级联块中使用的 Multi-Grid　　　　(单位:%)

Multi-Grid(多网格)	MIoU			
	Block4	Block5	Block6	Block7
(1, 1, 1)	68.39	73.21	75.34	75.76
(1, 2, 1)	70.23	75.67	76.09	76.66
(1, 2, 3)	73.14	75.78	75.96	76.11
(1, 2, 4)	73.45	75.74	75.85	76.02
(2, 2, 2)	71.45	74.30	74.70	74.62

最后通过实验发现,如表 7-2 所示,当采用三个额外的 Block 时(即额外添加 Block5、Block6 和 Block7),将 Multi-Grid 设置成(1, 2, 1)效果最好。如果不添加任何额外的 Block(即没有 Block5、Block6 和 Block7,只有 Block4),将 Multi-Grid 设置成(1, 2, 4)效果最好,因为在 ASPP 模型(详见 7.3.3 节,与这里的级联模型有所不同)中没有额外添加 Block 块,所以在后面 ASPP 模型对应的实验中采用的 Multi-Grid 是(1, 2, 4)。

5. Poly 策略

从 DeepLab v2 开始,学习率选择使用 Poly 策略,它是一种动态调整的学习率策略。在进行深度学习的训练过程中，学习率是优化时非常重要的一个因子，通常在训练过程中学习率都是要动态调整的，并且通常情况下学习率应该调整为逐渐衰减。在 DeepLab v1 中设定初始学习率是 0.001，mini-batch 为 20，每 2000 次迭代将学习率乘以 0.1。DeepLab v2 后均使用 Poly 策略，Ploy 策略中学习率的计算如式（7-12）所示。DeepLab v2 中对于学习率的选择做了相应的对比实验，如表 7-3 所示，实验中参数base_learning 为 0.001，power 为 0.9。通过对比可知，动态调整的 Poly 策略相比于经过固定的迭代后乘相应的系数要好，并且批大小为 10 和迭代次数为 20000 时达到最好的 MIoU。

$$\text{learning\_rate} = \text{base\_learning} \times \left(1 - \frac{\text{iter}}{\text{max\_iter}}\right)^{\text{power}} \qquad (7\text{-}12)$$

其中，base_learning 为基准学习率，iter 为当前迭代次数，max_iter 为最大迭代次数，power 控制学习率下降曲线的形状。

表 7-3　不同策略、Batch size 和迭代次数对实验结果的影响

学习率策略	批大小	迭代次数/次	MIoU/%
step	30	6 000	62.25
Poly	30	6 000	63.42
Poly	30	10 000	64.90
Poly	10	10 000	64.71
Poly	10	20 000	65.88

例 7-4　Poly 策略具体实现代码。

```
# Poly策略实现
from torch.optim.lr_scheduler import _LRScheduler
class PolynomialLR(_LRScheduler):
    def __init__(self,optimizer,step_size,iter_max,power,last_epoch=
    -1):
        self.step_size=step_size
        self.iter_max=iter_max
        self.power=power
        super(PolynomialLR,self).__init__(optimizer,last_epoch)
```

```
def polynomial_decay(self,lr):
    # poly策略学习率衰减计算,同式(7-12)
    return lr *(1-float(self.last_epoch)/self.iter_max)** self.
    power

def get_lr(self):
    if(
        (self.last_epoch==0)
        or(self.last_epoch%self.step_size! =0)
        or(self.last_epoch>self.iter_max)
    ):
        return [group["lr"] for group in self.optimizer. param_
        groups]
    return [self.polynomial_decay(lr)for lr in self.base_lrs]
```

7.3 算法流程以及实现代码

7.2 节介绍了 DeepLab 系列的主干网络及其一系列创新点的思想和原理,其中空洞卷积和 ASPP 模块最重要。本节将对 DeepLab 系列的实际网络细节进行详细介绍,由于篇幅原因,本章只给出 DeepLab v3+的完整实现代码,DeepLab v1、DeepLab v2、DeepLab v3 可根据给出的网络结构图实现。

7.3.1　DeepLab v1

DeepLab v1 沿用了 FCN 中全卷积的思想,并且主要针对语义分割任务中的两大问题:信号下采样导致分辨率下降和空间"不敏感"问题(这两个问题在 7.1.2 节有详细的介绍),引入空洞卷积和条件随机场(CRFs),空洞卷积和 CRFs 在 7.2.2 节有详细的介绍。本节侧重于介绍网络的搭建细节。

DeepLab v1 的主干网络是当时比较热门的 VGG16,并且和 FCN 一样将全连接层改编为卷积层,构成全卷积网络。改编后成为 LargeFOV 网络,网络结构如图 7-19 所示。

第 7 章　DeepLab 系列算法

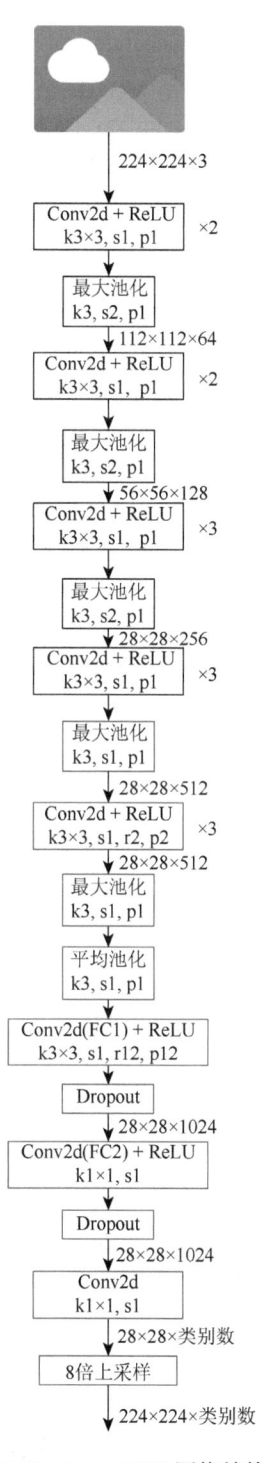

图 7-19　LargeFOV 网络结构图

通过图 7-19 与表 4-2 可知：

（1）虽然 DeepLab v1 主干网络是 VGG16，但使用的 Maxpool 与 VGG16 有所不同，在 VGG16 中 kernel = 2，stride = 2，但在 DeepLab v1 中是 kernel = 3，stride = 2，padding = 1。

（2）DeepLab v1 将 VGG16 中的最后两个最大池化层的 stride（步长）全部设置成 1（因此下采样的倍数就从 VGG16 中的 32 变成了 LargeFOV 中的 8）。

（3）对原 VGG16 网络中最后三个 3×3 的卷积层采用了空洞卷积，空洞率 rate = 2。

（4）将 VGG16 中的两个全连接层替换成对应输出通道的卷积层，与 4.3 节的 FCN 网络做比较，对于第一个全连接层（FC1），在 FCN 中是直接转换为卷积核大小为 7×7、输出通道为 4096 的卷积层，但在 DeepLab v1 中对参数进行下采样最终得到的是卷积核大小为 3×3、卷积核个数为 1024（即输出通道为 1024）的卷积层（这样不仅可以减少参数，还可以减少计算量，如表 7-4 所示）；对于第二个全连接层（FC2），卷积核个数也由 4096 变成 1024（即输出通道由 VGG16 中的 4096 变为 1024）。

（5）将 FC1 卷积化后，还设置了空洞率，如表 7-4 所示，将 LargeFOV 的空洞率设置为 12 且卷积核大小设置为 3，能达到最好的 MIoU，并且有更快的计算速度以及更少的参数量。

表 7-4　FC 层卷积化后的参数设置实验

模型	卷积核大小	空洞率	感受野/像素	参数量/(10^6 个)	MIoU/%	训练速度/(张/s)
DeepLab-CRF-7×7	7×7	4	224	134.3	67.64	1.44
DeepLab-CRF	4×4	4	128	65.1	63.74	2.90
DeepLab-CRF-4×4	4×4	8	224	65.1	67.14	2.90
DeepLab-CRF-LargeFOV	3×3	12	224	20.5	67.64	4.84

（6）对 FC2 卷积化即使用卷积核为 1×1、卷积核个数为 1024 的卷积层。然后通过一个卷积核为 1×1、卷积核个数为类别数（包含背景，PASCAL VOC 2012 中 num_classes 为 21）的卷积层。最后通过 8 倍上采样（DeepLab 系列均选择使用双线性插值法进行上采样）还原至原图大小。

此外，在 DeepLab v1 中也提到使用多尺度（MSc）预测的方法提高边界定位的准确性，如图 7-20 所示，即融合多个特征层的输出。对比图 7-20 与图 7-19 可知，MSc 预测实际上是在输入图片与前四个池化层后添加 MLP（多层感知机，包括 3×3×128 以及 1×1×128 的卷积）得到预测结果，而这四个预测结果又与

DeepLab v1 中的 LargeFOV 模型输出拼接到一起，即在原特征图的基础上新增 128×5 = 640 个通道，从而可以提升边界定位的准确性。虽然对结果有一定提高，但其效果还是不及全连接 CRFs（使用 MSc 预测能大概提升 1.5 个点，而使用全连接 CRFs 能提升 4 个点，如表 7-5 所示）。从图 7-20 也可知，使用 MSc 预测会增加训练时间且需要更大的显存，读者可根据图 7-20 的网络结构自行实现。

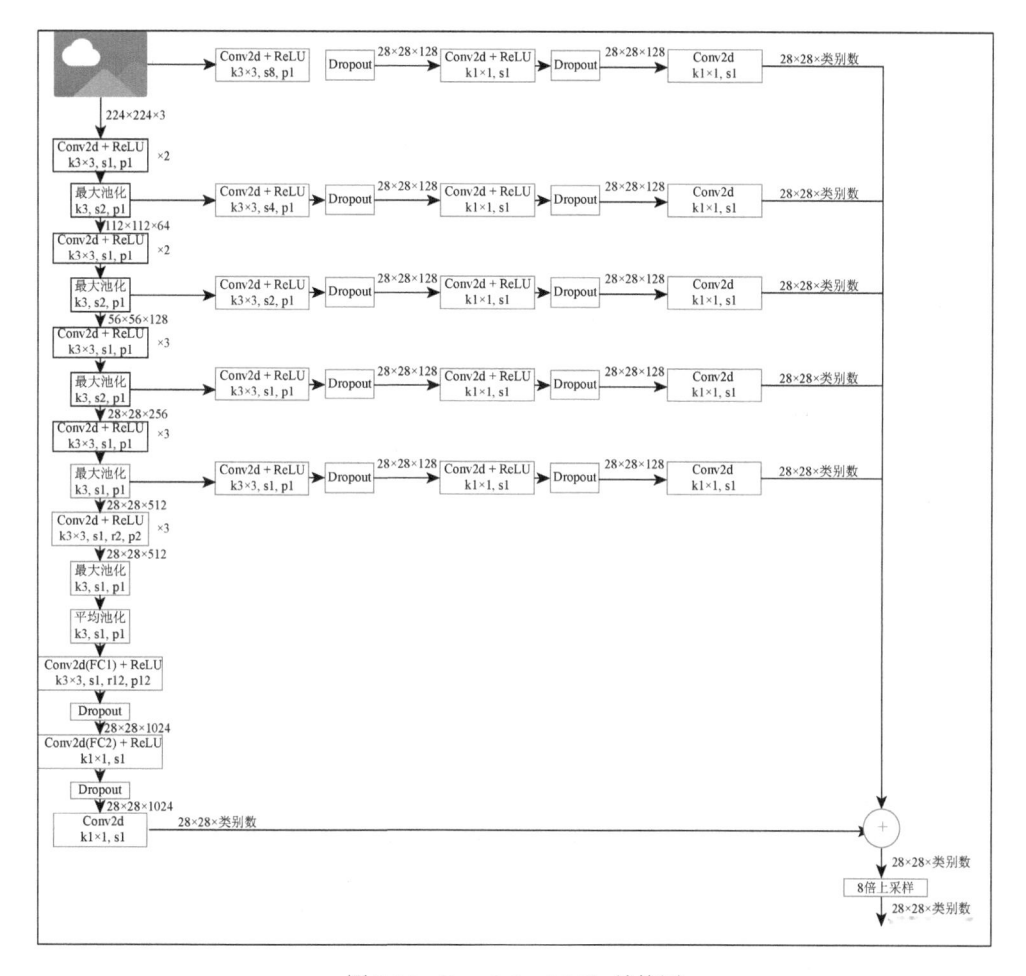

图 7-20　DeepLab v1 MSc 结构图

表 7-5　PASCAL VOC 2012 数据集上各模型的 MIoU

模型	MIoU/%
MSRA-CFM	61.8
FCN-8s	62.2
TTI-Zoomount-16	64.4

续表

模型	MIoU/%
DeepLab-CRF	66.4
DeepLab-MSc-CRF	67.1
DeepLab-CRF-7×7	70.3
DeepLab-CRF-LargeFOV	70.3
DeepLab-MSc-CRF-LargeFOV	71.6

如表 7-5 所示，相比 FCN-8s 及其他先进的模型，DeepLab-CRF 的 MIoU 有明显的提升，DeepLab-MSc-CRF-LargeFOV 则更是一举成为当时语义分割最先进的模型（主要以 PASCAL VOC 2012 数据集为基准数据集）。

7.3.2　DeepLab v2

DeepLab v2 沿用 DeepLab v1 中空洞卷积和全连接 CRFs。相比 DeepLab v1，DeepLab v2 主要是使用当时最先进的 ResNet-101 替换 DeepLab v1 中的 VGG16 作为主干网络，其次 DeepLab v2 主要针对图像中多尺度物体提出了一个新的模块 ASPP。主干网络 ResNet-101 和 ASPP 模块的原理和结构可见 7.2 节。本节侧重于叙述网络的搭建细节。

DeepLab v2 采用当时最新最先进的 ResNet 作为主干网络，与原来基于 VGG 16 的网络相比，取得了更好的语义分割性能。DeepLab v2 的网络结构如图 7-21 所示，其中，主要基于 ResNet-101 做了以下几点改变：

（1）和 7.2.2 节中说的一样，图 7-21 中的 Layer1～Layer4 分别对应为 ResNet-101 网络中的 conv2_x～conv5_x（对比表 7-1），conv1 只有一层且为输入层，没有将其写为 Layer1。

（2）在 ResNet-101 Layer3 的 Bottleneck1 中原本是需要下采样的（3×3 的卷积层 stride = 2），但在 DeepLab v2 中将 stride 设置为 1，即不进行下采样，而且 Layer3 中所有的 3×3 卷积层全部采用空洞卷积且空洞率设置为 2。

（3）在 Layer4 中也是一样，取消了下采样（stride 设置为 1），所有的 3×3 卷积全部使用空洞卷积且空洞率设置为 4。

（4）在以 ResNet-101 作为主干网络时，每个分支只有一个 3×3 的空洞卷积层，且卷积核的个数都等于类别数（num_classes）。

（5）注意区别基于 ResNet-101 的 ASPP 结构（图 7-21）和基于 VGG16 的 ASPP 结构（图 7-15）。图 7-15 实际上是基于 VGG16 的 ASPP 网络，VGG16 中 ASPP 模块接在 Pool5 后，取代 VGG16 原来的 3 个全连接层，将基于 VGG16 的 DeepLab v2 网络结构（图 7-21）与 LargeFOV 结构［图 7-22（a）］做比较，通过实验结果（表 7-6）可得 ASPP 结构的优越性。

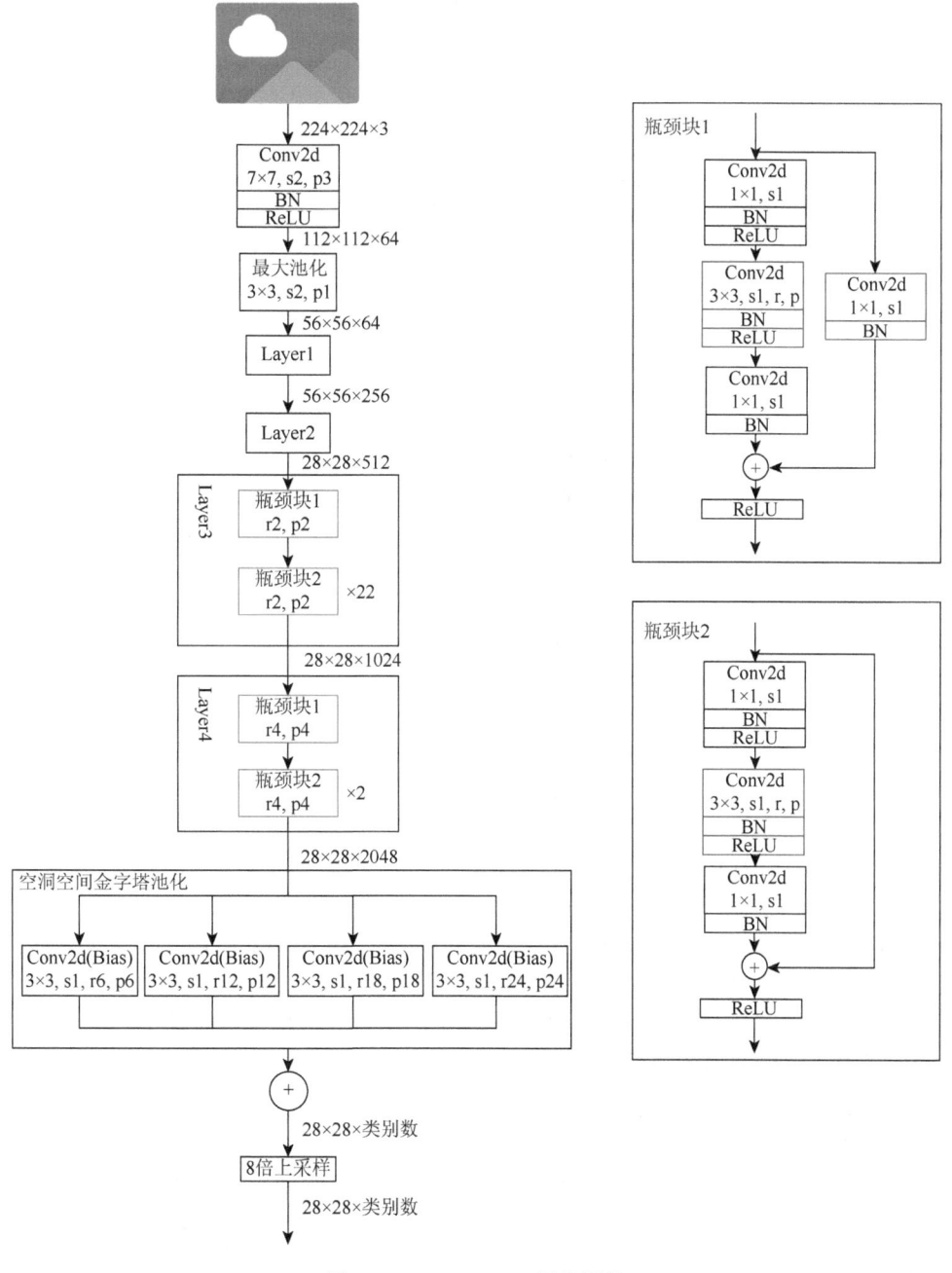

图 7-21　DeepLab v2 网络结构

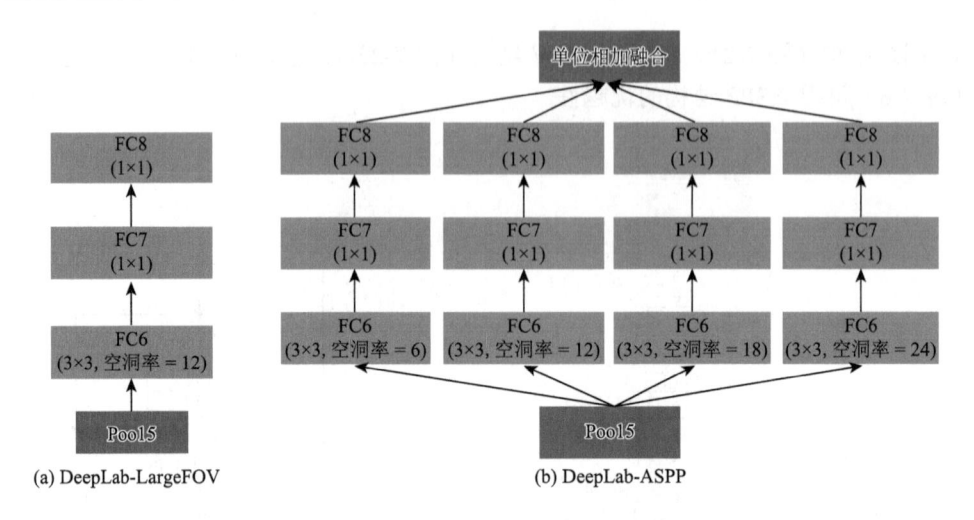

图 7-22 LargeFOV 结构与 ASPP 结构

（6）由表 7-3 可知，在 DeepLab v2 中训练时采用的 Poly 策略，相比普通的 step 策略（即每间隔一定步数就降低一次学习率）效果要更好。

表 7-6　LargeFOV 结构与 ASPP 结构的效果图　（单位：%）

模型	CRFs 之前	CRFs 之后
LargeFOV	65.76	69.84
ASPP-S	66.98	69.73
ASPP-L	68.96	71.57

7.3.3　DeepLab v3

DeepLab v3 相比于 DeepLab v2，主要变化为：①引入 Multi-Grid；②改进 ASPP 结构；③去除 CRFs 后处理。其中 Multi-Grid 以及改进后的 ASPP 模块在 7.2.2 节中均有详细描述，对于主干网络 ResNet-101 的原理和结构也可回顾 7.2 节。本节侧重于叙述网络的搭建细节。

DeepLab v3 中主要提出两个模型，分别是级联模型和 ASPP 模型，实验部分也是围绕这两个模型展开。

7.2.2 节介绍 Multi-Grid 策略时已经对级联模型的结构进行了详细描述，级联模型的结构可见图 7-18，但在网络细节部分还要注意以下改动：①Block1、Block2、Block3、Block4 是原始 ResNet 网络中的层结构；②在 Block4 中的第一个残差结构里的3×3卷积以及shortcut捷径连接上的1×1卷积层步长stride由2改成了1，即不进行下采样，并且将Block4中所有残差结构里的3×3普通卷积都换成了空洞卷积，其空洞率的选择见7.2.2节；③Block5、Block6和Block7是额外新增的块结构，在结构上与Block4是一样的，均由3个残差块构成，但在3×3空洞卷积的空洞率选择上有所不同（区别于DeepLab v2中将全部卷积空洞率设置为4的做法），请见7.2.2节。

ASPP模型也是实际中使用最多的模型，其模型结构如图7-23所示。ASPP模型中的ASPP模块在7.2.2节中已有详细描述。DeepLab v3 ASPP模型如图7-24所示，DeepLab v3相比于DeepLab v2做的改进如下：

（1）DeepLab v2中ASPP结构其实只是通过4个并行的空洞卷积，每个分支上的空洞卷积所采用的空洞率不同，并且最后是通过相加的方式融合4个分支的输出。DeepLab v3中ASPP结构有5个并行分支，分别是1个1×1的普通卷积、3个3×3的空洞卷积以及1个全局平均池化层（如图7-24所示，全局平均池化层后还跟有1个1×1的卷积，并且还使用双线性插值法还原到相同的特征图尺寸），并且DeepLab v3将这5个分支的输出进行拼接（concat，并非add），最后通过1个1×1的卷积层进一步融合信息（并且减少通道数）。

（2）在ASPP模型中没有添加额外的Block（区别于级联模型），根据消融实验（表7-2）可知，将Block4中的多网格Multi-Grid设置为（1,2,4）时效果最好。在PyTorch官方实现的DeepLab v3中，并没有严格实验Multi-Grid，可通过修改空洞率实现。

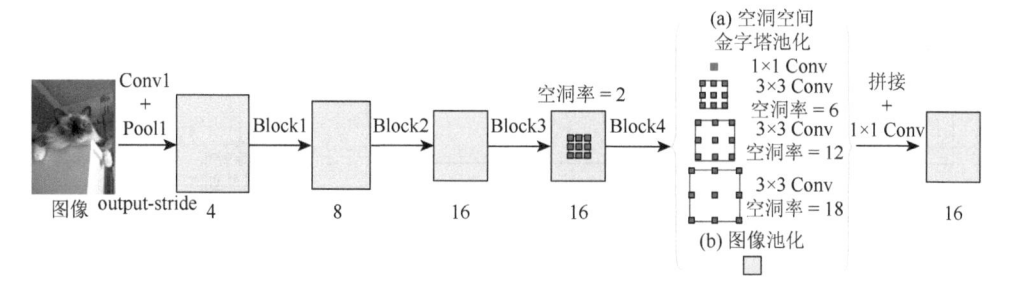

图7-23 ASPP模型

实验结果如表7-7所示，其中DeepLab v3在PASCAL VOC 2012数据集上取得了85.7%的MIoU，相比于DeepLab v2的79.7%有了6个百分点的提升，并且DeepLab v3中没有使用CRFs作为后处理，处理速度也大幅提升，在PASCAL VOC 2012数据集上获得了与其他先进模型相当的性能。

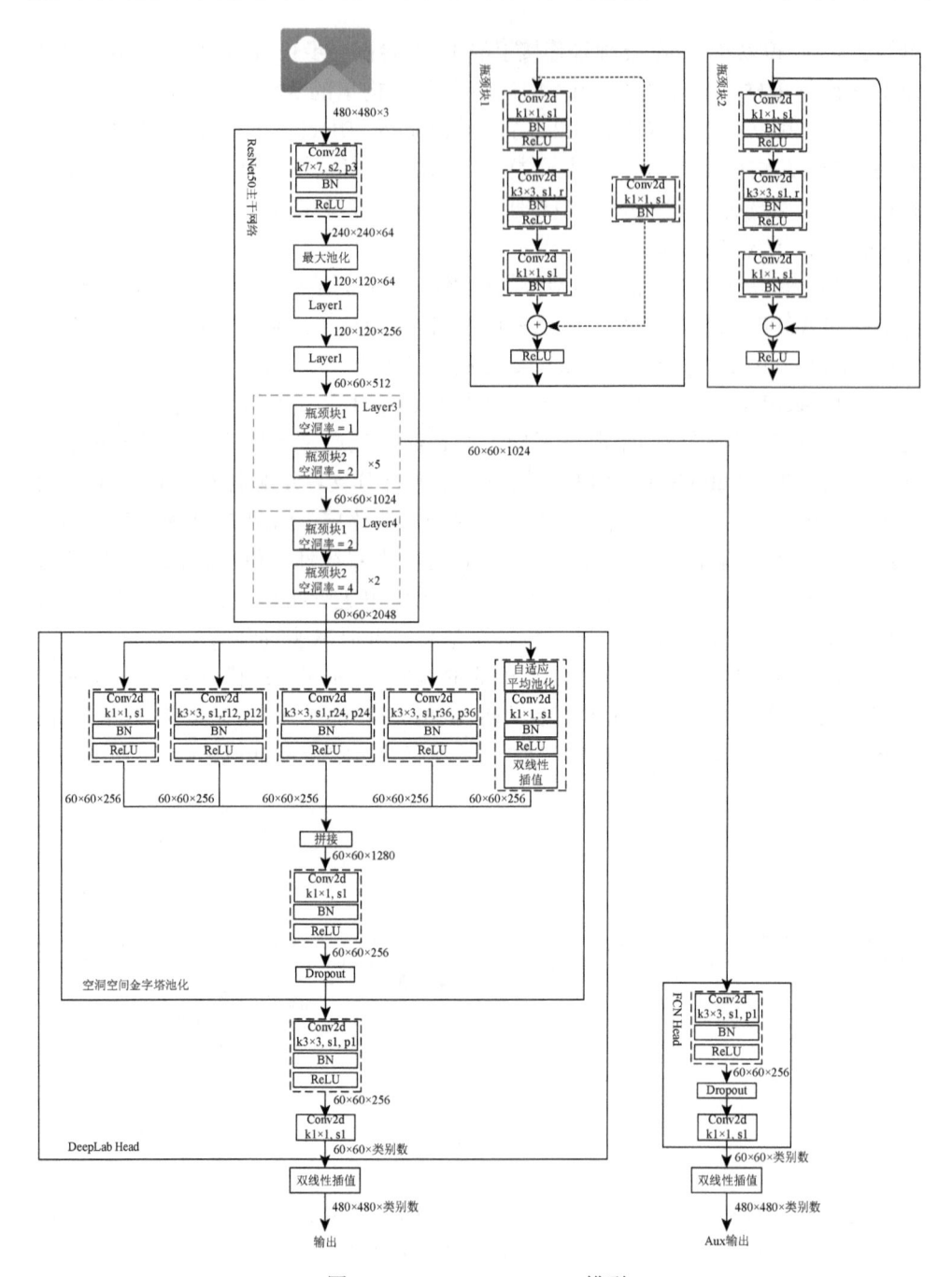

图 7-24　DeepLab v3 ASPP 模型

表 7-7 DeepLab v3 性能表现

模型	MIoU/%
Adelaide_VeryDeep_FCN_VOC	79.1
LRR_4x_ResNet-CRF	79.3
DeepLab v2-CRF	79.7
CentraleSupelec Deep G-CRF	80.2
HikSeg_COCO	81.4
SegModel	81.8
Deep Layer Cascade（LC）	82.7
TuSimple	83.1
Large _Kernel _Matters	83.6
Multipath-RefineNet	84.2
ResNet-38_MS_COCO	84.9
PSPNet	85.4
IDW-CNN	86.3
CASIA_IVA_SDN	86.6
DIS	86.8
DeepLab v3	85.7
DeepLab v3-JFT	86.9

注：DeepLab v3-JFT 表示在谷歌内部的大型数据集 JFT 上进行预训练。

7.3.4 DeepLab v3+

DeepLab v3+考虑了直接进行 8 倍上采样会导致边界分割效果不理想的问题，借鉴了 U-Net 等网络中的编码器-解码器结构，以 DeepLab v3 作为编码器。相比于 DeepLab v3，DeepLab v3+使用 Xception 作为主干网络，并且还在 ASPP 结构和解码器结构中使用深度可分离卷积，在保持性能的前提下，有效降低计算量和参数量，从而得到更快、更强的编码器-解码器网络。主干网络 Xception 和深度可分离卷积的原理和结构见 7.2 节。本节侧重于叙述网络的搭建细节，并进一步查看网络的具体实现。

DeepLab v3+结构如图 7-25 所示，其中编码器部分主要包括 DCNN，以及与 DeepLab v3 相同的 ASPP 模块。DeepLab v3+中 DCNN 有两种选择，一种选择是与 DeepLab v3 ASPP 模型结构相同的 ResNet-101 网络，另一种选择就是 Modified Aligned（修正对齐）Xception 网络（图 7-26）。除了 DCNN 有两种选择外，DeepLab v3+中还需要注意如下几点：

（1）在 Decoder 中，对于 DCNN 输出的特征图（low-level features，低层特征）

采用 1×1 卷积进行降维（减少通道数），因为低层特征维度一般比较高（此处包括 256 个通道的特征图），下一步拼接后将占较大权重，这会使训练变得困难。DeepLab v3+通过消融实验表明，将低层特征的通道减少到 48 或者 32 会获得更好的性能，因此采用[1×1, 48]卷积进行通道减少。

（2）DeepLab v3+编码器输出的结果先进行 4 倍上采样，其次与降维后的低层特征进行拼接，然后采用 3×3 卷积细化特征，最后再使用双线性插值进行 4 倍上采样。

（3）DeepLab v3 为了获得更好的性能，将 output_stride 设置为 8［输入图像分辨率和输出分辨率的比值，通常图像分类任务中这个比值为 32（5 次池化），而语义分割任务中这个比值为 16 或 8（移除最后 1 或者 2 个池化，并通过空洞卷积来密集提取特征）］。DeepLab v3+选择将 output_stride 设置为 16，然后在解码器中进行 16 倍上采样。这是因为 output_stride = 16 可以在速度和精度之间取得最佳平衡，而 output_stride = 8 时性能会略有提高，但代价是增加了计算复杂性。

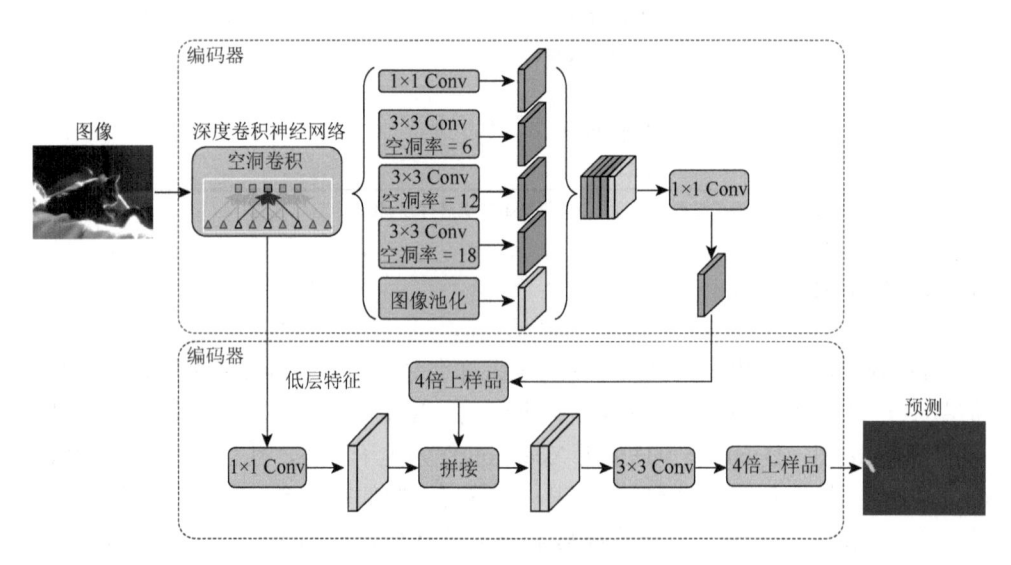

图 7-25 DeepLab v3+结构图

例 7-5 DeepLab v3+实现具体实现。

```
# DeepLab v3+实现,其中 ASPP 模块和深度可分离的实现分别在 7.2.2 节和 7.2.1 节
中,Xception模型实现在后面#
class DeepLabv3_plus(nn.Module):
    def __init__(self,nInputChannels=3,n_classes=21,os=16,_print=
```

```
    True):
        if _print:
            print("Constructing DeepLabv3+model...")
            print("Backbone:Xception")
            print("Number of classes:{}".format(n_classes))
            print("Output stride:{}".format(os))
            print("Number of Input Channels:{}".format
            (nInputChannels))
        super(DeepLabv3_plus,self).__init__()

        # Xception 作为主干网络
        self.xception_features=Xception(nInputChannels,os)
        # ASPP 模块输出
        self.ASPP=ASPP_module(2048,256,16)
        # 编码器中的 1*1 卷积
        self.conv1=nn.Conv2d(1280,256,1,bias=False)
        self.bn1=nn.BatchNorm2d(256)
        self.relu=nn.ReLU()

        # 解码器中的 1*1 卷积,用于[1×1,48]来减少通道
        self.conv2=nn.Conv2d(128,48,1,bias=False)
        self.bn2=nn.BatchNorm2d(48)
        # 解码器中的 3*3 卷积
        self.last_conv=nn.Sequential(nn.Conv2d(304,256,kernel_size
                    =3,stride=1,padding=1,bias=False),
                      nn.BatchNorm2d(256),
                      nn.ReLU(),
                      nn.Conv2d(256,256,kernel_size=3,stride=1,
padding=1,bias=False),
                      nn.BatchNorm2d(256),
                      nn.ReLU(),
                      nn.Conv2d(256,n_classes,
kernel_size=1,stride=1))
```

```python
def forward(self,input):
    # 编码器部分
    x,low_level_features=self.xception_features(input)
    x=self.ASPP(x)
    x=self.conv1(x)
    x=self.bn1(x)
    x=self.relu(x)

    # 解码器部分
    # 1.对编码器输出进行 4 倍上采样
    x=F.interpolate(x,size=(int(math.ceil(input.size( )[-2]/4)),
      int(math.ceil(input.size( )[-1]/4))),mode='bilinear',align_corners=True)
    # 2.对 Xception 输出进行 1*1 卷积减少通道数
    low_level_features=self.conv2(low_level_features)
    low_level_features=self.bn2(low_level_features)
    low_level_features=self.relu(low_level_features)
    # 3.特征融合
    x=torch.cat((x,low_level_features),dim=1)
    # 4.3*3 卷积进行进一步融合
    x=self.last_conv(x)
    # 5.上采样
    x=F.interpolate(x,size=input.size( )[2:],mode='bilinear',
      align_corners=True)

    return x

def _init_weight(self):
    for m in self.modules( ):
        if isinstance(m,nn.Conv2d):
            n=m.kernel_size[0] * m.kernel_size[1] * m.out_channels
            m.weight.data.normal_(0,math.sqrt(2./n))
        elif isinstance(m,nn.BatchNorm2d):
```

```
m.weight.data.fill_(1)
m.bias.data.zero_()
```

此外，DeepLab v3+还可以选择使用 Modifified Aligned Xception 网络作为主干网络，不仅能获得更好的语义分割效果，还因为具有 Extreme Inception 的构造，其计算速度也非常快。Modifified Aligned Xception 基于 Aligned Xception（应用于目标检测任务），如图 7-26 所示，改编如下：

（1）更深的 Xception 结构，进入流程不修改，而原始中间流程迭代 8 次（图 7-10），微调后迭代 16 次。

（2）所有最大池化操作均被步长为 2 的深度可分离卷积（加粗字体部分）替代，因此能够应用空洞可分离卷积以任意分辨率提取特征图。

（3）每进行 3×3 深度卷积后，就添加 BN 层和 ReLU 激活，类似 MobileNet[9]。

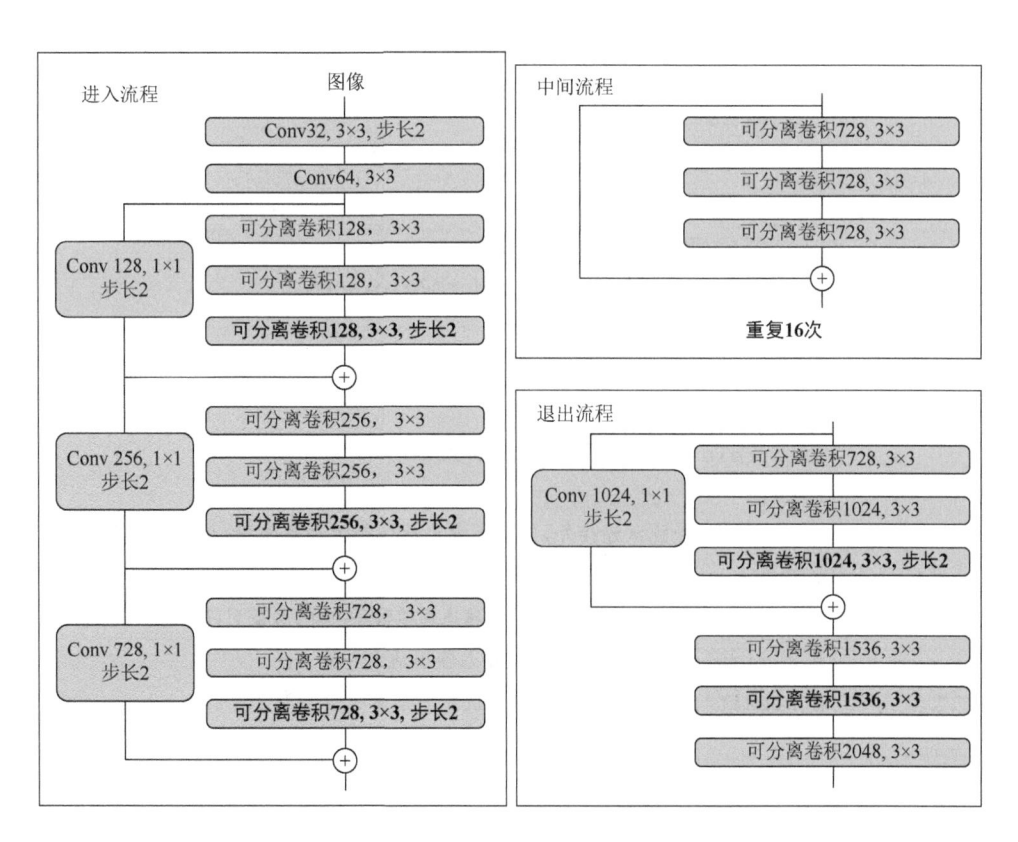

图 7-26 Modifified Aligned Xception

Modified Aligned Xception 在 PyTorch 上的实现如例 7-6 所示。

例 7-6 Modified Aligned Xception 具体实现。

```
# Block 即为图 7-26 中带残差连接(跳跃连接)的块,代码比较复杂,
# 主要是这个块定义囊括了所有情况,可结合图 7-26 和代码注释理解
class Block(nn.Module):
    def __init__(self,inplanes,planes,reps,stride=1,dilation=1,start_
    with_relu=True,grow_first=True,is_last=False):
        super(Block,self).__init__()

        # 定义跳跃连接
        if planes! =inplanes or stride! =1:
            # 根据图 7-27 所示,middle flow 中的一个 block 不需要经过 1*1
            # 卷积
            # 和 BN 层,而 entry flow 和 exit flow 需要通过输入和输出尺寸,
            # 或者
            # stride 是否不为 1 可判定是否需要
            self.skip=nn.Conv2d(inplanes,planes,1,stride=stride,
            bias=False)
            self.skipbn=nn.BatchNorm2d(planes)
        else:
            self.skip=None

        self.relu=nn.ReLU(inplace=True)
        rep=[]
        # 一个块中,除跳跃连接外,实际上都包括 3 个可分离卷积,但存在以下几种
        # 情况
        # 1.entry flow 中,每个块输入输出通道数不一样,且最后一个卷积步长为 2
        # 2.middle flow 中,每个块输入输出通道一致
        # 3.exit flow 中,最后的块的最后一个卷积步长为 2

        filters=inplanes
        ''' grow_first=true,实际上即 entry flow(除了第一个块)和 middle
flow 由于输出在此处添加了第一个可分离卷积层'''
        if grow_first:
```

```
        rep.append(self.relu)
        rep.append(SeparableConv2d_same(inplanes,planes,3,
        stride=1,
                                       dilation=dilation))
        rep.append(nn.BatchNorm2d(planes))
        filters=planes
```

''' 参数 reps 表示一个块中有几个可分离卷积是一模一样的,比如 entry flow 和 exit flow 都是 2 个,middle flow 中有 3 个
   所以在 middle flow 中此处添加了后面的 2 个可分离卷积层,而 entry flow(除第一个块)都是在此处添加了中间的可分离卷积层,第一个块和 exit flow 在此添加第一个可分离卷积层'''

```
        for i in range(reps-1):
          rep.append(self.relu)
          rep.append(SeparableConv2d_same(filters,filters,3,stride
           = 1,dilation=dilation))
          rep.append(nn.BatchNorm2d(filters))

        # entry flow 第一个块和 exit flow 的一个块添加中间的卷积层
        if not grow_first:
            rep.append(self.relu)
            rep.append(SeparableConv2d_same(inplanes,planes,3,
            stride=1,dilation=dilation))
            rep.append(nn.BatchNorm2d(planes))

        # 其实就是去除第一个块的第一个 ReLU,其他块不变
        if not start_with_relu:
            rep=rep[1:]

        # stride!=1 表示需要进行下采样
        # 所以 entry flow 和 exit flow 都是在此处添加了最后的一个可分离卷积层
        if stride!=1:
          rep.append(SeparableConv2d_same(planes,planes,3,stride=2))
        ''' 这里是特殊情况,当 Xception=8 时,entry flow 的最后一个块不进行下
```

采样,此时用 stride=1 和 is_last 区分'''
            if stride==1 and is_last:
                rep.append(SeparableConv2d_same(planes,planes,3,
                stride=1))

            self.rep=nn.Sequential(*rep)

    def forward(self,inp):
        # 3个可分离卷积串联
        x=self.rep(inp)
        # 跳跃连接
        if self.skip is not None:
            skip=self.skip(inp)
            skip=self.skipbn(skip)
        else:
            skip=inp

        x+=skip '''残差连接,Xception 中有的残差连接为直接连接,有的还经过
1*1 卷积和 ReLU,上面注释已说明'''
        return x
```

下面是 Modifified Aligned Xception 实现代码。

```
# Modifified Aligned Xception 实现,建议代码和图对应便于理解
class Xception(nn.Module):
    """
    Modified Alighed Xception
    """
    def __init__(self,inplanes=3,os=16):
        super(Xception,self).__init__()

        if os==16:
            entry_block3_stride=2
            middle_block_dilation=1
```
```

```python
            exit_block_dilations=(1,2)
        elif os==8:
            entry_block3_stride=1
            middle_block_dilation=2
            exit_block_dilations=(2,4)
        else:
            raise NotImplementedError

        # entry flow
        self.conv1=nn.Conv2d(inplanes,32,3,stride=2,padding=1,
bias=False)
        self.bn1=nn.BatchNorm2d(32)
        self.relu=nn.ReLU(inplace=True)

        self.conv2=nn.Conv2d(32,64,3,stride=1,padding=1,bias=False)
        self.bn2=nn.BatchNorm2d(64)
        self.block1=Block(64,128,reps=2,stride=2,start_with_relu=
                False)
        self.block2=Block(128,256,reps=2,stride=2,start_with_relu=
                True,grow_first=True)
        self.block3=Block(256,728,reps=2,stride=entry_block3_stride,
                start_with_relu=True,grow_first=True,is_last=True)

        # middle flow(重复16次)
        self.block4=Block(728,728,reps=3,stride=1,dilation=middle_
                block_dilation,start_with_relu=True,grow_
                first=True)
        self.block5=Block(728,728,reps=3,stride=1,dilation=middle_
                block_dilation,start_with_relu=True,grow_
                first=True)
        self.block6=Block(728,728,reps=3,stride=1,dilation=middle_
                block_dilation,start_with_relu=True,grow_
                first=True)
        self.block7=Block(728,728,reps=3,stride=1,dilation=middle_
```

```
            block_dilation,start_with_relu=True,grow_
            first=True)
    self.block8=Block(728,728,reps=3,stride=1,dilation=middle_
            block_dilation,start_with_relu=True,grow_
            first=True)
    self.block9=Block(728,728,reps=3,stride=1,dilation=middle_
            block_dilation,start_with_relu=True,grow_
            first=True)
    self.block10=Block(728,728,reps=3,stride=1,dilation=middle
            _block_dilation,start_with_relu=True,grow_
            first=True)
    self.block11=Block(728,728,reps=3,stride=1,dilation=middle
            _block_dilation,start_with_relu=True,grow_
            first=True)
    self.block12=Block(728,728,reps=3,stride=1,dilation=middle
            _block_dilation,start_with_relu=True,grow_
            first=True)
    self.block13=Block(728,728,reps=3,stride=1,dilation=middle
            _block_dilation,start_with_relu=True,grow_
            first=True)
    self.block14=Block(728,728,reps=3,stride=1,dilation=middle
            _block_dilation,start_with_relu=True,grow_
            first=True)
    self.block15=Block(728,728,reps=3,stride=1,dilation=middle
            _block_dilation,start_with_relu=True,grow_
            first=True)
    self.block16=Block(728,728,reps=3,stride=1,dilation=middle
            _block_dilation,start_with_relu=True,grow_
            first=True)
    self.block17=Block(728,728,reps=3,stride=1,dilation=middle
            _block_dilation,start_with_relu=True,grow_
            first=True)
    self.block18=Block(728,728,reps=3,stride=1,dilation=middle
            _block_dilation,start_with_relu=True,grow_
```

```
                    first=True)
    self.block19=Block(728,728,reps=3,stride=1,dilation=middle
            _block_dilation,start_with_relu=True,grow_
            first=True)

    # exit flow
    self.block20=Block(728,1024,reps=2,stride=1,dilation=exit_
            block_dilations[0],
                start_with_relu=True,grow_first
                            =False,is_last=True)
    self.conv3=SeparableConv2d_same(1024,1536,3,stride=1,dilation
            =exit_block_dilations[1])
    self.bn3=nn.BatchNorm2d(1536)

    self.conv4=SeparableConv2d_same(1536,1536,3,stride=1,
            dilation=exit_block_dilations[1])
    self.bn4=nn.BatchNorm2d(1536)

    self.conv5=SeparableConv2d_same(1536,2048,3,stride=1,
            dilation=exit_block_dilations[1])
    self.bn5=nn.BatchNorm2d(2048)

    # init weights
    self._init_weight()

def forward(self,x):
    # entry flow
    x=self.conv1(x)
    x=self.bn1(x)
    x=self.relu(x)

    x=self.conv2(x)
    x=self.bn2(x)
    x=self.relu(x)
```

```
x=self.block1(x)
low_level_feat=x
x=self.block2(x)
x=self.block3(x)

# middle flow
x=self.block4(x)
x=self.block5(x)
x=self.block6(x)
x=self.block7(x)
x=self.block8(x)
x=self.block9(x)
x=self.block10(x)
x=self.block11(x)
x=self.block12(x)
x=self.block13(x)
x=self.block14(x)
x=self.block15(x)
x=self.block16(x)
x=self.block17(x)
x=self.block18(x)
x=self.block19(x)

# exit flow
x=self.block20(x)
x=self.conv3(x)
x=self.bn3(x)
x=self.relu(x)

x=self.conv4(x)
x=self.bn4(x)
x=self.relu(x)
```

第 7 章　DeepLab 系列算法

```
    x=self.conv5(x)
    x=self.bn5(x)
    x=self.relu(x)

    return x,low_level_feat

def _init_weight(self):
    for m in self.modules( ):
        if isinstance(m,nn.Conv2d):
            n=m.kernel_size[0] * m.kernel_size[1] *
                m.out_channels
            m.weight.data.normal_(0,math.sqrt(2./n))
        elif isinstance(m,nn.BatchNorm2d):
            m.weight.data.fill_(1)
            m.bias.data.zero_( )
```

实验结果如表 7-8 所示，其中 DeepLab v3+在 PASCAL VOC 2012 数据集上取得了 87.8%的 MIoU，相比于 DeepLab v3 的 85.7%有了 2.1 个百分点的提升，由于使用 Xception 结构以及深度可分离卷积，处理速度也有提升。基于 JFT 数据集预训练的 DeepLab v3+获得了 89.0%的 MIoU，在当时 PASCAL VOC 2012 数据集上获得了最先进的性能，即使在 2022 年，也仅次于 EfficientNet-L2 + NAS-FPN + Noisy Student 组合[12]中 90.5%的 MIoU。

表 7-8　DeepLab v3+性能表现（PASCAL VOC 2012 数据集）

模型	MIoU/%
Deep Layer Cascade（LC）	82.7
TuSimple	83.1
Large_Kernel_Matters	83.6
Multipath-RefineNet	84.2
ResNet-38_MS_COCO	84.9
PSPNet	85.4
IDW-CNN	86.3
CASIA_IVA_SDN	86.6
DIS	86.8

续表

模型	MIoU/%
DeepLab v3	85.7
DeepLab v3-JFT	86.9
DeepLab v3+（Xception）	87.8
DeepLab v3+（Xception-JFT）	89.0

7.4 小结及相关研究

本节将对 DeepLab 系列进行总结，并且对其他相关研究进行简要描述，若要详细了解，读者可查阅对应的文献。

7.4.1 小结

DeepLab 系列是在 FCN 理念的基础上发展起来的。从 2014 年到 2018 年，DeepLab 系列发布了四个版本，分别是 v1、v2、v3 和 v3+。DeepLab v1 为该系列奠定了基础，DeepLab v2、DeepLab v3 和 DeepLab v3+分别对以前的版本进行了改进。这四次迭代借鉴了近年来图像分类的创新成果，以改进语义分割，并启发了该领域的许多其他研究工作。

到目前为止，DeepLab 系列依然是最重要的语义分割网络之一。DeepLab 系列最大的贡献便是引入空洞卷积并在此基础上进行了一系列改进，四个版本的 DeepLab 主要对比如表 7-9 所示。首先，DeepLab v1 直接在 VGG16 的基础上加入了空洞卷积，但是由于其对边界的分割效果不是很理想，因此引入全连接 CRFs 进行后处理优化。DeepLab v2 在 DeepLab v1 的基础上添加 ASPP 模块，ASPP 模块对所给定的输入特征图以不同空洞率的空洞卷积并行采样，相当于以多个比例捕捉图像的上下文，ASPP 的引入优化了对多尺度目标的分割效果，但此时依然需要依赖 CRFs 进行后处理优化。DeepLab v3 则针对 ResNet-101 中空洞卷积的空洞率选择提出 Multi-Grid 策略，使得模型表现更优，并且在 ASPP 模块中加入图像池化，还调整 ASPP 中 4 个分支的空洞率，有效解决了空洞卷积中存在的卷积退化问题。DeepLab v3 对 ASPP 的修改也赋予了 ASPP 更强的表征能力，此时 DeepLab v3 已不需要 CRFs 进行后处理，节省了大量后处理时间。DeepLab v3+参考编码器-解码器结构，使得网络中保留较多的浅层信息以恢复出更精细的边界细节信息，并且它还使用深度可分离卷积来对分割网络的速度进行优化。

表 7-9　DeepLab v1、v2、v3 和 v3+对比

架构	DeepLab v1	DeepLab v2	Deeplab v3	Deeplab v3+
主干网络	VGG16	ResNet	ResNet +	Xception
空洞卷积	√	√	√	√
条件随机场	√	√	×	×
空洞空间金字塔池化 ASPP	×	ASPP	ASPP +	ASPP +
编码器-解码器	×	×	×	√

DeepLab 系列见证了图像分类和语义分割的发展，总结了近年来研究人员发明的许多先进技术，也证明对同一张图片的多个尺度进行整体预测、提高特征分辨率是行之有效的方法。

7.4.2　相关研究

语义分割常用的方法（如 DeepLab、PSPNet）中都有多尺度融合的结构，而文献[13]在 DeepLab 的 ASPP 模块基础上，提出了一个更加高效的瀑布空洞空间池（waterfall atrous spatial pooling，WASP），在减少网络参数数量和内存占用的同时，实现了可观的精度提高。相比于 DeepLab v2，WASP 不需要经过 CRFs 进行后处理，进一步降低了复杂性和所需的训练时间，最终在 Cityscapes 和 PASCAL VOC 2012 数据集上显著减少参数量的同时获得更优的性能。

近年来，神经架构搜索（neural architecture search，NAS）[14]在大规模图像分类中的应用已超过人类设计的神经网络架构。李飞飞等（包括 DeepLab 的第一作者 Liang-Chieh Chen）研究了将神经架构搜索用于图像语义分割的方法[15]，提出了 Auto-DeepLab，主要使用神经架构搜索找到特定于语义分割的网络骨干，在图像语义分割问题上超越了很多业内最佳模型，甚至可以在未经过预训练的情况下达到预训练模型的表现，并在 Cityscapes、PASCAL VOC 2012 和 ADE20K 数据集上证明了方法的有效性。

注意力机制[16]近年来被广泛应用到基于深度学习的计算机视觉各个任务中。注意力机制可以理解为一种资源分配机制,根据关注对象的重要性重新分配资源。在计算机视觉中，注意力机制要分配的资源是指权重，而权重是通过包含丰富语义信息的高级特征图和包含全局上下文信息的低级特征图获得的。通过增加注意力机制可以更好地捕获通道和空间维度的上下文信息，从而提高模型的分割效果。近年来，许多研究将注意力模块结合 DeepLab v3+，进而提升模型在各种场景下的分割效果。例如，文献[17]中提出了一种多尺度的语义分割注意融合网络（MAF-DeepLab），先利用轻量级特征提取网络捕获高级语义特征和低级纹理特

征，其次采用级联空间金字塔池化（CSPP）融合不同感受野的特征提取分支，增强多尺度特征之间的相关性，最后采用自底向上的注意力融合模块来指导高级、低级特征的级联聚合，并生成详细的特征图。MAF-DeepLab 在两个基准数据集上取得极好的语义分割效果：CamVid（74.8%MIoU）和 Cityscapes（83.4%MIoU）。袁洪波等提出一种改进的 DeepLab v3+深度学习网络[18]，在 ResNet-101 的残差块添加信道注意力[19]机制模块，用于葡萄叶黑腐斑点的分割。测试结果表明，改进后的 DeepLab v3+具有更好的分割性能，更适合用于葡萄叶黑腐斑点的分割，可作为葡萄病害分级评估的有效工具。文献[20]提出了一种基于 Deeplab v3 结构的深度学习模型，结合 SE（squeeze-and-excitation）注意力机制[19]模块，对不同的特征通道施加权重，并进行多尺度的上采样，以保存、融合浅层和深层信息。实验表明，SE 注意力机制模块在提高道路提取的完整性方面优于 ResNeXt 和 ResNet，与 Deeplab v3、SegNet 和 UNet 等其他主流深度学习模型相比，该模型在道路提取方面也取得了更好的分割精度。

参 考 文 献

[1] Chen L-C, Papandreou G, Kokkinos I, et al. Semantic image segmentation with deep convolutional nets and fully connected CRFs[C/OL]. (2016-06-07) [2022-09-04]. https://arxiv.org/pdf/1412.7062.pdf.

[2] Chen L-C, Papandreou G, Kokkinos I, et al. Deeplab: Semantic image segmentation with deep convolutional nets, atrous convolution, and fully connected CRFs[J]. IEEE Transactions on Pattern Analysis and Machine Intelligence, 2017, 40 (4): 834-848.

[3] Chen L-C, Papandreou G, Schroff F, et al. Rethinking atrous convolution for semantic image segmentation[C/OL]. (2017-12-15) [2022-09-04]. https://arxiv.org/pdf/1706.05587v3.pdf.

[4] Chen L-C, Zhu Y K, Papandreou G, et al. Encoder-decoder with atrous separable convolution for semantic image segmentation[C/OL]. (2018-08-22) [2022-09-04]. https://arxiv.org/pdf/1802.02611.pdf.

[5] He K M, Zhang X Y, Ren S Q, et al. Deep residual learning for image recognition[C]//2016 IEEE Conference on Computer Vision and Pattern Recognition (CVPR), Las Vegas, IEEE, 2016: 770-778.

[6] Chollet F. Xception: Deep learning with depthwise separable convolutions[C]//2017 IEEE Conference on Computer Vision and Pattern Recognition (CVPR), Honolulu, IEEE, 2017: 1800-1807.

[7] Szegedy C, Vanhoucke V, Ioffe S, et al. Rethinking the inception architecture for computer vision[C]//2016 IEEE Conference on Computer Vision and Pattern Recognition (CVPR), Las Vegas, IEEE, 2016: 2818-2826.

[8] Szegedy C, Liu W, Jia Y, et al. Going deeper with convolutions[C]//2015 IEEE Conference on Computer Vision and Pattern Recognition (CVPR), Boston, IEEE, 2015: 1-9.

[9] Sandler M, Howard A, Zhu M, et al. MobileNetV2: Inverted residuals and linear bottlenecks[C]//2018 IEEE/CVF Conference on Computer Vision and Pattern Recognition, Salt Lake City, IEEE, 2018: 4510-4520.

[10] Krähenbühl P, Koltun V. Efficient inference in fully Connected CRFs with Gaussian edge potentials[C/OL]. (2012-10-20) [2022-09-04]. https://arxiv.org/pdf/1210.5644.pdf.

[11] He K M, Zhang X Y, Ren S Q, et al. Spatial pyramid pooling in deep convolutional networks for visual recognition[J]. IEEE Transactions on Pattern Analysis & Machine Intelligence, 2014, 37 (9): 1904-1916.

[12] Zoph B, Ghiasi G, Lin T-Y, et al. Rethinking pre-training and self-training[C/OL]. (2020-06-11) [2022-09-04]. https://arxiv.org/pdf/2006.06882v1.pdf.

[13] Artacho B, Savakis A. Waterfall atrous spatial pooling architecture for efficient semantic segmentation[J]. Sensors, 2019, 19 (24): 5361.

[14] Elsken T, Metzen J H, Hutter F. Neural architecture search: A survey[J]. The Journal of Machine Learning Research, 2019, 20 (1): 1997-2017.

[15] Liu C X, Chen L-C, Schroff F, et al. Auto-DeepLab: Hierarchical neural architecture search for semantic image segmentation[C]//2019 IEEE/CVF Conference on Computer Vision and Pattern Recognition (CVPR), Long Beach, IEEE, 2019: 82-92.

[16] Wickens C. Attention: Theory, principles, models and applications[J]. International Journal of Human-Computer Interaction, 2021, 37 (5): 403-417.

[17] Chen N, Chen Y P, Wang Q F, et al. MAF-DeepLab: A multiscale attention fusion network for semantic segmentation[J]. Traitement du Signal, 2022, 39 (2): 407-417.

[18] Bai Y Q, Zheng Y F, Tian H. Semantic segmentation method of road scene based on Deeplab v3+ and attention mechanism[J]. Journal of Measurement Science and Instrumentation, 2021, 12 (4): 412-422.

[19] Hu J, Shen L, Sun G. Squeeze-and-excitation networks[C]//2018 IEEE/CVF Conference on Computer Vision and Pattern Recognition, Salt Lake City, IEEE, 2018: 7132-7141.

[20] Lin Y N, Xu D Y, Wang N, et al. Road extraction from very-high-resolution remote sensing images via a nested SE-Deeplab model[J]. Remote Sensing, 2020, 12 (18): 2985.

第 8 章　GCN

第 7 章介绍了 DeepLap 系列网络模型，本章将主要讲述全局卷积网络（global convolutional network，GCN）[1]。GCN 是一种用于语义分割的深度学习结构。它很好地解决了图像语义分割任务中的分类和定位问题，将 GCN 引入语义分割网络模型中，可有效提高语义分割的准确率。关于 GCN 的研究有两个创新性的深度学习结构，分别为 GCN 和边缘细化（boundary refinement，BR）模块，其中边缘细化模块主要用于保留边缘信息，提高模型的边缘分割能力。以 GCN 和 BR 为核心模块搭建的网络模型在 PASCAL VOC 2012 数据集[2]和 Cityscapes[3]数据集上进行实验，均取得了不错的成绩。

8.1　引　　言

2017 年，Peng 等[1]提出 GCN，探索大核卷积对于图像语义分割的影响。下面简要介绍 GCN 的相关背景和基础概念。

8.1.1　GCN 简介

图像语义分割是将场景图像分割为若干个有意义的图像区域，并对不同图像区域分配指定标签的过程。随着深度学习技术的发展，结合深度学习的图像语义分割技术在精确度上远超传统图像分割方法。2015 年，Long 等提出用于图像语义分割的全卷积网络（FCN）[4]，将卷积神经网络（CNN）[5]中的全连接层替换成卷积层，极大地提高了图像语义分割的精确率，并且精确率已远超传统的图像分割方法，促进了图像语义分割技术的发展。

许多学者对 FCN 的各个方面进行改进，试图进一步提升语义分割的精确率，因此也提出了很多改进的网络。例如，U-Net[6]使用跳跃连接将编码器的特征图与对应解码器的特征图直接进行拼接，拥有独特的 U 型结构；SegNet[7]编解码层使用对应编码器层存储的最大池化索引对特征图进行上采样，实现边界特征的精准定位；DeepLab 系列算法[8-11]引入空洞空间金字塔池化（ASPP）捕获多尺度上下文语义信息，同时加入解码模块，进一步提高边界分割的准确率。

文献[1]认为可以将图像语义分割视作一个逐像素分类任务，并且在这个任务当中存在两个子任务：①分类，给特定语义概念相关联像素正确的标签；②定位，像素的分类标签必须与输出分割图中的对应坐标保持一致。

一个设计良好的图像语义分割模型应该可以同时处理好分类和定位任务。然而，这两个任务本身是矛盾的，对于分类任务，需要模型对平移和旋转等各种变换具有不变性，即模型对同一个经过平移、旋转或重新标定的输入对象具有相同的分类结果。但是对于定位任务，模型应该是对变换敏感的，即能够精确定位语义类别的每个像素。常规的语义分割模型主要针对的是定位问题，过于关注定位问题，可能会降低模型的分类能力。为同时兼顾语义分割中的分类和定位任务，文献[1]提出全局卷积网络，全局卷积网络示意图如图 8-1 所示。

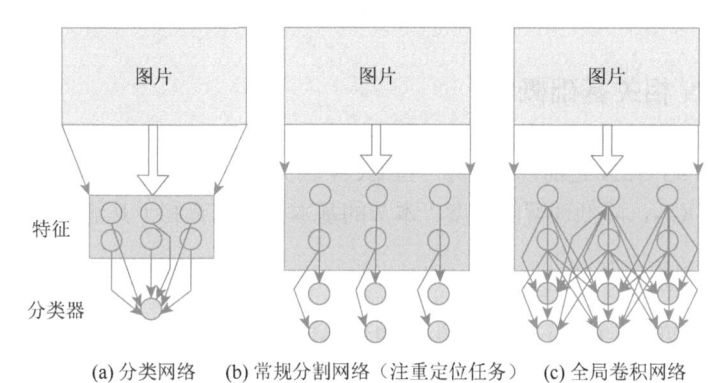

图 8-1　全局卷积网络示意图

在深度学习模型中，由于分类和定位之间的差异，会导致相应模型之间存在差异。对于分类任务，大多数深度学习模型如 AlexNet[12]、VGGNet[13]、GoogleNet[14, 15]、ResNet[16]，采用图 8-1（a）所示的分类网络，特征从一个相对较小的隐藏层中提取。该隐藏层在空间维度上比较粗糙，分类器通过全连接层或全局池化层密集连接到整个特征图，使特征对局部扰动具有鲁棒性，并允许分类器处理不同类型的输入变换。相比之下，对于定位任务，需要相对较大的特征图来编码更多的空间信息，这就是为什么大多数语义分割模型，如 FCN[4]、DeepLab[8-11]、Deconv-Net[17]采用如图 8-1（b）所示的常规分割网络。此类模型使用上采样来生成高分辨率的特征图，然后将分类器局部地连接到特征图上的每个位置，以生成逐像素的语义标签，由于采用的是稀疏连接，分类器可以利用的信息比较少，这就可能导致模型的分类能力不足。

全局卷积网络是为了同时应对分类和定位任务而被设计出来的，其需要遵循以下两个设计原则：

（1）从定位角度来看，模型结构应该是全卷积的，以保留模型的定位性能，且不应该使用全连接层和全局池化层，因为这些层会丢失定位信息。

（2）从分类角度来看，模型应采用大核卷积，使特征图和逐像素分类器之间拥有密集连接，从而增强模型处理不同变换的能力。

当设计分类网络模型结构时，在算法复杂度相同的条件下，使用小核卷积（如 1×1 和 3×3 的卷积核）往往比使用大核卷积效果更好，因此，使用小核卷积成为现今设计分类网络模型结构的趋势之一。但在图像语义分割领域，需要执行密集的逐像素预测，且要同时完成分类和定位的任务，大核卷积就能发挥出很好的作用。为了使全局卷积网络更加实用，采用对称的、可分离的大核卷积组合，可以减少模型参数和运算成本。同时为了进一步提高物体边界附近的定位能力，模型引入边缘细化模块，借此来提高语义分割网络模型的边缘分割能力。

8.1.2 GCN 相关基础概念

在正式介绍 GCN 之前，本节对一些 GCN 相关基础概念进行简要回顾，以便读者更好地学习 GCN，降低理解的难度。本节的基本概念也有利于其他网络模型的学习。

1. 有效感受野

感受野（见 3.3.1 节）是指：在卷积神经网络中，每一层输出的特征图上，每个像素点在原始图像上映射的区域大小。感受野中每一个位置都会对相应特征值产生影响，但每个位置的贡献并不都是一样的，其中感受野中有很大一部分的像素对神经元的激活作用是微乎其微的，在此就可以引出有效感受野的概念[18]。有效感受野是指感受野中对神经元激活影响比较大的像素，忽略了影响少的像素。有效感受野是神经网络的内在属性，当网络结构确定时，有效感受野的相关特性也是确定的，即使在感受野大小一样的情况下，因网络结构不同，其有效感受野也有所不同。有效感受野的示意图如图 8-2 所示，示意图整体是一个感受野，其中白色部分为有效感受野，可见有效感受野只占感受野的一小部分。

2. 残差块

残差块（相关内容请见 3.4.2 节）是 ResNet[16]的基本构成模块。随着神经网络层数的加深，网络的优化会变得越来越困难，可能出现梯度爆炸和梯度消失问题，甚至出现网络退化现象，ResNet 就是为了解决上述问题而提出的。残差块是 ResNet 网络的基本构成模块，由卷积层、BN 层、校正线性单元（ReLU）函数和恒同映射构成。残差块的特点是保证反向传播参数的更新，避免反向传播导致的梯度爆炸和梯度消失问题，使得深层模型优化更简单，加快模型的收敛速度。GCN 的总体网络结构中也使用了残差块。

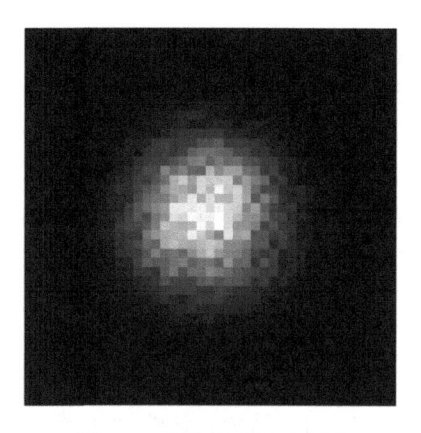

图 8-2　有效感受野示意图

8.2　总体网络结构介绍

如前面所提到的，文献[1]提出的图像语义分割模型以 GCN 和 BR 为核心构成模块，总体网络结构是一种 U 型结构，使用预训练的 ResNet 作为特征提取网络，使用 FCN 作为语义分割框架。GCN 网络结构如图 8-3 所示，是一种端到端的网络模型。首先把图像数据输入到模型，利用预训练 ResNet 中的部分残差块作

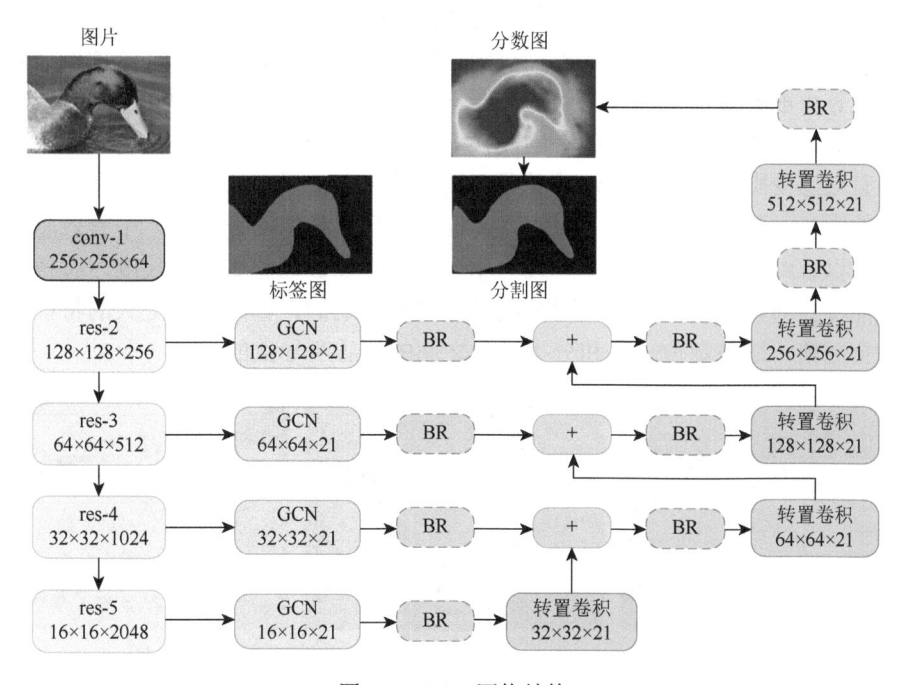

图 8-3　GCN 网络结构

为特征提取网络，进行图像特征的提取，并对特征图进行下采样，生成不同层次的特征图。从特征提取网络的不同阶段提取多尺度特征图，使用 GCN 为每个特征图生成多尺度语义分数图。分辨率较低的分数图使用转置卷积进行上采样，然后将其与分辨率较高的分数图相加生成新的分数图。经过多次相同的操作，特征图的分辨率不断增加，最后一次上采样后将生成最终的语义分数图，用于输出最终的预测结果图。同时在网络结构的各处嵌入边缘细化（BR）模块来保留边缘信息，以增强模型的边缘分割能力。

8.3 算法原理

本节对全局卷积网络（GCN）结构、边缘细化模块（BR 模块）的原理及效果进行介绍，并给出相关的图和公式，以便读者理解。

8.3.1 全局卷积网络结构

图像语义分割任务需要输出一个分割效果图，即对输入图像的每个像素分配语义标签。如 8.1.1 节的讨论，语义分割任务可以分为两个子任务：分类和定位，然而分类任务和定位任务的要求是矛盾的。对于分类任务，需要模型对变换具有不变性，面对经过平移、旋转或重新标定的输入对象，模型的分类结果预测是不变的；对于定位任务，模型应该是对变换敏感的，因为定位结果依赖于输入图像像素的位置。

常规的语义分割模型主要是针对定位任务进行设计的，然而，这种设计对于分类任务可能不是最优的。由于分类器与特征图的连接是局部的而不是全局的，因此分类器很难处理输入上的不同变换。下面以一张鸟类图片为例，探索不同变换下有效感受野的情况。有效感受野可视化如图 8-4 所示。分类器对准输入对象物体的中心，即对该像素点对应的语义标签进行预测。图 8-4（a）中有效感受野大到足以容纳整个对象；图 8-4（b）中当输入对象被调整到更大尺度，有效感受野只能覆盖对象的一部分，这对分类任务是有影响的。如果使用更大的特征图，情况会更糟，这是定位任务和分类任务之间的矛盾所导致的。

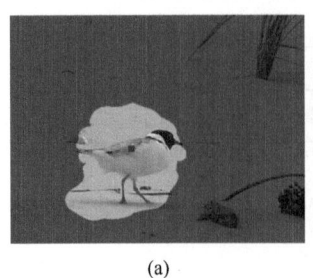

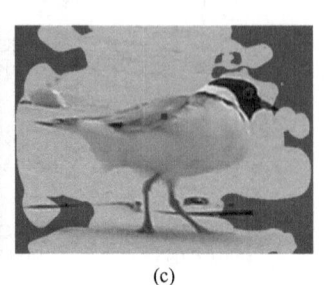

图 8-4 有效感受野可视化

首先从定位的角度来看，该结构必须是完全卷积的，抛弃被许多分类网络使用的全连接层和全局池化层，因为不管是全连接层还是全局池化层，都会丢弃定位信息。其次从分类的角度来看，受分类模型密集连接结构的启示，卷积核应该尽可能大，当卷积核的大小增加到感受野与特征图的尺寸相同时，该结构将具备密集连接结构所带来的优势，从而满足分类任务的需求。基于以上两个设计准则，文献[1]提出了全局卷积网络（GCN），结构如图 8-5 所示。GCN 采用了 $1\times k+k\times 1$ 和 $k\times 1+1\times k$ 的卷积组合，即深度可分离卷积，而不是直接使用大核卷积或全局卷积，这可以实现特征图中一个 $k\times k$ 区域内的密集连接。与普通的 $k\times k$ 卷积相比，GCN 结构只涉及 $O\left(\dfrac{2}{k}\right)$ 的算法复杂度，参与计算的参数和运算量都更少，这可以增加大核卷积的实用性。相比小核卷积，使用大核卷积产生的有效感受野会更大，相关示意图如图 8-4（c）所示，相比图 8-4（b），图 8-4（c）中的有效感受野更大，可以将图中对象包含进去。

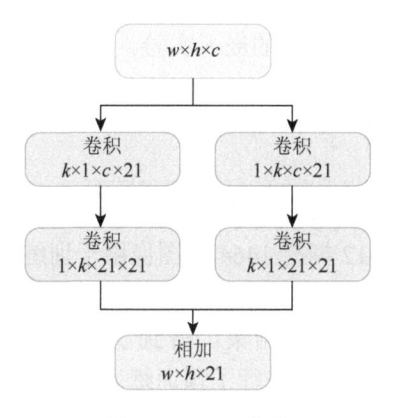

图 8-5　GCN 结构

8.3.2　边缘细化模块

语义分割模型不仅使用了可以同时处理好分类和定位任务的全局卷积网络，同时也在网络模型各处加入了 BR 模块，以提高模型的边缘分割能力，丰富边缘信息，使模型提取的边缘更为清晰。BR 模块结构如图 8-6 所示。

由图 8-6 可知，BR 模块整体结构类似于 ResNet 的残差块结构，虚线框内部分称作残差分支（residual branch），用 $R(\cdot)$ 表示。此外，用 S 表示未经 BR 模块处理的分数图，经过 BR 模块处理输出的分数图为 $\tilde{S}$：

$$\tilde{S}=S+R(S) \tag{8-1}$$

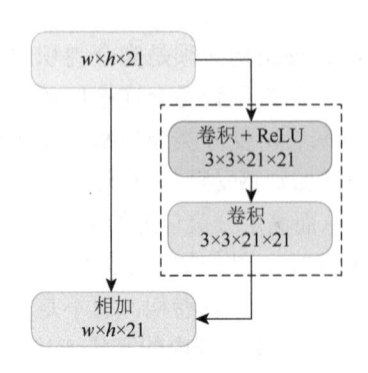

图 8-6　BR 模块结构

8.4　实　　验

文献[1]进行了很多实验来证明 GCN 的有效性，本节将介绍其中两个实验：一是总体网络模型在 PASCAL VOC 2012 和 Cityscapes 两个数据集上的性能测试实验；二是 GCN 在预训练模型上的嵌入实验。

8.4.1　数据集性能测试

文献[1]在 PASCAL VOC 2012 和 Cityscapes 两个数据集上评估了 GCN 语义分割模型。PASCAL VOC 2012 拥有 1464 张图像用于训练，1449 张图像用于验证，1456 张图像用于测试，一共含有 20 个对象类和 1 个背景类。同时使用 Semantic Boundaries Dataset[19]作为辅助数据集，得到了 10 582 张图像用于训练。选择 ResNet-152（已在 ImageNet[20]上进行了预训练）作为特征提取网络。训练网络期间，使用的优化器为随机梯度下降（SGD）[12]，Batch Size 为 1，Momentum 为 0.99，权值衰减为 0.0005；同时也对数据集使用了数据增强，通过去均值和水平翻转来对数据集进行扩增；GCN 的 k 值设为 15。模型性能通过平均交并比（MIoU）来进行评价。模型在 PASCAL VOC 2012 数据集上进行测试，得到 82.2%的 MIoU，分割效果图如图 8-7 所示。

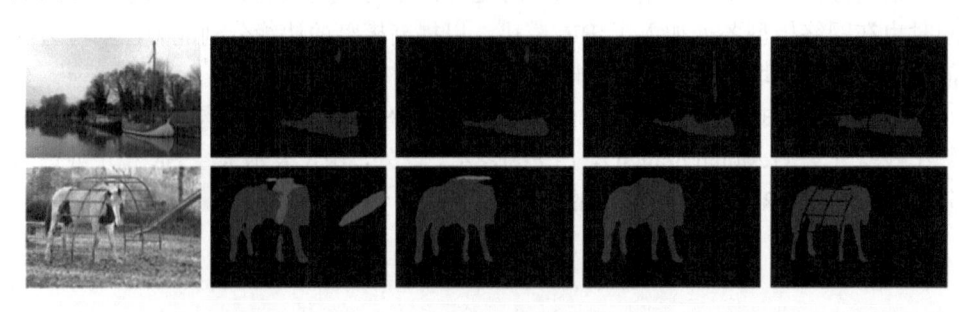

| (a) 图像 | (b) 基础模型 | (c) GCN | (d) GCN + BR | (e) 人工标注 |

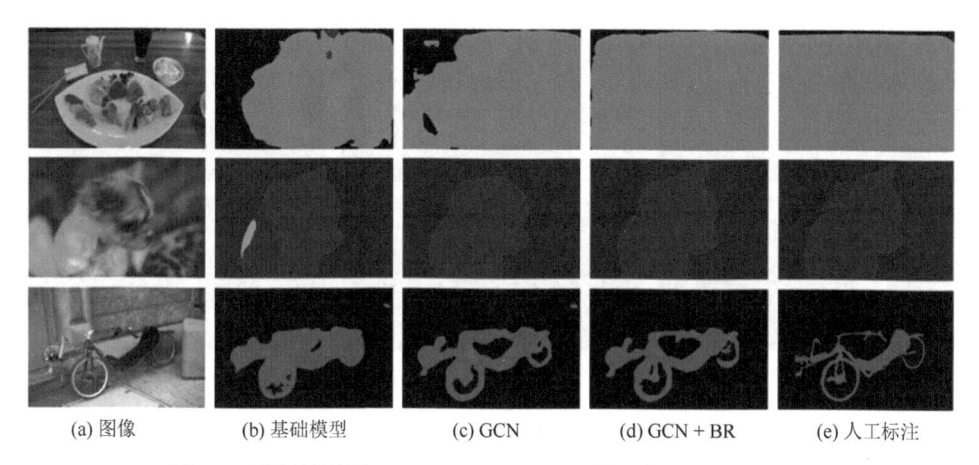

图 8-7　分割效果图（PASCAL VOC 2012 数据集）（后附彩图）

图 8-7（a）为需要进行语义分割的图像；图 8-7（b）为基础模型（不含 GCN 和 BR，模型中的 GCN 使用逐点卷积代替）的分割效果图；图 8-7（c）为含有 GCN 模型的分割效果图；图 8-7（d）为文献[1]提出的语义分割模型的分割效果图；图 8-7（e）为专家的人工标注。经过直观对比发现：GCN 和 BR 的嵌入可以提高语义分割模型的性能。

Cityscapes 是一个用于城市街道场景语义分割任务的数据集，包含来自 50 个不同城市的街道图片，一共拥有 24 998 张图片；根据人工标注质量，图片被分成两组，其中 5000 张是精细标注的，剩余 19 998 张是粗标注的。Cityscapes 涵盖了各种时间及天气变化下的街道物体，同时提供了 30 个类别标注。Cityscapes 中的图片大小为 1024×2048，对于文献[1]的语义分割模型，这种图片尺寸太大，因此需要在训练阶段将图像随机裁剪为 800×800 的尺寸，GCN 的 k 值从 15 增加到 25。在 Cityscapes 数据集上进行测试，得到 76.9%的 MIoU，分割效果图如图 8-8 所示，其中图 8-8（a）为需要进行语义分割的图像；图 8-8（b）为模型的分割效果图；图 8-8（c）为专家的人工标注。

(a) 图像　　　　　　　　(b) GCN + BR　　　　　　　(c) 人工标注

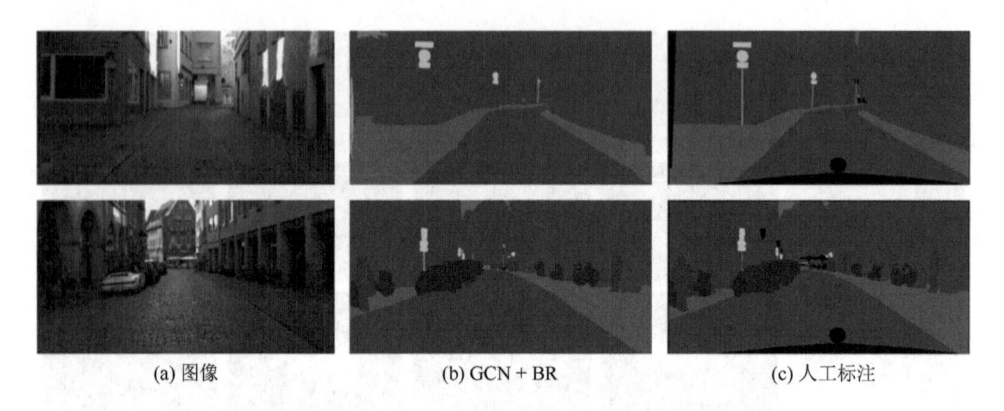

图 8-8　分割效果图（Cityscapes 数据集）（后附彩图）

8.4.2　预训练模型嵌入

语义分割模型的特征提取部分是来自预训练的 ResNet-152，由于大核卷积在语义分割任务中起着重要的作用，因此可以尝试在预训练模型上应用 GCN。在此基础上，文献[1]还探索了一种新的 ResNet-GCN 结构，如图 8-9 所示，删除了 ResNet 使用的原始瓶颈结构中的前两层，并用 GCN 模块替换它们。为与原始网络尽量保持一致，还在每个卷积层之后应用 BN 和 ReLU。

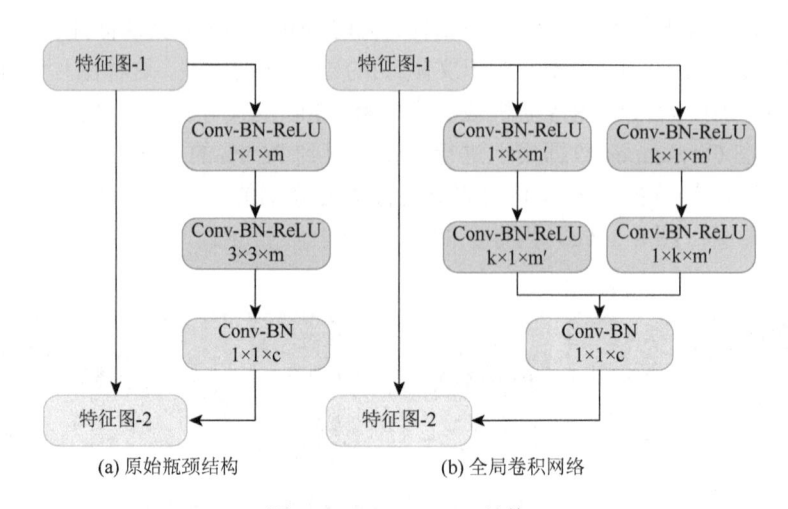

(a) 原始瓶颈结构　　　　　　(b) 全局卷积网络

图 8-9　ResNet-GCN 结构

将 ResNet-GCN 与原始 ResNet 模型进行比较，仔细设计 ResNet-GCN 的大小，以便两个网络具有相似的计算成本和参数数量。首先在 ImageNet 2015 数据集上对 ResNet-GCN 进行预训练，并在 PASCAL VOC 2012 数据集上进行微调。两个模型性能比较结果如表 8-1 所示，其中分类评价指标是模型的分类误差，语义分割分数指标是 MIoU。

表 8-1 ResNet-GCN 和 ResNet-50 的性能比较

预训练模型	ImageNet 分类错误率/%	分割分数（基础网络）	分割分数（GCN + BR）
ResNet-50	7.7	65.7	72.3
ResNet-GCN	7.9	71.2	72.5

考虑 ResNet-152 计算成本太高，选择 ResNet-50 进行比较，对于 ImageNet 数据集分类，ResNet-GCN 的性能比 ResNet-50 稍差一些，在 PASCAL VOC 2012 数据集上微调后，可以看出 ResNet-GCN 模型的性能显著优于 ResNet-50，MIoU 高出 5.5 个百分点。应用 GCN 和 BR 模块后，ResNet-GCN 仍然占据优势。因此，可以认为无论是在预训练模型还是针对分割的模型中，GCN 的主要作用是提升分割性能。

8.5 算法流程及实现代码

本节主要介绍文献[1]中语义分割网络的算法流程，给出相关算法流程图，同时通过具体代码来实现网络模型，以便读者更好地理解网络模型。使用的编程语言为 Python3.7.0，使用的深度学习框架为 PyTorch1.9.0。

8.5.1 算法流程

文献[1]中的语义分割算法是一种 U 型结构的网络模型，分别通过 PASCAL VOC 2012 和 Cityscapes 两个数据集进行训练和测试，并且使用 Semantic Boundaries Dataset 作为辅助数据集。首先将数据集分为训练集、验证集和测试集，利用训练集和验证集对网络模型进行训练，利用数据增强技术对数据集进行扩增，使用的数据增强方法为去均值和水平翻转，这可以增加网络模型的泛化能力。把经过数据增强的图像数据输入模型，从而对模型进行训练，使用的优化器为 SGD，通过不断地进行迭代，使网络模型的权重不断更新，最终得到模型的最优性能。分别利用 PASCAL VOC 2012 和 Cityscapes 测试集中的数据对已训练的语义分割模型进行性能测试，分别得到 82.2%和 76.9%的 MIoU。为了便于读者更好地理解该语义分割算法，表 8-2 给出总体网络模型的算法流程。

表 8-2　总体网络模型算法流程

总体网络模型算法流程
输入：
1：x：图像数据；
2：y：目标标签；
输出：
1：O：预测结果；
步骤 1：数据增强；
1：对图像数据进行去均值操作；
2：对图像数据进行水平翻转操作；
步骤 2：网络训练；
1：初始化；
2：开始迭代；
3：计算输出 y'；
4：计算损失 J；
5：计算梯度 g；
6：更新权重；
7：结束迭代；
8：利用训练好的网络计算预测值 O。

8.5.2　具体实现代码

下面给出实现总体网络模型的具体实现代码，并给出相关注释，其中包括 GCN 和 BR 的代码。

例 8-1　GCN 和 BR 的具体实现代码。

实现代码请见电子资源。

8.6　小结及相关研究

本节将对 GCN 进行小结，并且对其他相关拓展研究进行简单的叙述，希望读者可以借此增加对 GCN 的理解，扩宽学习思维。本章参考了一些文献资料，如果读者对此感兴趣，可以翻阅本章末的参考文献。

8.6.1　小结

本章主要介绍了 GCN，探索了大核卷积对语义分割模型的作用。在现有的语义分割模型架构设计中有这样一个趋势：研究者们偏向于堆叠小核卷积。因为在相同计算量的前提下，堆叠多个小核卷积比使用一个大核卷积更高效。不同于常规语义分割模型中堆叠小核卷积，文献[1]考虑定位任务和分类任务之间的均衡，认为大核卷积组合比堆叠的小核卷积效果更好，并且使用深度可分离卷积降低计算参数和计算量。

语义分割任务可分成分类和定位两个子任务，但分类任务和定位任务两者之间存在矛盾，常规的语义分割模型倾向于使用小核卷积，更注重解决定位的问题，可能导致模型的分类性能不足。文献[1]在此基础上提出 GCN，利用大核卷积来模仿分类模型的密集连接机制，提高模型的分类能力，从而兼顾分类和定位两个任务，同时 GCN 也增大了有效感受野，$1\times k + k \times 1$ 和 $k\times 1 + 1\times k$ 卷积的组合相比普通的 $k\times k$ 卷积，减少了需要运算的网络参数，降低了模型的算法复杂度。文献[1]还提出了 BR 模块，用于提升模型的边缘分割能力。以 GCN 和 BR 模块为核心搭建语义分割模型，通过消融实验证明 GCN 和 BR 模块的有效性，并且分别在 PASCAL VOC 2012 和 Cityscapes 两个数据集上进行测试，分别取得 82.2%和 76.9%的 MIoU。

8.6.2 相关研究

图像语义分割是计算机视觉领域近年来的一个热门研究课题，随着深度学习技术的发展，基于深度学习的图像语义分割技术也在不断发展，其中全卷积神经网络适合用于图像语义分割。本章讲述的 GCN 就是探索了大核卷积对图像语义分割的影响，通过大核卷积来引入类似分类网络的密集连接机制，提高网络的分类能力。GCN 本身也是对原有卷积方式的一种优化，优化卷积结构可以增大感受野，获取像素的空间位置信息，并且降低计算复杂度以减少资源占用。下面从优化卷积方面，介绍一些相关拓展研究，希望读者能借此得到启发。

Wang 等[21]于 2018 年利用混合扩张卷积（hybrid dilated convolution，HDC）框架优化扩张卷积，扩大感受野且聚合全局信息。同时，针对上采样过程中因为使用双线性插值法带来细节信息丢失的问题，还设计了密集上采样卷积（dense upsampling convolution，DUC）捕获在双线性上采样过程中丢失的细节信息。

Yu 等[22]于 2020 年提出了基于扩张卷积的多尺度上下文聚合方法，开发了一个专门为密集预测设计的卷积网络模块，可以在不损失分辨率和增加训练参数的情况下增大感受野，在获得图像多尺度局部特征的同时保留大部分像素的空间位置信息，从而提升图像语义分割的准确率。

Mehta 等[23]于 2018 年提出了基于高效空间金字塔型扩张卷积的语义分割方法——ESPNet，将标准卷积分解为减少计算量的逐点卷积和扩大感受野的空间金字塔型扩张卷积两个步骤，ESPNet 所需运算的参数和对于计算机资源的占用是比较少的，本身的运算速度很快，是一个轻量化的网络模型。

参 考 文 献

[1] Peng C, Zhang X Y, Yu G, et al. Large kernel matters—improve semantic segmentation by global convolutional network[C]//2017 IEEE Conference on Computer Vision and Pattern Recognition (CVPR), Honolulu, IEEE, 2017: 1743-1751.

[2] Everingham M, Eslami S M, Gool L, et al. The pascal visual object classes challenge: A retrospective[J]. International Journal of Computer Vision, 2015, 111 (1): 98-136.

[3] Cordts M, Omran M, Ramous S, et al. The cityscapes dataset for semantic urban scene understanding[C]// 2016 IEEE Conference on Computer Vision and Pattern Recognition (CVPR), Las Vegas, IEEE, 2016: 3213-3223.

[4] Shelhamer E, Long J, Darrell T. Fully convolutional networks for semantic segmentation[J]. IEEE Transactions on Pattern Analysis and Machine Intelligence, 2017, 39 (4): 640-651.

[5] LeCun Y, Bottou L, Bengio Y, et al. Gradient-based learning applied to document recognition[J]. Proceedings of the IEEE, 1998, 86 (11): 2278-2324.

[6] Ronneberger O, Fischer P, Brox T. U-Net: Convolutional networks for biomedical image segmentation[C]//Navab N, Hornegger J, Wells W M, et al. Medical Image Computing and Computer-Assisted Intervention-MICCAI 2015, 18th International Conference Munich. Berlin: Springer, 2015: 234-241.

[7] Badrinarayanan V, Kendalla, Cipollar. SegNet: A deep convolutional encoder-decoder architecture for image segmentation[J]. IEEE Transactions on Pattern Analysis and Machine Intelligence, 2017, 39 (12): 2481-2495.

[8] Chen L-C, Papandreou G, Kokkinos I, et al. Semantic image segmentation with deep convolutional nets and fully connected CRFs[C/OL]. (2016-06-07) [2022-09-04]. https://arxiv.org/pdf/1412.7062.pdf.

[9] Chen L-C, Papandreou G, Kokkinos I, et al. DeepLab: Semantic image segmentation with deep convolutional nets, atrous convolution, and fully connected CRFs[J]. IEEE Transactions on Pattern Analysis and Machine Intelligence & Machine Intelligence, 2018, 40 (4): 834-848.

[10] Chen L-C, Papandreou G, Schroff F, et al. Rethinking atrous convolution for semantic image segmentation[C/OL]. (2017-12-15) [2022-09-04]. https://arxiv.org/pdf/1706.05587v3.pdf.

[11] Chen L-C, Zhu Y K, Papandreou G, et al. Encoder-decoder with atrous separable convolution for semantic image segmentation[C/OL]. (2018-08-22) [2022-09-04]. https://arxiv.org/pdf/1802.02611.pdf.

[12] Krizhevsky A, Sutskever I, Hinton G E. Imagenet classification with deep convolutional neural networks[J]. Communications of the ACM, 2017, 60 (6): 84-90.

[13] Simonyan K, Zisserman A. Very deep convolutional networks for large-scale image recognition[C/OL]. (2015-04-10) [2022-12-01]. https://www.robots.ox.ac.uk/~vgg/publications/2015/Simonyan15/simonyan15.pdf.

[14] Szegedy C, Liu W, Jia Y, et al. Going deeper with convolutions[C]//2015 IEEE Conference on Computer Vision and Pattern Recognition (CVPR), Boston, IEEE, 2015: 1-9.

[15] Szegedy C, Vanhoucke V, Ioffe S, et al. Rethinking the inception architecture for computer vision[C]//2016 IEEE Conference on Computer Vision and Pattern Recognition (CVPR), Las Vegas, IEEE, 2016: 2818-2826.

[16] He K M, Zhang X Y, Ren S Q, et al. Deep residual learning for image recognition[C]//2016 IEEE Conference on Computer Vision and Pattern Recognition (CVPR), Las Vegas, IEEE, 2016: 770-778.

[17] Noh H, Hong S, Han B. Learning deconvolution network for semantic segmentation[C]//2015 IEEE International Conference on Computer Vision (ICCV), Santiago, IEEE, 2015: 1520-1528.

[18] Luo W J, Li Y J, Urtasun R, et al. Understanding the effective receptive field in deep convolutional neural

networks[C/OL]. (2017-01-25) [2022-09-04]. https://arxiv.org/pdf/1701.04128.pdf.

[19] Hariharan B, Arbelaez P, Bourdev L, et al. Semantic contours from inverse detectors[C]//2011 International Conference on Computer Vision, Barcelona, IEEE, 2011: 991-998.

[20] Russakovsky O, Deng J, Su H, et al. ImageNet large scale visual recognition challenge[J]. International Journal of Computer Vision, 2015, 115: 211-252.

[21] Wang P Q, Chen P F, Yuan Y, et al. Understanding convolution for semantic segmentation[C]//2018 IEEE Winter Conference on Applications of Computer Vision (WACV), Lake Tahoe, IEEE, 2018: 1451-1460.

[22] Yu F, Koltun V. Multi-scale context aggregation by dilated convolutions[C/OL]. (2016-04-30) [2022-09-03]. https://arxiv.org/pdf/1511.07122v3.pdf.

[23] Mehta S, Rastegari M, Caspi A, et al. ESPNet: Efficient spatial pyramid of dilated convolutions for semantic segmentation[M]//Ferrari V, Hebert M, Sminchisescu C, et al. Computer Vision—ECCV 2018, 15th European Conference, Munich. Cham: Springer, 2018: 561-580.

第9章 轻量级实时分割

第 6 章介绍了实时语义分割中的基础轻量级网络 SegNet[1]，本章将继续介绍实时语义分割领域中的三个经典轻量级网络。通过本章的学习，读者将会对实时语义分割以及轻量级网络有更多的认识。

9.1 引　　言

本章将详细介绍三种轻量级语义分割网络，分别是 ENet[2]、BiSeNet[3]以及 DFANet[4]。其中 ENet 由波兰科学家 Adam Paszke 和美国科学家 Abhishek Chaurasia 等提出，BiSeNet 由华中科技大学、北京大学和北京旷视科技有限公司联合提出，DFANet 则来自北京旷视科技有限公司。

9.1.1 轻量级网络背景

深度神经网络已被证明可以有效地解决图像、自然语言处理等不同领域的问题，被广泛应用在图像分类、物体检测、目标跟踪等计算机视觉任务中，并取得了巨大成功。同时，随着移动互联网技术的不断发展，便携式设备得到了迅速普及，用户提出了越来越多的需求。如何设计高效、高性能的轻量级网络，是解决问题的关键。本章简要分析和总结现有研究方法[5-8]的特点，重点介绍典型的构建轻量级网络的算法，总结现有的方法并给出未来发展的方向。

9.1.2 轻量级网络发展历程

随着时代的发展，人们更加关注深度神经网络的实际应用性能，人工智能发展的一个趋势是在边缘端平台上部署高性能的神经网络模型，并在真实场景中实时（大于 30 帧/s）运行，如移动设备或嵌入式设备。这些平台的特点是内存资源少，处理器性能不高，功耗受限，目前精度最高的模型根本无法在这些平台进行部署和实时运行。由于存储空间和算力资源限制，神经网络模型在移动设备和嵌入式设备上的存储与计算仍然是一个巨大的挑战。

当前语义分割网络结构大都使用卷积网络进行特征提取，即 Backbone（主干网络），如 AlexNet[5]、VGGNet[6]、GoogleNet[7]，以及 ResNet[8]等优秀主干网络。随着网络深度的不断提升，这些网络的计算量和计算时间也不断增加，依赖这些基础网络的语义分割算法很难达到实时运行的要求，尤其是在先进精简指令机器（advanced RISC machine，ARM）、现场可编程门阵列（field programmable gate array，FPGA）以及应用型专用集成电路（application specific integrated circuit，ASIC）等计算力有限的移动设备平台。针对在移动设备平台上"算不好"，穿戴设备上"算不了"，数据中心"算不起"的问题，如何将语义分割算法加速发展到满足工业应用要求一直是关键性的问题。

轻量级网络旨在保持模型精度基础上进一步减少模型参数量和复杂度，逐渐成为计算机视觉中的一个研究热点。轻量级网络的相关研究既包含对网络结构的探索，又有类似知识蒸馏、剪枝等模型压缩技术的运用，推动了深度学习技术在移动端、嵌入式端的应用落地，在智能家居、安防、自动驾驶、视频监控等领域都做出了重要贡献。

轻量化的思想对工业界和学术界都有深刻启发，也是视觉领域理论研究的热点，备受关注，值得学习和继续探索。

目前，人工设计轻量级网络的目的在于设计更高效的网络计算方式，主要是针对卷积的计算方法。现有的深度卷积神经网络为了取得极致的性能，通常在卷积设置上选择大量的特征通道（即卷积核的数量），实践也证明了该方法的有效性，但是显然这种设置存在大量冗余参数。因此，人工设计轻量级网络通过合理地减少卷积核的数量，减少目标特征的通道数，结合设计更高效的卷积操作等方式，构造更加有效的神经网络结构，在保持神经网络性能的前提下，显著地减少网络的参数量和计算量，实现在便携式设备上训练和应用深度神经网络。

9.2 ENet 网络

本节将介绍 ENet，从网络结构以及具体实现代码几个方面对其进行论述。本节网络模型的实现，使用的编程语言为 Python 3.7，使用的深度学习框架为 PyTorch。本节也会对一些深度学习的相关名词进行解释，以便读者更好地理解。

9.2.1 主要创新点

在介绍具体 ENet 网络架构之前，先介绍 ENet 中的主要创新点。

1. 初始块

初始块结构如图 9-1（a）所示，初始块由 1 个步长为 2、卷积核尺寸为 3×3、通道数为 13 的卷积和 1 个步长为 2、尺寸为 2×2 的最大池化层组成。图片分别经过卷积核和最大池化后，将两者的输出特征图拼接起来，得到最终的特征图。一方面，在语义分割任务中，有必要尽早对输入进行下采样，但过多的下采样也会丢失部分重要信息。另一方面，卷积后的池化增加了特征图深度，计算成本较高。因此，如文献[9]将池化操作与步长为 2 的卷积并行执行，通过拼接得到特征映射。这种方法能使 ENet 将初始块的推理时间加快 10 倍。

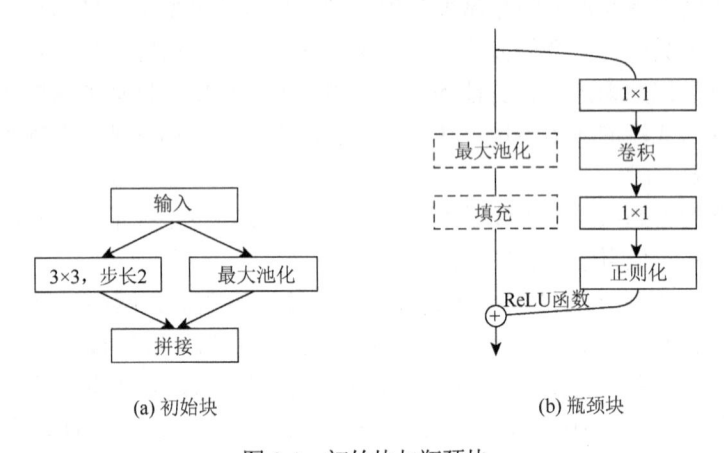

(a) 初始块　　(b) 瓶颈块

图 9-1　初始块与瓶颈块

2. 瓶颈块

相对于初始块来说，瓶颈块的结构较为复杂，如图 9-1（b）所示。瓶颈块的设计思想来源于 ResNet 中的残差块。当原始 ResNet（见 7.2 节）中存在下采样时，卷积分支的第一个大小为 1×1、步长为 2 的卷积对特征图进行降维和尺寸减半，这实际上丢弃了 75% 的输入。将卷积大小增加到 2×2 即可接收全部输入信息，从而提高信息的准确性。虽然这会使这些层的计算成本增加 4 倍，但在 ENet 中，这些层很少，因此消耗不明显。

当瓶颈块中没有下采样时，瓶颈块仅由 3 个卷积层组成：1 个降低维数的 1×1 卷积层、1 个主卷积层［图 9-1（b）瓶颈块中的卷积层］和 1 个 1×1 卷积层。所有卷积层之间放置 BN 层和 ReLU 函数，在最后的 1×1 卷积层后加入正则化（regularizer）操作防止过拟合。当瓶颈块有采用下采样时，则会在 ShortCut 分支中添加一个最大池化层和 padding 操作，如图 9-1（b）所示，同时第一个 1×1 卷积会替换成步长为 2 的 2×2 卷积。

9.2.2 结构介绍

ENet 的网络结构如表 9-1 所示,它由七个阶段组成,由表格中的水平线和每个块名称后的第一个数字突出显示。文献[2]中测试网络的输入图像分辨率为 512×512。

表 9-1 ENet 网络结构

模块名称	类型	输出尺寸
初始块		16×256×256
瓶颈块 1.0	下采样	64×128×128
4x 瓶颈块 1.x		64×128×128
瓶颈块 2.0	下采样	128×64×64
瓶颈块 2.1		128×64×64
瓶颈块 2.2	空洞卷积 2	128×64×64
瓶颈块 2.3	非对称卷积 5	128×64×64
瓶颈块 2.4	空洞率 4	128×64×64
瓶颈块 2.5		128×64×64
瓶颈块 2.6	空洞卷积 8	128×64×64
瓶颈块 2.7	非对称卷积 5	128×64×64
瓶颈块 2.8	空洞卷积 16	128×64×64
重复瓶颈块 2 阶段,但忽略瓶颈块 2.0		
瓶颈块 4.0		64×128×128
瓶颈块 4.1	上采样	64×128×128
瓶颈块 4.2		64×128×128
瓶颈块 5.0	上采样	16×256×256
瓶颈块 5.1		16×256×256
全卷积模型		C×512×512

阶段一:通过 ENet 的初始块,将输入图像的尺寸调整到 16×256×256。

阶段二:先通过一个带下采样操作的 Bottleneck,将图像通道数从 16 变成 64,尺寸大小减半至 128×128。然后以 4 个无下采样的 Bottleneck 模块作为阶段二的结束。

ENet 前两个阶段只使用了小部分特征映射,大大缩小了特征图的分辨率。其背后的设计思想是,视觉信息在空间上高度冗余,因此可以压缩为更有效的表示。

此外，文献[2]认为初始网络层不应直接用于分类；相反，它们应该充当好的特征提取器，只为网络的后续部分预处理输入。

阶段三：同样用带下采样操作的瓶颈块 Bottleneck（见 7.2 节）将通道数变成 128，尺寸变成 64×64，然后经过 8 个无下采样的 Bottleneck，下采样最大的优势是可以使对下采样图像进行操作的卷积具有更大的感受野，从而获得更多的上下文信息。为加强这个效果，文献[2]选择使用空洞卷积。其中空洞卷积表示主卷积层替换成空洞卷积，后面的数字表示空洞率；非对称卷积表示主卷积层替换成非对称卷积（asymmetric convolution），如非对称卷积 5 表示使用 5×1 和 1×5 的不对称卷积（深度可分离卷积）。非对称卷积会先进行 $n×1$ 卷积，再进行 $1×n$ 卷积，这样与直接进行 $n×n$ 卷积的结果是等价的，但是这种方法可以降低卷积的运算量。但是文献[9]提到，非对称卷积仅在图片较小时效果才比较好。

阶段四：重复一次没有下采样的 Bottleneck 阶段三的操作。

阶段五、六：先由上采样的 Bottleneck 分别进行上采样恢复图像分辨率并且将通道数降低到 64 和 16，再通过 Bottleneck 卷积。

SegNet（见第 6 章）是一个非常对称的镜像架构。但是从表 9-1 可知，ENet 的架构由一个大型编码器和一个小型解码器组成，是非对称结构。文献[2]提到，编码器应能够以与原始分类架构类似的方式工作，即对较小分辨率的数据进行操作，并提供信息处理和过滤；相反，解码器的作用是对编码器的输出进行上采样，只对细节进行微调。

阶段七：ENet 在最后一个上采样过程中并未使用最大池化的索引，因为输入图片的通道数为 3，而输出通道数为类别数，最终是用一个全卷积模型（转置卷积）作为网络的最后模型，占用部分解码网络的处理时间。

9.2.3　ENet 实验

下面介绍 ENet 实验效果及具体实现代码。

1. 实验效果对比

文献[2]在 Cityscapes、CamVid 以及 SUN RGB-D 三个不同的数据集上对 ENet 的性能进行了基准测试，以证明实际应用的实时性和准确性，同时将 SegNet 设置为基线。

（1）Cityscapes：该数据集由 5000 张精细注释图像组成，其中 2975 张可用于训练，500 张可用于验证，剩余 1525 张被选为测试集[10]。Cityscapes 数据集是重要的参考标准数据集，因为其卓越的质量和高度变化的道路场景，其中包括许多行人和骑自行车者，在官方评估脚本[10]中选择 19 个类进行训练。它还使用了一个额外的度量，即实例级交集联合度量（instance-level intersection over union metric，iIoU），如式（9-1）所示。

$$iIOU = \frac{iTP}{iTP + FP + iFN} \quad (9-1)$$

iIoU 度量由平均对象大小加权，其中 iTP 和 iFN 分别表示真阳性和假阴性的点。与标准 IoU 度量相反，每个像素点的贡献通过类的平均实例大小与相应真实的实例大小的比率加权得到，如表 9-2 所示，ENet 的类 IoU（58.3%）和类 iIoU（34.4%）以及种类 IoU（80.4%）均优于 SegNet。图 9-2 展示了 ENet 模型在 Cityscape 数据集上的分割效果。

表 9-2 Cityscapes 数据集 ENet 模型分割结果　　（单位：%）

模型	类 IoU	类 iIoU	种类 IoU	种类 iIoU
SegNet	56.1	34.2	79.8	66.4
ENet	58.3	34.4	80.4	64.0

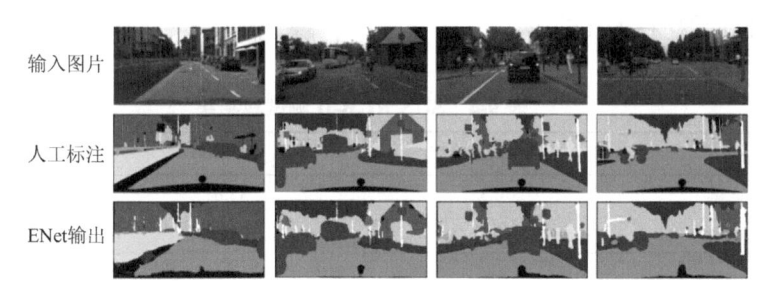

图 9-2　Cityscapes 的 ENet 预测（后附彩图）

（2）CamVid 测试集：测试效果如表 9-3 所示，ENet 在 6 个类（天空、标志、行人、栅栏、人行道、自行车）中优于其他模型，因为它们对应于较小的对象，所以很难学习。类准确率（68.3%）也高于其他两个网络（即 SegNet Basic 和 SegNet）。图 9-3 中显示了来自 CamVid 测试集示例图像的 ENet 输出。

表 9-3　SegNet Basic、SegNet、ENet 的 CamVid 测试集结果　　（单位：%）

模型	建筑	树木	天空	汽车	标志	道路	行人	栅栏	电杆	人行道	自行车	类均值	类 IoU
SegNet Basic	75.0	84.6	91.2	82.7	36.9	93.3	55.0	47.5	44.8	74.1	16.0	62.9	n/a
SegNet	88.8	87.3	92.4	82.1	20.5	97.2	57.1	49.3	27.5	84.4	30.7	65.2	55.6
ENet	74.7	77.8	95.1	82.4	51.0	95.1	67.2	51.7	35.4	86.7	34.1	68.3	51.3

图 9-3 CamVid 测试集上的 ENet 预测（后附彩图）

（3）SUN RGB-D 数据集：在表 9-4 中，将 ENet 与 SegNet 的性能进行比较。虽然 ENet 的全局平均准确率和 MIoU 比 SegNet 差，但在类准确率方面具有可比性。由于全局平均准确率和 MIoU 是有利于对占用大图像块的类进行正确分类的度量，iIoU 度量的对比结果表明，ENet 能够区分较小的对象，几乎与 SegNet 一样。此外，准确率的差异不应掩盖这两个网络之间的巨大性能差距。ENet 可以实时处理图像，在嵌入式平台上比 SegNet 快近 20 倍。图 9-4 给出了 SUN RGB-D 测试集示例图像的 ENet 输出。

表 9-4　SUN RGB-D 测试集结果　　　　（单位：%）

模型	全局平均准确率	类准确率	MIoU
SegNet	70.3	35.6	26.3
ENet	59.5	32.6	19.7

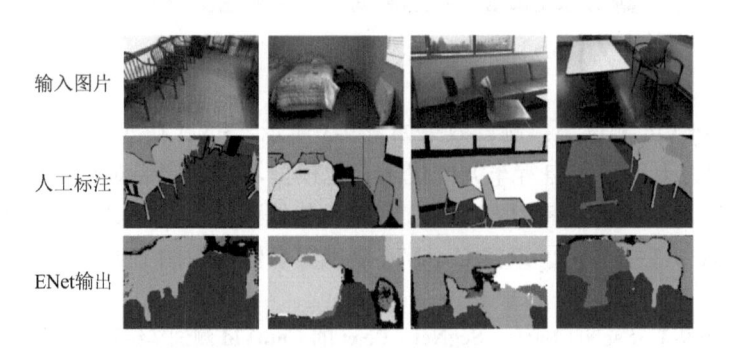

图 9-4 SUN RGB-D 测试集上的 ENet 预测（后附彩图）

2. ENet 实现代码

例 9-1　ENet 具体实现代码。

具体实现代码请见电子资源。

9.3 BiSeNet 网络

一般说来，实时语义分割加速模型的方法主要有以下三种：

（1）通过剪裁或调整大小来限定输入大小，以降低计算复杂度。尽管这种方法简单且有效，空间细节的损失还是让预测打了折扣，尤其是边界部分，导致度量和可视化的精度下降。

（2）通过减少网络通道数量加快处理速度，尤其是在主干网络模型的早期阶段，但是这会弱化空间信息。

（3）为追求极其紧凑的框架而丢弃主干网络编码器的部分卷积和下采样（如ENet）。该方法的缺点也很明显，由于 ENet 抛弃了编码器中最后阶段的下采样，模型的感受野不足以涵盖大物体，导致判别能力较差，如图 9-5（a）所示。

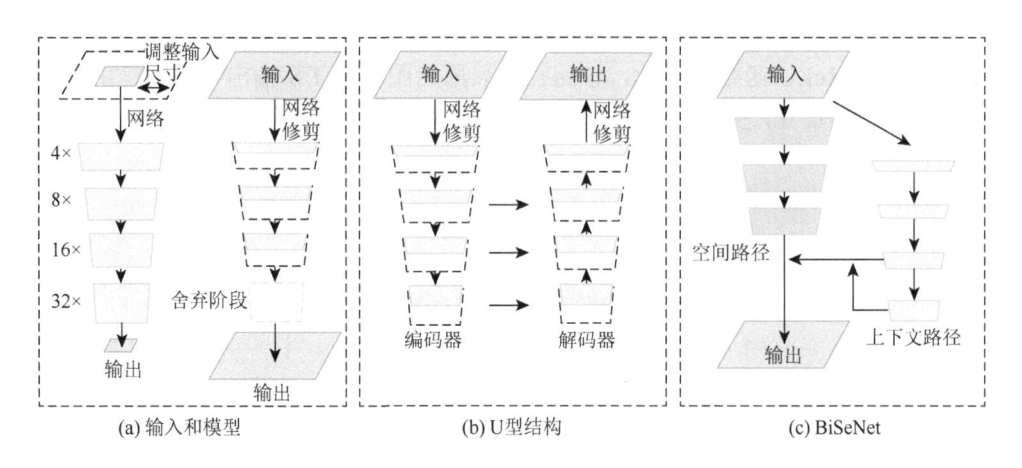

图 9-5 加速结构

为弥补上述空间损失，研究者更多地使用了 U 型结构。通过 Backbone 主干网络融合分层特征，逐渐提升空间分辨率和填补一些丢失的细节。但这种方法有两个缺点：首先是 U 型结构由于在高分辨率特征图上引入了额外的计算，降低了模型的速度；其次是在修剪过程中丢失的大部分空间信息都不能通过浅层特征轻松恢复，其结构如图 9-5（b）所示。

基于上述观察，研究人员提出了双向分割网络（bilateral segmentation network，BiseNet），它主要包含四个部分：空间路径（spatial path，SP）、上下文路径（context path，CP）、注意力细化模块（attention refinement module，ARM）和特征融合模块（feature fusion module，FFM）。其中，空间路径和上下文路径这两个组件分别

用来解决空间信息缺失和感受野缩小的问题，其设计理念非常清晰，如图 9-5（c）所示，下面详细介绍 BiSeNet。

9.3.1 主要创新点

在具体了解 BiSeNet 结构之前，先介绍该网络的主要创新点。

1. 空间路径

在语义分割任务中，一些现有方法试图保持输入图像的分辨率，以通过扩展卷积编码足够的空间信息，而一些方法尝试通过金字塔池化模块或"大核"捕获足够大的感受野。这些方法表明，空间信息和感受野对于实现高精度至关重要。然而，这两个条件很难同时满足。

基于这一观察，文献[3]提出了一种空间路径，以保留原始输入图像的空间大小并编码丰富的空间信息。空间路径包含三层，每层包括步长为 2 的卷积，然后是 BN 层和 ReLU 函数。因此，该路径提取原始图像的 1/8 输出特征图。由于特征图的大空间尺寸，空间路径的编码可以获得丰富的空间信息。空间路径如图 9-6 所示。

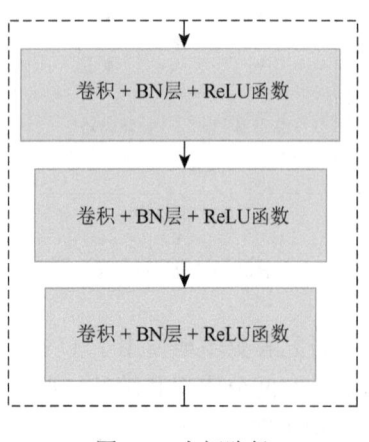

图 9-6 空间路径

2. 上下文路径

空间路径丰富了空间信息，上下文路径被设计为提供足够大的感受野。在语义分割任务中，感受野对任务的执行有着重要的意义。为了扩大感受野，一些方法利用金字塔池化模块 SPPNet[11]、空洞空间金字塔池化模块 ASPP[12]或"大核"。

但是，这些方法需要大量的计算，内存占用多，导致运算速度较慢。因此，BiSeNet 提出上下文路径，同时考虑较大的感受野和高效的计算。

上下文路径利用轻量级模型和全局平均池化来提供大的感受野。在这项工作中，轻量级模型如 Xception（第 7 章）可以快速对特征图进行下采样，以获得大的感受野，该感受野编码高级语义上下文信息。然后，在轻量级模型的尾部添加了一个全局平均池化，可以为最大感受野提供全局上下文信息。最后，结合全局平均池化的上采样输出特性和轻量级模型的特性，在轻量级模型中，部署的 U 型结构可以融合后两个阶段的特征。

上下文路径可以与任意的轻量级网络结合使用，如 Xception[13]、ShuffleNet 系列[14]和 MobileNet 系列[15]。本书主要采用 Xception-39（"39"表示浮点数运算次数为 3900 万次，是 Xception 中最小计算量的版本，与之对应的是 Xception-145）和 ResNet-18 进行实验，上下文路径的结构如图 9-7 所示。

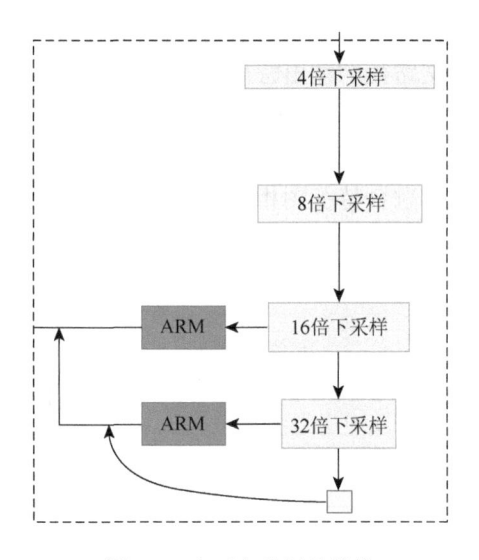

图 9-7　上下文路径的结构

3. 注意力细化模块

在上下文路径中，有一个特定的注意力细化模块（ARM）来细化每个阶段的特征，如图 9-8 所示。ARM 采用全局平均池化捕获全局上下文，并通过 1×1 卷积、BN 层和 Sigmoid 函数计算注意力向量指导特征学习。这种设计可以细化上下文路径中每个阶段的输出特性，轻松集成全局上下文信息而无须任何上采样操作。因此，注意力细化模块所需的计算成本可以忽略不计。

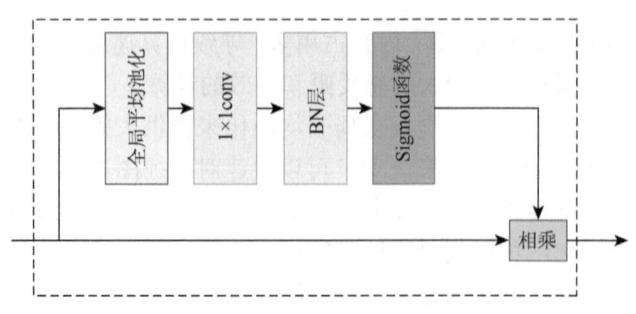

图 9-8　注意力细化模块

4. 特征融合模块

空间路径和上下文路径的特征在特征表示级别上是不同的，因此不能简单地相加或拼接。由空间路径捕获的空间信息编码了大部分丰富的低水平细节信息。此外，上下文路径的输出特征主要编码上下文信息，即高水平信息。因此，BiSeNet 提出一个特定的特征融合模块融合不同水平的特征。

将空间路径和上下文路径的输出特征拼接后进行卷积，获得全新的融合特征图。由于给定不同级别的特征，文献[3]选择卷积后用 BN 层来平衡特征的尺度，再将特征图进行全局池化和两个 1×1 卷积后通过 Sigmoid 函数得到融合特征权重。将特征权重和之前的融合特征图相乘再相加，获得最终的融合特征图。该设计的细节如图 9-9 所示。

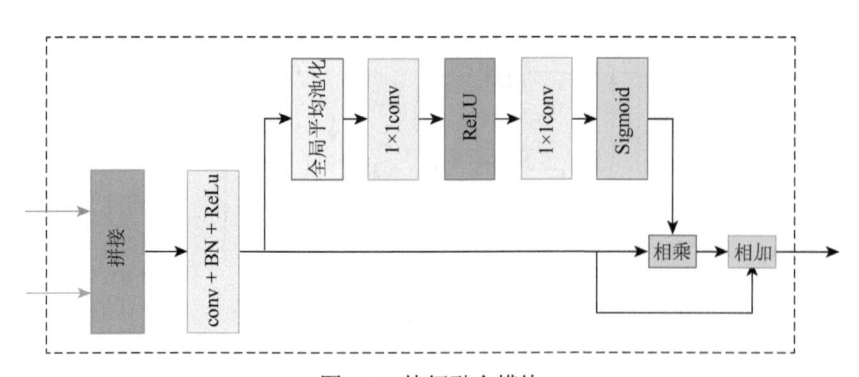

图 9-9　特征融合模块

9.3.2　结构介绍

BiSeNet 的完整结构如图 9-10 所示。BiSeNet 使用预先训练好的 Xception 模型（详见第 7 章）作为上下文路径的主干网络，使用三个卷积层作为空间路径。输入图片分别经过上下文路径和空间路径，输出的特征图含有丰富的空间信息和较大的感受野。然后对这两条路径的输出特征进行特征融合，做出最终的预测。

首先，BiSeNet 将重点放在实际计算方面。虽然空间路径具有较大的空间，但只有三个卷积层，因此并不是计算密集型的。上下文路径使用了一个轻量级的模型来快速下采样。此外，这两条路径并行计算，大大提高了效率。其次，文献[3]讨论了该网络的精度性能。在 BiSeNet 中，空间路径编码了丰富的空间信息，而上下文路径提供了更大的感受野，它们是相辅相成的，可以实现更高的性能，同时满足实时性和高精度的要求。

特征融合模块将空间信息和上下文信息融合后，通过双线性插值法将其输出的特征图放大 8 倍，即还原到原图像尺寸大小。

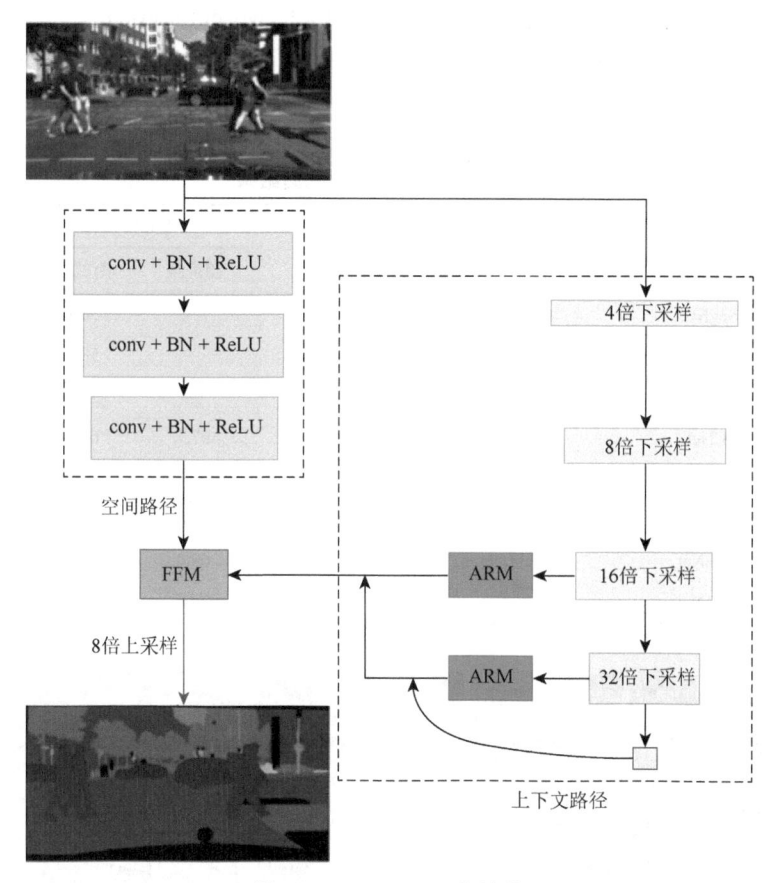

图 9-10 BiSeNet 网络结构

9.3.3 BiSeNet 实验

1. 实验效果对比

文献[3]在 Cityscapes、CamVid 以及 COCO Stuff 三个数据集上对 BiSeNet 的

性能进行了基准测试，以证明实际应用的实时性和准确性。

（1）Cityscapes：在评估过程中，首先将输入图像的分辨率 2048×1024 缩小为 1536×768，以测试速度和精度。同时，文献[3]使用文献[16]中描述的在线自举策略计算损失函数。

从表 9-5 可以发现，BiSeNet 在速度和准确性方面都比其他方法取得了显著进步。以 Xception-39 作为上下文路径的主干网络 BiSeNet 在分割精度方面略低于 ICNet[17]，但是速度方面有着绝对优势（达到 105.8FPS）；以 Res18（ResNet-18）作为上下文路径的 BiSeNet 在测试集和验证集上都有极好的分割效果（MIoU 分别为 74.8%、74.7%），而且速度也远超 ICNet 和 Two-column Net[18]。图 9-11 展示了几种网络模型作为上下文路径的主干网络在 Cityscapes 数据集上的分割效果图。

表 9-5　Cityscapes 测试集结果

方法	基准模型	MIoU/% 验证集	MIoU/% 测试集	推理速度/FPS
SegNet	VGG16	—	56.1	—
ENet	From scratch	—	58.3	—
SQ	SqueezeNet	—	59.8	—
ICNet	PSPNet50	67.7	69.5	30.3
DLC	Inception-ResNet-v2	—	71.1	—
Two-column Net	Res50	74.6	72.9	14.7
BiSeNet	Xception39	69.0	68.4	105.8
BiSeNet	Res18	74.8	74.7	65.5

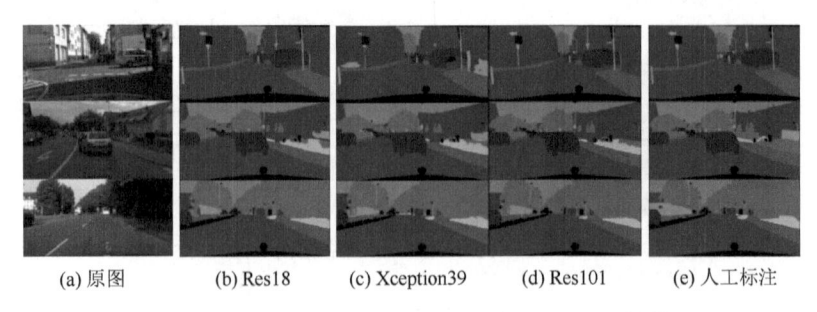

(a) 原图　(b) Res18　(c) Xception39　(d) Res101　(e) 人工标注

图 9-11　不同上下文路径模型的 BiSeNet 在 Cityscapes 的分割结果（后附彩图）

（2）CamVid：表 9-6 给出了 CamVid 数据集的统计精度结果。实验使用训练集和验证集训练模型，以分辨率 960×720 的图片进行训练和评估。其中 BiSeNet1

和 BiSeNet2 表示基于 Xception39 和 Res18 网络的模型。以 Res18 为主干的 BiSeNet 效果最佳，MIoU 达到 68.7%。

表 9-6　CamVid 测试数据集的精度结果　　　　　　　　（单位：%）

模型	建筑	树木	天空	汽车	标志	道路	行人	栅栏	电杆	人行道	自行车	MIoU
SegNet Basic	75.0	84.6	91.2	82.7	36.9	93.3	55.0	47.5	44.8	74.1	16.0	n/a
SegNet	88.8	87.3	92.4	82.1	20.5	97.2	57.1	49.3	27.5	84.4	30.7	55.6
ENet	74.7	77.8	95.1	82.4	51.0	95.1	67.2	51.7	35.4	86.7	34.1	51.3
BiSeNet1	82.2	74.4	91.9	80.8	42.8	93.3	53.8	49.7	25.4	77.3	50.0	65.6
BiSeNet2	83.0	75.8	92.0	83.7	46.5	94.6	58.8	53.6	31.9	81.4	54.0	68.7

（3）COCO Stuff：表 9-7 给出了 COCO Stuff 数据集的统计精度结果，结果显示 BiSeNet 取得了较好的实验效果。

表 9-7　COCO Stuff 数据集的精度结果　　　　　　　　（单位：%）

模型	基准模型	MIoU	像素准确率
Deeplab-v2	VGG16	24.0	58.2
BiSeNet	Xception39	22.8	59.0
BiSeNet	Res18	28.1	63.2
BiSeNet	Res101	31.3	65.5

2. BiSeNet 实现代码

例 9-2　BiSeNet 实现代码。
具体实现的代码请见电子资源。

9.4　DFANet 网络

下面介绍北京旷视科技有限公司提出的实时分割网络 DFANet。

9.4.1　主要创新点

DFANet 专注于网络中不同深度特征的融合，其中的融合策略由子网络融合和子阶段融合组成。

1. 子网络融合

子网络融合是网络编码器为获得高级特征的组合，通过将前一个主干网络的输出反馈到下一个主干网络，将 DFANet 的架构实现为多个主干网络的堆叠。子网络融合可以被视为一个细化过程。Newell 等在 Stacked Hourglass Network[19] 中引入了类似的想法。该结构由一组编码器-解码器"沙漏"网络组成。通过子网络融合将多个沙漏网络串联，可以获得一个分辨率非常低的特征图，然后进行上采样，并跨多个分辨率组合特性，允许再次处理这些高级特征，以进一步评估和重新评估高阶空间关系。

2. 子阶段融合

子阶段融合侧重于在多个网络之间融合语义和空间信息。随着网络深度的增加，空间细节会丢失。常见的方法如 U-Net，使用跳跃连接恢复解码器模块中的空间细节。然而，较深的编码器块缺乏低层特征和空间信息，无法对大规模的各种对象和精确的结构边缘进行判断。并行分支设计使用原始和降低的分辨率特征图作为输入，输出是大规模分支和小规模分支结果的融合，而这种设计缺乏并行分支之间的信息通信。DFANet 的子阶段融合通过编码周期来组合特征，如图 9-12 所示。在相同深度的子网络中进行不同阶段的融合。具体地，前一子网络中某一级的输出特征输入到对应级位置中的下一子网络作为输入特征。

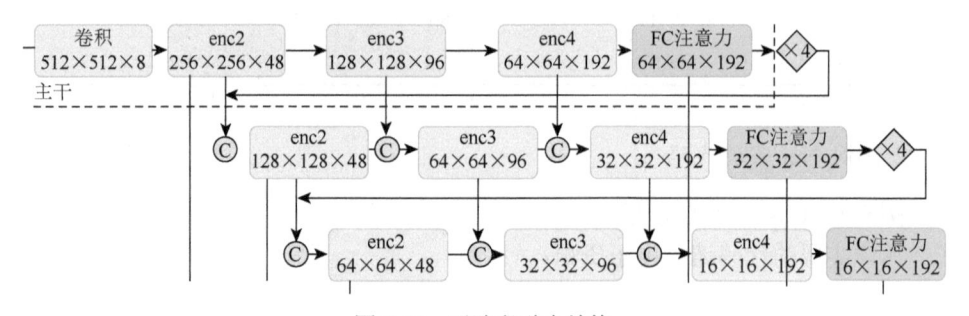

图 9-12 子阶段融合结构

9.4.2 结构介绍

图 9-13 以 1024×1024 的输入分辨率为例展示了 DFANet 和 FC 注意力的全部结构。虽然 DFANet 同样是编码器-解码器结构，但和 SegNet 不同的是该网络并非对称结构。它由最多三级特征提取塔构成。各个层级的特征最后汇总到一个解码器输出逐像素的结果。实际使用时可按需求定制输入分辨率与塔的级数，从而灵活调节计算量与效果。

通常的语义分割网络可以看作编码器-解码器结构。如上所述，编码器是三个 Xception 主干网络的集合，有子网络融合（前一个 Xception 网络的输出通过 FC 注意力模块后输入到下一个 Xception）和子阶段融合（前一个 Xception 中的 enc2～enc4 阶段分别作为后一个 Xception 中对应 enc 阶段输入的一部分，其中 enc2～enc4 阶段如表 9-8 所示）方法。解码器设计为高效的特征上采样模块，用于融合低级和高级特征。为方便实现 DFANet 的融合策略，子网络由一个主干网络配合单个双线性上采样的解码器组成。所有这些主干网络具有相同的结构且使用相同的预训练权重进行初始化。

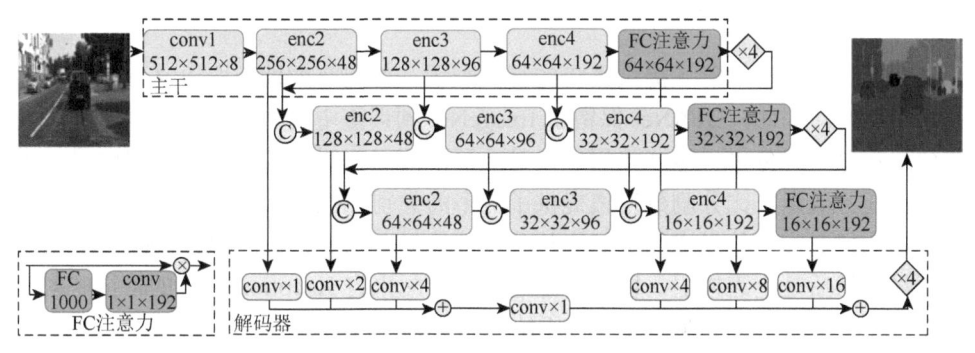

图 9-13 DFANet 及 FC 注意力模块结构

编码器：DFANet 的基本主干（对应图 9-13）是一个轻量级的 Xception 网络模型，而整个网络的编码器部分是由三个 Xception 主干网络组合而成。每一个 Xception 的主干模型输出的特征图都会经过一个上采样过程，放大 4 倍后与自身的 Xception 模型中 enc2 的输出特征做拼接，作为输入特征图输入到下一个 Xception 的 enc2 中。同时下一层经过 enc2 和 enc3 的输出特征图分别与上一层的 enc3、enc4 的输出特征拼接后向后传递。

每一个主干网络 Xception 中的 enc2～enc4 的结构如表 9-8 所示。表中除了卷积 1（Conv1）中的 3×3 卷积是普通卷积外，其余（enc2～enc4）所有的 3×3 卷积均是深度可分离卷积。

表 9-8 Xception 中不同的 enc 阶段

阶段	Xception A	
卷积1	3×3, 8, 步长 2	
enc2	3×3, 12 3×3, 12 3×3, 48	×4

续表

阶段	Xception A	
enc3	3×3, 24 3×3, 24 3×3, 96	×6
enc4	3×3, 48 3×3, 48 3×3, 192	×4

对于语义分割，除了提供密集的特征表示，如何有效地获取语义上下文仍然是一个问题。因此，DFANet 保留了 ImageNet 预训练中的全连接层，以增强语义提取。在分类任务中，全连接层之后是全局池化层，以生成最终的概率向量，因为分类任务数据集比分割数据集提供了更多的类别。来自 ImageNet 预训练的完全连接层在提取类别信息方面可能比从分割数据集训练更强大。DFANet 应用 1×1 卷积层，然后是全连接层，以减少通道数，匹配来自 Xception 主干的特征映射。然后，将 $N \times C \times 1 \times 1$ 编码矢量与原始提取的特征按通道方式相乘。

解码器：根据 DeepLab v3+[20]，并非所有阶段的特征都是解码器模块所必需的。该网络的编码器由三个主干网络组成，因此解码器首先从三个主干网络的底部融合高层语义信息。然后，对高级特征进行双线性上采样，并分别融合来自具有相同空间分辨率的每个主干网络的低级信息。最后将高级特征和低级细节特征相加，并以倍数 4 进行上采样，以进行最终预测。在解码器模块中，DFANet 主要是使用了一些卷积计算，以减少网络通道数量。

9.4.3 DFANet 实验

文献[4]在 Cityscapes、CamVid 两个数据集上评估了 DFANet，其中 Cityscapes 数据集主要用于测试网络速度，CamVid 数据集用于测试网络分割效果。

1. 实验效果对比

（1）Cityscapes：从表 9-9 可以看出，DFANet 的推理速度明显优于现有方法，分割效果也处于较高的水平，在 Cityscapes 测试集上 MIoU 达到了 71.3%，推理速度为 100 FPS。当使用更简化的主干网络时，DFANet 的 MIoU 降低到 67.1%，与 120 FPS 的推理速度相对应，这与之前最先进的 BiSeNet 的 MIoU（68.4%）相当。

DFANet A′的最快设置在 MIoU 为 70.3%时以 160 FPS 的速度运行,而之前的最快结果在 MIoU 为 57%时仅为 135 FPS。与之前最先进的模型相比,所提出的 DFANet 速度更快,分割精度甚至稍高。

图 9-14 显示了 DFANet A 的一些可视化结果。使用所提出的特征融合结构,可以在 Cityscapes 数据集上产生良好的预测结果。其中,第一行是输入图像,第二行到第四行分别是 DFANet 中每个主干网络的输出,最后一行是真实标签。

表 9-9　Cityscapes 数据集的速度分析

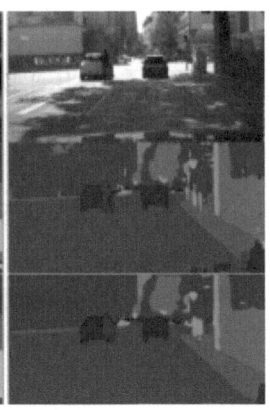

模型	输入尺寸	浮点计算量/FLOPs	参数量/(10^6 个)	次数/次	推理速度/FPS	MIoU/%
PSPNet	713×713	412.2G	250.8	1288	0.78	81.2
DeepLab	512×1024	457.8G	262.1	4000	0.25	63.1
SegNet	640×360	286G	29.5	16	16.7	57
ENet	640×360	3.8G	0.4	7	135.4	57
SQ	1024×2048	270G	—	60	16.7	59.8
CRF-RNN	512×1024	—	—	700	1.4	62.5
FCN-8S	512×1024	136.2G	—	500	2	63.1
FRRN	512×1024	235G	—	469	0.25	71.8
ICNet	1024×2048	28.3G	26.5	33	30.3	69.5
TwoColumn	512×1024	57.2G	—	68	14.7	72.9
BiSeNetV1	768×1536	14.8G	5.8	13	72.3	68.4
BiSeNetV2	768×1536	55.3G	49	21	45.7	74.7
DFANet A	1024×1024	3.4G	7.8	10	100	71.3
DFANet B	1024×1024	2.1G	4.8	8	120	67.1
DFANet A′	512×1024	1.7G	7.8	6	160	70.3

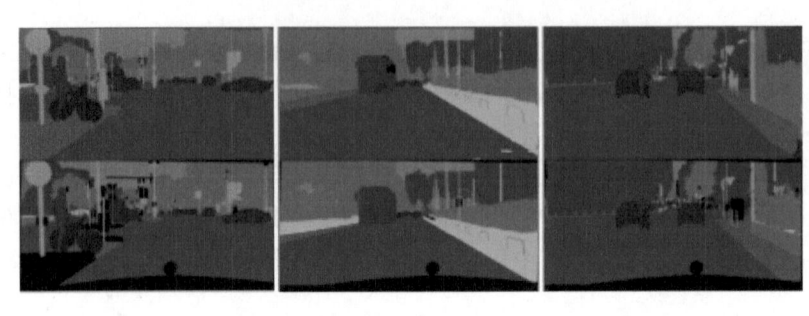

图 9-14　Cityscapes 验证集上 DFANet 分割结果（后附彩图）

（2）CamVid：在 CamVid 数据集进行的对比实验结果如表 9-10 所示。可以看到 DFANet 的交并比略低于 BiSeNet，却远高于 SegNet、ENet 等，并且在交并比差距不大的情况下，速度远大于 ICNet。

表 9-10　CamVid 数据集的效果分析

模型	时间/ms	推理速度/FPS	MIoU/%
SegNet	217	46	46.4
DPN	830	1.2	60.1
DeepLab	203	4.9	61.6
ENet	—	27.8	51.3
ICNet	36	—	67.1
BiSeNet1	—	—	65.6
BiSeNet2	—	—	68.7
DFANet A	8	120	64.7
DFANet B	6	160	59.3

2. DFANet 实现代码

例 9-3　DFANet 具体实现代码。
具体实现的代码请见电子资源。

9.5　小结及相关研究

下面对 ENet、BiSeNet 和 DFANet 进行总结，并且对其他相关拓展研究进行简单的介绍。书中参考了很多文献，读者可根据标注进一步阅读对应的参考文献。

9.5.1 小结

ENet 是一种全新的神经网络架构，是专门用于语义分割中需要降低延迟的任务而创建的。与成熟的深度学习相比，它的主要目标是有效利用嵌入式平台上可用的稀缺资源进行高效的语义分割训练和推理。ENet 的初始块在降低维度的同时通过卷积和池化并行的方式加快计算速度，多个瓶颈块的组合也让 ENet 获得了多维度信息。在 CamVid、Cityscapes 和 SUN RGB-D 数据集的测试中，ENet 计算速度与基线模型（SegNet 等）相比快 18 倍，需要的 FLOPs 和参数量分别是基线模型的 1/75 和 1/79，分割效果也更好。基线模型所需的计算和内存需求比 ENet 要大很多，ENet 成为了实时便携式、嵌入式图像分割的解决方案。

BiSeNet 是基于主流的实时语义分割模型加速方法，旨在同时提升实时语义分割的速度与精度，它包含两个路径：空间路径和上下文路径。空间路径用来保留原图像的空间信息，上下文路径则利用轻量级模型和全局平均池化快速获取大感受野，并通过特征融合模块和注意力细化模块将其融合。因此，在 105 FPS 的速度下，BiSeNet 在 Cityscapes 测试集上的 MIoU 为 68.4%。BiSeNet 不仅实现了实时语义分割，更把语义分割的性能推进到一个新高度。

北京旷视科技有限公司提出了一种非常有效的 CNN 架构——DFANet，这是一种在有限资源下，用于实时语义分割的深度特征融合算法。DFANet 从单个轻量级网络开始，分别通过子网络融合和子阶段融合的方式融合特征。基于多尺度特征的传播，DFANet 在获得足够大的感受野的同时，大大减少了模型的参数量，提高了模型的学习能力，并在分割速度和分割性能之间取得了很好的平衡。通过在 Cityscapes 和 CamVid 数据集上的大量实验，验证了 DFANet 网络的优越性能：相比最先进的实时语义分割方法，DFANet 网络的分割速度快了 3 倍，并且只使用基线模型 1/7 的 FLOPs，同时保持相当的分割准确性。

9.5.2 相关研究

随着移动设备的普及以及多种场景的需求，人们对实时分割的需求也与日俱增，这使得轻量级网络呈现井喷式增长。ENet、BiSeNet 和 DFANet 作为轻量级网络中的佼佼者，同样也有许多变体网络。

文献[21]采用改进 ENet 将道路图像中的车道线分割出来，利用 DBSCAN 聚类算法对分割结果进行聚类，将相邻车道线区分开来；利用自适应拟合算法对不同曲率的车道线进行拟合，以获得更加准确的车道线检测结果，能够满足实际驾驶环境中复杂路况和实时性的需求。

文献[22]提出了另一种改进的 ENet 算法。首先对编解码部分进行剪裁，以加快特征图采样过程并降低空洞卷积的使用率，然后引入通道注意力机制，并设计空间注意力机制，将两种注意力机制结合设计了注意力模块（attention module，AM），将浅层的空间特征与解码器的语义特征融合，最后利用金字塔结构的空洞率叠加空洞卷积，设计感受野聚合模块（receptive field aggregation module，RAM）改善算法感受野。改进后的算法参数量降低了 22%，并且在 Cityscapes 数据集上的实验结果在速度和分割效果方面都超过了原有的 ENet。

低层次的细节和高层次的语义是分割任务的基础。然而，为了提高模型推理的速度，现有的方法总是牺牲低层次的细节，导致准确率下降，文献[23]提出的 BiSeNet V2 通过语义分支和细节分支将高低层次的信息分开处理，是一种在速度和精度之间取得良好折中的高效网络。细节分支（图 9-15 中蓝色分支）负责空间细节，属于低层次的信息。因此，该分支需要丰富的特征通道容量编码丰富的空间详细信息。由于细节分支只关注低层次的细节，因此仅需简单的浅层结构。此外，该分支中的特征表示具有较大的空间尺寸和较宽的通道。因此，采用残差连接会增加内存成本，降低速度。

语义分支（图 9-15 中绿色分支）与细节分支并行，旨在捕获高级语义。因此文献[22]给该分支赋予了更复杂的下采样结构，以提高特征表示水平，并快速扩大感受野。除此之外，语义分支与细节分支的通道数之比为 λ（$\lambda<1$），这也保证了语义分支属于轻量级结构。

BiSeNet V2 采用双向聚合方法设计聚合层［图 9-15 中聚合层（aggregation layer）］融合细节分支和语义分支的多维度信息；还设计了助推器训练策略［图 9-15 中助推器（booster）］，在消耗极少资源的情况下，进一步提升分割精度。

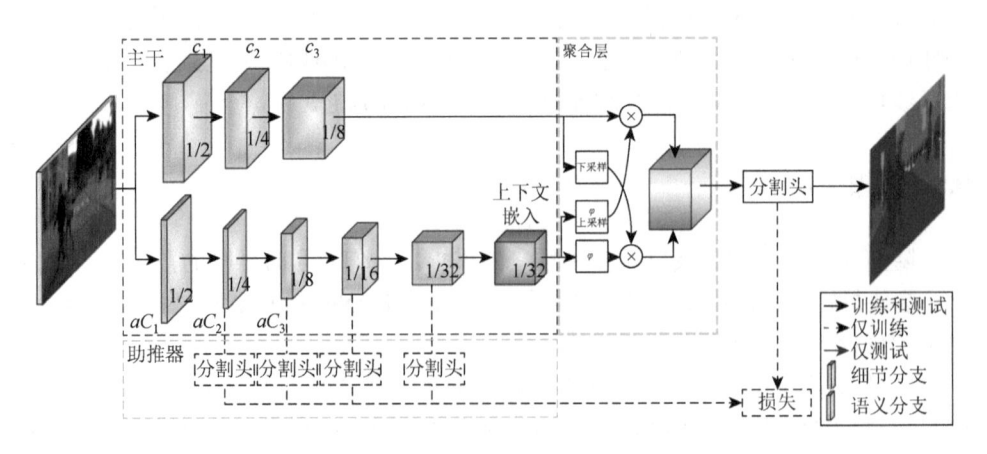

图 9-15　BiSeNet V2 网络结构（后附彩图）

农田制图是估算粮食产量的重要步骤。然而,从多光谱遥感图像中提取农田仍然是一项具有挑战性的工作。为解决缺乏用于预处理的多光谱遥感图像数据集的问题,文献[24]扩展了具有较少网络参数的深度特征聚合网络(DFANet),即语义分割网络,以像素策略自动将农田从 3 波段映射到多光谱图像。在这个网络中,首先,利用更多的信息聚合;其次,将完全连接的注意模块替换为建议的卷积注意模块;最后,使用一个新的解码器来恢复特征图的细节。实验结果表明,与原 DFANet 相比,模型在农田识别方面有良好的表现。

参 考 文 献

[1] Badrinarayanan V, Kendalla A, Cipollar R. SegNet: A deep convolutional encoder-decoder architecture for image segmentation[J]. IEEE Transactions on Pattern Analysis and Machine Intelligence,2017,39(12): 2481-2495.

[2] Paszke A, Chaurasia A, Kim S, et al. ENet: A deep neural network architecture for real-time semantic segmentation[C/OL]. (2016-06-07) [2022-09-03]. https://arxiv.org/pdf/1606.02147.pdf.

[3] Yu C, Wang J, Peng C, et al. BiSeNet: Bilateral segmentation network for real-time semantic segmentation[C]// Ferrari V, Hebert M, Sminchisescu C, et al. Computer Vision—ECCV 2018,15th European Conference. Cham: Springer,2018: 325-341.

[4] Li H C, Xiong P F, Fan H Q, et al. DFANet: Deep feature aggregation for real-time semantic segmentation[C]//2019 IEEE/CVF Conference on Computer Vision and Pattern Recognition(CVPR),Long Beach,IEEE,2019: 9514-9523.

[5] Krizhevsky A, Sutskever I, Hinton G E. Imagenet classification with deep convolutional neural networks[J]. Communications of the ACM,2017,60(6): 84-90.

[6] Simonyan K, Zisserman A. Very deep convolutional networks for large-scale image recognition[C/OL]. (2015-04-10) [2022-12-01]. https://www.robots.ox.ac.uk/~vgg/publications/2015/Simonyan15/simonyan15.pdf.

[7] Szegedy C, Liu W, Jia Y, et al. Going deeper with convolutions[C]//2015 IEEE Conference on Computer Vision and Pattern Recognition(CVPR),Boston,IEEE,2015: 1-9.

[8] He K M, Zhang X Y, Ren S Q, et al. Deep residual learning for image recognition[C]//2016 IEEE Conference on Computer Vision and Pattern Recognition(CVPR),Las Vegas,IEEE,2016: 770-778.

[9] Szegedy C, Vanhoucke V, Ioffe S, et al. Rethinking the inception architecture for computer vision[C]//2016 IEEE Conference on Computer Vision and Pattern Recognition(CVPR),Las Vegas,IEEE,2016: 2818-2826.

[10] Cordts M, Omran M, Ramous S, et al. The cityscapes dataset for semantic urban scene understanding[C]// 2016 IEEE Conference on Computer Vision and Pattern Recognition(CVPR),Las Vegas,IEEE,2016: 3213-3223.

[11] Zhao H S, Shi J P, Qi X Q, et al. Pyramid scene parsing network[C]//2017 IEEE Conference on Computer Vision and Pattern Recognition(CVPR),Honolulu,IEEE,2017: 6230-6239.

[12] Chen L-C, Papandreou G, Schroff F, et al. Rethinking atrous convolution for semantic image segmentation[C/OL]. (2017-12-15) [2022-09-04]. https://arxiv.org/pdf/1706.05587v3.pdf.

[13] Sifre L, Mallat S. Rigid-motion scattering for texture classification[J]. Computer Science,2014,3559: 501-515.

[14] Zhang X Y, Zhou X Y, Lin M X, et al. ShuffleNet: An extremely efficient convolutional neural network for mobile devices[C]//2018 IEEE/CVF Conference on Computer Vision and Pattern Recognition,Salt Lake City,IEEE, 2018: 6848-6856.

[15] Howard A G, Zhu M L, Chen B, et al. MobileNets: Efficient convolutional neural networks for mobile vision applications[C/OL].（2017-04-17）[2022-09-04]. https://www.arxiv.org/pdf/1704.04861.pdf.

[16] Wu Z F, Shen C H, van den Hengel A. High-performance semantic segmentation using very deep fully convolutional networks[C/OL].（2016-04-15）[2022-09-04]. https://arxiv.org/pdf/1604.04339.pdf.

[17] Zhao H S, Qi X J, Shen X Y, et al. ICNet for real-time semantic segmentation on high-resolution images[C]// Ferrari V, Hebert M, Sminchisescu C, et al. Computer Vision—ECCV 2018, 15th European Conference. Cham: Springer, 2018: 405-420.

[18] Wu Z F, Shen C H, van denHengel A. Real-time semantic image segmentation via spatial sparsity[C/OL].（2017-12-01）[2022-09-04]. https://arxiv.org/pdf/1712.00213.pdf.

[19] Newell A, Yang K Y, Deng J. Stacked hourglass networks for human pose estimation[C]//Proceedings of the European conference on computer vision. 2016: 483-499.

[20] Chen L-C, Zhu Y K, Papandreou G, et al. Encoder-decoder with atrous separable convolution for semantic image segmentation[C/OL].（2018-08-22）[2022-09-04]. https://arxiv.org/pdf/1802.02611.pdf.

[21] 刘彬, 刘宏哲. 基于改进 ENet 网络的车道线检测算法[J]. 计算机科学, 2020, 47（4）: 142-149.

[22] 徐世杰, 杜煜, 鹿鑫, 等. 基于 ENet 的轻量级语义分割算法研究[J]. 计算机工程与科学, 2021, 43（8）: 1454-1460.

[23] Yu C Q, Gao C X, Wang J B, et al. BiSeNet V2: Bilateral network with guided aggregation for real-time semantic segmentation[C/OL].（2020-04-05）[2022-09-04]. https://arxiv.org/pdf/2004.02147.pdf.

[24] Zheng S P, Fang T, Huo H. Farmland recognition of high resolution multispectral remote sensing imagery using deep learning semantic segmentation method[C]//Proceedings of the 2019 the International Conference on Pattern Recognition and Artificial Intelligence, 2019: 33-40.

第 10 章 RedNet：RGB-D 语义分割入门

第 9 章介绍了轻量级实时分割，本章将介绍语义分割的另外一个分支——RGB-D（depth map，深度图像）语义分割。深度图像类似于灰度图像，只是它的每个像素值是传感器距离物体的实际距离。前面介绍的网络模型输入的都是 RGB 三通道彩色图像，而本章及第 11 章输入的是 RGB-D 四通道图像，并且与之对应的模型设计也有所不同，此类模型也称为双流网络。本章内容主要来自华南理工大学的研究成果[1]，其设计的双流网络结构以及算法相对简单，并且在 SUN RGB-D 数据集（由四种不同的传感器获取，共 10 335 张 RGB-D 图片，19 个类的对象，链接：http://rgbd.cs.princeton.edu/）上取得很好的效果，本章侧重点在于学习 RGB-D 数据集对应的双流网络以及相应技术实现。

10.1 引　　言

不久的将来，室内空间将成为智能机器人的主要工作场所。机器人在室内空间正常工作需要具备理解视觉场景的能力，虽然室内场景具有丰富的语义信息，但由于其中有严重的视觉遮挡，通常比室外场景更具挑战性。因此，室内场景中的语义分割正成为计算机视觉中最流行的任务之一。

近年来，全卷积网络（FCN）在语义分割各项任务中取得重大突破，并在语义分割中占据主导地位。许多数据集都选择使用 FCN 完成语义分割任务。在面对室内场景分割时通常会选择引入深度信息作为辅助配合 RGB 进行分割，而不是只使用 RGB 进行分割。一般来说，FCN 架构可以分为两类，即编码器-解码器结构和空洞卷积体系结构。其中编码器-解码器结构（如前面提到的 U-Net、SegNet、DeconvNet）中均是通过下采样路径从图像中提取语义信息，通过上采样路径恢复原图分辨率的语义分割图。相比之下，空洞卷积体系结构（如前面提到的 DeepLab 系列）中采用空洞卷积，能使卷积网络在不进行下采样的前提下以指数方式扩展感受野。空洞卷积体系结构很少甚至不进行下采样的操作保持了原图的空间信息。因此，该体系网络结构可以作为一个鉴别模型，对图像上的每个像素进行分类。此外，正如空洞卷积体系结构要解决的问题是编码器-解码器结构中过多的下采样使得部分空间信息丢失，因此一些编码器-解码器结构中应用跳跃连接结构恢复解码器路径中的空间信息。

尽管空洞卷积体系结构具有保持空间信息的优势，但它们通常在训练步骤上有更高的内存消耗。这是因为随着网络的运行，特征图不会进行向下采样，需要大量内存存储每个阶段的特征图以进行梯度计算。因此，高内存消耗阻止了其具有更深的网络结构（防止内存溢出）。这是空洞卷积体系结构的缺点，因为更深的网络结构能学习到更丰富的特征，也更有利于语义信息的推理。

先前的研究工作发现，通过结合深度通道与 RGB 通道信息，并对场景的结构信息进行编码，利用彩色图像（即 RGB 图像）之外的深度信息可以有效提高语义分割的性能。当前，使用低成本的 RGB-D 传感器可以很容易地捕获深度信息，RGB 图像与对应的深度图像如图 10-1 所示。在一般对象类中可以根据其颜色和纹理属性进行区分和识别，然而辅助使用深度信息可以减少具有相似外观信息的物体分割的不确定性。有研究表明，通过利用深度信息，可改进具有相似外观、深度和位置的类的分割。因此，如何有效且高效地融合 RGB 和深度信息一直是一个有待解决的问题。

(a) RGB 图像　　　　　　　　(b) 深度图像

图 10-1　RGB 图像与深度图像

RedNet[1]主要是利用编码器-解码器结构进行室内 RGB-D 的语义分割，RedNet 的整体结构如图 10-2 所示。首先，在 RedNet 中，网络使用残差块作为基础构建模块以避免模型退化问题，残差模块也使得网络的性能随着结构的深入而提高。其次，RedNet 设计一个融合模块将深度特征图信息整合到网络中，并且使用跳跃连接结构将空间信息从编码器传播到解码器。最后，受 GoogLeNet[2]训练方案的启发，RedNet 提出了金字塔监督，在解码器的不同层上进行监督学习，以获得更好的优化。

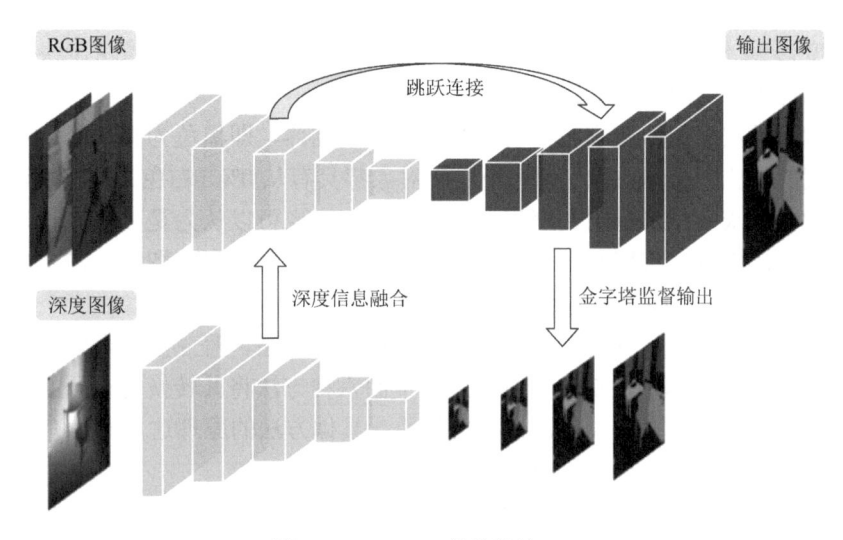

图 10-2　RedNet 整体结构

10.2　室内 RGB-D 语义分割和金字塔监督

本节先介绍室内 RGB-D 语义分割，然后介绍前面提到的金字塔监督。RedNet 中主干网络为 ResNet-50，ResNet-50 的网络结构在 7.2.1 节已有描述，而 RedNet 基于 ResNet-50 的改编结构将在 10.3 节详细描述。

10.2.1　室内 RGB-D 语义分割

在具体描述 RGB-D 语义分割之前，首先介绍四个概念：像素深度、图像深度、灰度图和深度图像。

首先是像素深度。像素深度是指存储每个像素所用的位数，用来度量图像的分辨率。举例如下：一幅彩色图像的每个像素都用 R、G 和 B 三个分量表示，若每个分量占用 8 位，那么一个像素共用 24 位表示，就说像素深度为 24 位，每个像素可以是 16 777 216（2 的 24 次方）种颜色中的一种。如果表示一个像素的位数越多，即对应像素深度越深，所占用的存储空间越大；如果表示一个像素的位数越少，像素深度越浅，会影响图像的质量，图像看起来让人觉得很粗糙和很不自然。

其次是图像深度。像素深度和图像深度是两个相关联但又不同的概念。图像深度是指像素深度中实际用于存储图像的灰度或色彩所需要的位数。假定图像的像素深度为 26 位，但用于表示图像的灰度或色彩的位数只有 24 位，则图像的图像深度为 24 位，而像素深度中其余 2 位存储图像的属性值。图像深度决定了图像的每个像素可能的颜色数或灰度级数。

然后是灰度图。灰度是指使用黑色调表示物体，即黑色为基准色，用不同的饱和度的黑色来显示图像，而每个灰度对象都具有从 0%（白色）到 100%（黑色）的亮度值。灰度图是指用灰度表示的图像。灰度也可以认为是亮度，简单说就是色彩的深浅程度，灰度级越多，图像层次越清楚逼真。彩色图像通常由几个叠加的彩色通道构成，每个通道代表给定通道的值。例如，RGB 图像由三个独立的红色、绿色和蓝色原色分量组成。任何颜色都由红、绿、蓝三基色组成，假如原来某点的颜色为 RGB(R, G, B)，可以通过下面六种方法将其转换为对应的灰度，其中第六种方法准确率比较高，也比较常用。具体方法的原理这里不做介绍。

（1）浮点法：$Gray = R \times 0.3 + G \times 0.59 + B \times 0.11$。

（2）整数法：$Gray = (R \times 30 + G \times 59 + B \times 11)/100$。

（3）移位法：$Gray = (R \times 77 + G \times 151 + B \times 28) \gg 8$。

（4）平均值法：$Gray = (R + G + B)/3$。

（5）仅取绿色：$Gray = G$。

（6）Gamma 校正算法：$Gray = \sqrt[2.2]{\dfrac{R^{2.2} + (1.5G)^{2.2} + (0.6B)^{2.2}}{1^{2.2} + 1.5^{2.2} + 0.6^{2.2}}}$。

最后是深度图像。深度图像也叫距离图像，是指将从图像采集器到场景中各点的距离（深度）值作为像素值的图像，通常只有一个通道，它直接反映了景物可见表面的几何形状。目前，深度图像的获取方法有激光雷达深度成像法、计算机立体视觉成像、坐标测量机法、莫尔条纹法、结构光法等。针对深度图像的研究重点主要集中在以下几个方面：深度图像的分割技术、深度图像的边缘检测技术、基于不同视点的多幅深度图像的配准技术、基于深度数据的三维重建技术、基于深度图像的三维目标识别技术、深度数据的多分辨率建模和几何压缩技术等。10.4.2 节的拓展中会介绍深度图研究中的两个方向：深度估计和深度图补全，这两个方向与语义分割有相通点。

主流的 RGB-D 数据集主要有 NYU Depth Dataset V2、ScanNet、TUM 以及 SUN RGB-D。本节主要基于 NYU Depth Dataset V2 和 SUN RGB-D 进行实验。下面先对这两个数据集进行介绍。

NYU Depth Dataset V2[3] 由各种室内场景的视频序列组成，该数据集是使用 Microsoft Kinect 的 RGB 和深度相机采集的，实例图如图 10-3 所示。它采集自美国 3 个不同城市的各种商业和住宅建筑，包括横跨 26 个场景类别的 464 个不同的室内场景，一共提供了 1449 个带深度图像的 RGB 图像和 894 个类别标注。如果一个场景包含一个对象类的多个实例，则每个实例都会有唯一的实例标签。例如，同一图像中两个不同的杯子将被标记为 cup 1 和 cup 2，以唯一地识别它们，即该数据集也可用于实例分割。该数据集包含 35 064 个不同的对象，一共有 894 个不同的类。在语义分割实际应用中，大多数研究工作主要针对其中的 41 个类（包括背景）做语义分割。

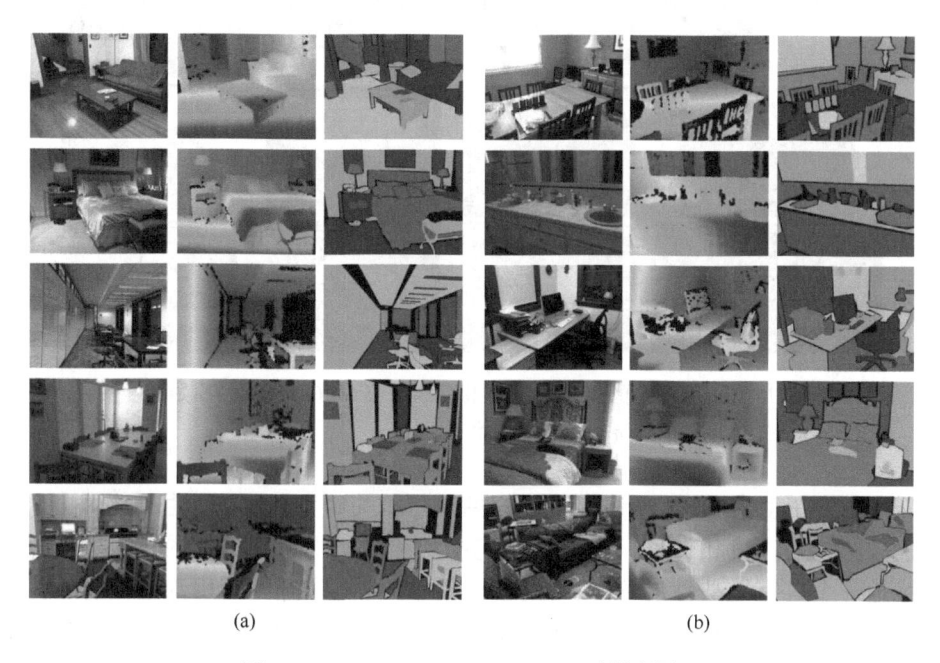

图 10-3　NYU Depth Dataset V2（后附彩图）

左侧为 RGB 图像，中间为深度图像，右侧为类别图

SUN RGB-D[4]是普林斯顿大学 Vision & Robotics 团队公开的一个有关场景理解的数据集。通过四款 3D 摄像机（Intel Realsence、Asus Xtion、Kinect v1、Kinect v2）采集图像和深度信息，四款不同型号、不同功耗的相机所得到的视野范围、深度图也有所不同，如图 10-4 所示，这四款相机均含有色彩传感器、红外发射器和红外接收器，其中色彩传感器负责获取 RGB 信息，红外发射器和红外接收器负责获取深度信息。SUN RGB-D 是目前最大的 RGB-D 室内场景语义分割数据集，有 20 个不同场景的 10 335 张密集注释 RGB 图像，每张 RGB 图像都有一个对应的深度和分割图，其规模与 PASCAL VOC RGB 数据集类似。SUN RGB-D 包括来自 NYU Depth Dataset v2[3]的所有图像数据，以及来自伯克利 B3DO[5]和 SUN3D[6]数据集中的部分选定图像数据。RGB-D 图像中的每个像素都在 37 个类或"未知"类中的某个类分配一个语义标签。在实际实验中，数据集划分应当与其他相关研究中的划分保持一致，以便比较模型的性能，因此训练/验证实例应当包含 5285 张图像，而测试实例应当包含 5050 张图像。

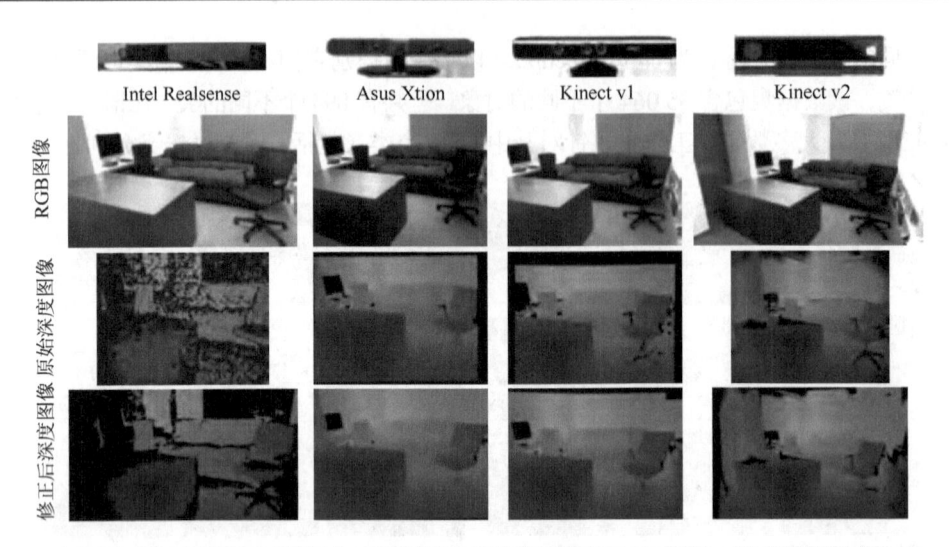

图 10-4 SUN RGB-D 数据集（通过四款摄像机采集）RGB 图像、原始深度图像、修正后深度图像

下面介绍室内 RGB-D 语义分割的挑战与相关研究。目前，由于物体之间的颜色和结构的高度相似性，且室内环境中的照明不均匀，精准的室内语义分割仍然是一个具有挑战性的问题。因此，一些研究工作开始利用深度信息作为补充信息来解决这个问题。例如，Koppula 等[7]和 Huang 等[8]基于深度图像信息，构建了室内场景三维点云，并应用图形模型捕获 RGB-D 数据中物体的特征和上下文关系进行语义标注。Gupta 等[9]提出了一种基于超像素的架构用于室内场景 RGB-D 语义分割，对 RGB 图像使用超像素区域提取和特征提取，然后利用随机森林（random forest，RF）和支持向量机（SVM）对每个超像素进行分类，从而建立一个全分辨率的语义图。Gupta 等[10]还改进了该分割模型，通过引入深度信息的 HHA 编码，并使用卷积神经网络（CNN）进行特征提取。在 HHA 编码中，深度信息被编码为三个通道，即水平差异、地面高度、重力与表面法线之间的角度。在几个室内 RGB-D 数据集[3-5]发布后，许多研究开始使用深度学习架构进行室内语义分割。Long 等将 FCNs 结构应用于室内语义分割，并比较了网络的不同输入（包括 3 通道 RGB、堆叠的 4 通道 RGB-D 和堆叠的 6 通道 RGB-HHA）对结果的影响，研究表明 RGB-HHA 的输入优于其他的输入形式，而 RGB-D 与 RGB 的输入具有相似的准确性[11]。Hazirbas 等[12]提出了一种用于室内 RGB-D 语义分割的网络 FuseNet，FuseNet 是基于融合的编码器-解码器 FCNs，研究表明 HHA 编码并不比深度本身包含更多的信息。FuseNet 为了充分利用深度信息，将 RGB 图像和深度图像分别输入到卷积网络的两个分支上（双流网络），并在不同的层上应用特征融合，最终取得不错的效果。基于相同的特

征融合的编码器-解码器结构和 DeepLab v2 架构，RedNet 团队[13]将 RGB 图像和深度图像分别输入到卷积网络的两个分支上，并且构建了 RGB-D 条件随机场（CRF）作为后处理模块。

10.2.2 金字塔监督

金字塔监督（也称多尺度监督）训练方案是在输出的 5 个不同层上引入监督学习缓解梯度消失问题。如图 10-5 所示，金字塔监督是从 4 个上采样恢复层的特征图中计算出 4 个中间输出，这些中间输出又称为侧输出。每个侧输出使用 1×1 且步长为 1 的卷积计算。因此，每个侧输出都有不同的空间分辨率（例如，Out1 只有最终 Output 输出图高度和宽度的 1/16）。由于 RedNet 的最终输出 Output 是一个完整的结果图，而相对来说侧输出的结果 Out4、Out3、Out2 和 Out1 都只有 Output 输出的 1/16、1/8、1/4 和 1/2。最后将 4 个侧输出（Out4、Out3、Out2 和 Out1）和最终输出 Output 输入到一个 Softmax 层，并且使用交叉熵损失函数来建立损失函数，如式（10-1）所示。

$$\text{Loss}(s,g) = \frac{1}{N}\sum_i -\log\left(\frac{\exp(s_i[g_i])}{\sum_k \exp(s_i[k])}\right) \quad (10\text{-}1)$$

式中，$g_i \in \mathbf{R}$ 表示位置 i 上的真实图语义映射上的类索引（即原图中 i 位置的像素对应的类别）；$s_i \in \mathbf{R}^{N_c}$ 表示在位置 i 上的网络输出的结果向量，N_c 是数据集中类的数量；N 表示特定输出的空间分辨率。因为 Out1~Out4 的空间分辨率不一样，所以要处理真实标签图得到和侧输出相同分辨率的标签图。当处理从 Out1 到 Out4 的损失函数时，使用最近邻插值对真实标签图 g 进行相应的下采样，以便得到对应的标签图。因此，总的交叉熵损失是 5 个分支输出上的交叉熵损失总和。这里需要注意的是，最后的总交叉熵损失不是为不同输出中的像素分配平均加权损失，而是为下采样输出的像素分配更多的权重，如为 Out1 分配更多的权重。在实践中，此配置比平均加权损失配置有更好的性能和表现。

此外，为证明金字塔监督训练方案能够有效地提高网络的性能，文献[1]进行了一个实验比较所提出的 RedNet 在有和没有金字塔监督下的性能。最终输出结果如表 10-1 所示，金字塔监督在三个指标（MIoU、PA 和 MPA）上都提高了网络的性能。这里需要特别注意的是，具有金字塔监督训练方案的 ResNet-34 编码器 RedNet 的性能要优于没有金字塔监督训练方案的 ResNet-50 编码器 RedNet，这就充分证明了金字塔监督训练方案的有效性。侧输出和最终输出的预测如图 10-6 所示。

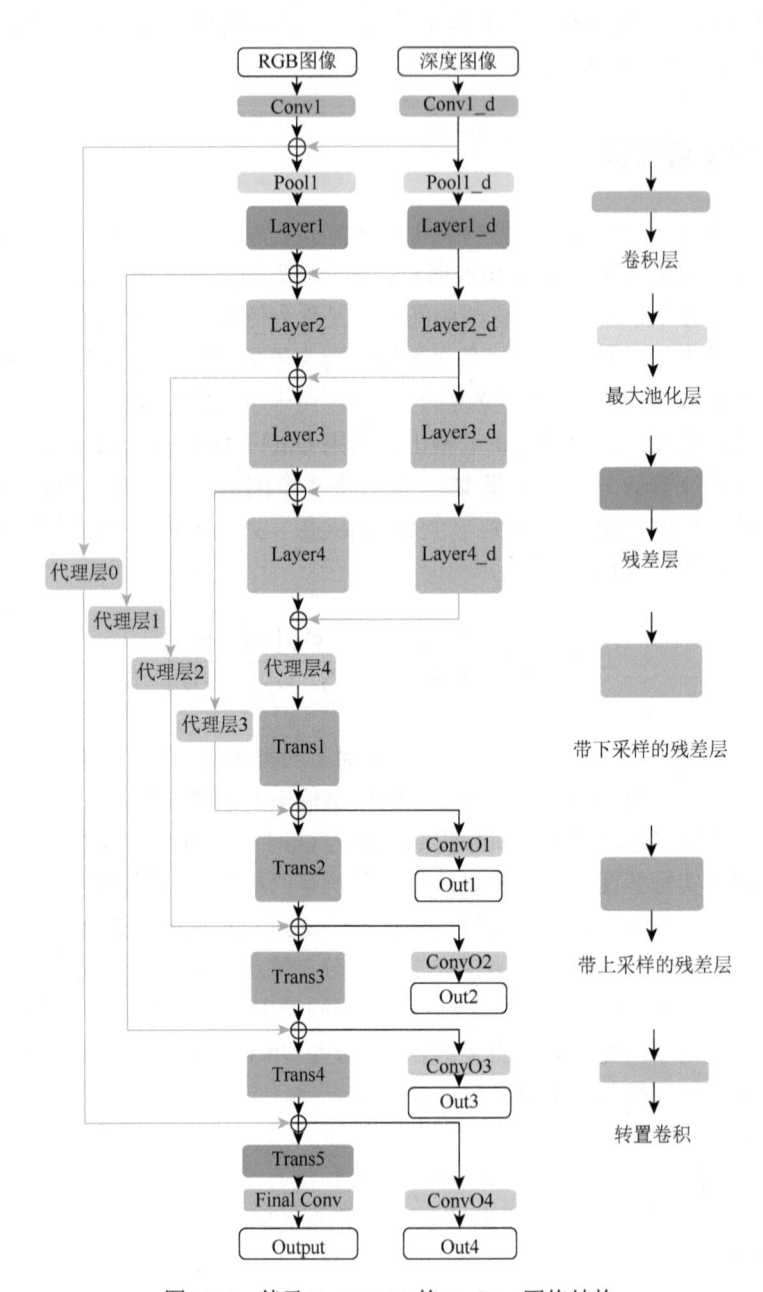

图 10-5 基于 ResNet-50 的 RedNet 网络结构

表 10-1　SUN RGB-D 数据集上金字塔监督训练方案的测试结果　　　（单位：%）

模型	像素准确率	平均准确率	MIoU
RedNet（ResNet-34）（没有金字塔监督训练方案）	80.3	55.5	45.0
RedNet（ResNet-34）（具有金字塔监督训练方案）	80.8	58.3	46.8
RedNet（ResNet-50）（没有金字塔监督训练方案）	80.5	57.4	46.0
RedNet（ResNet-50）（具有金字塔监督训练方案）	81.3	60.3	47.8

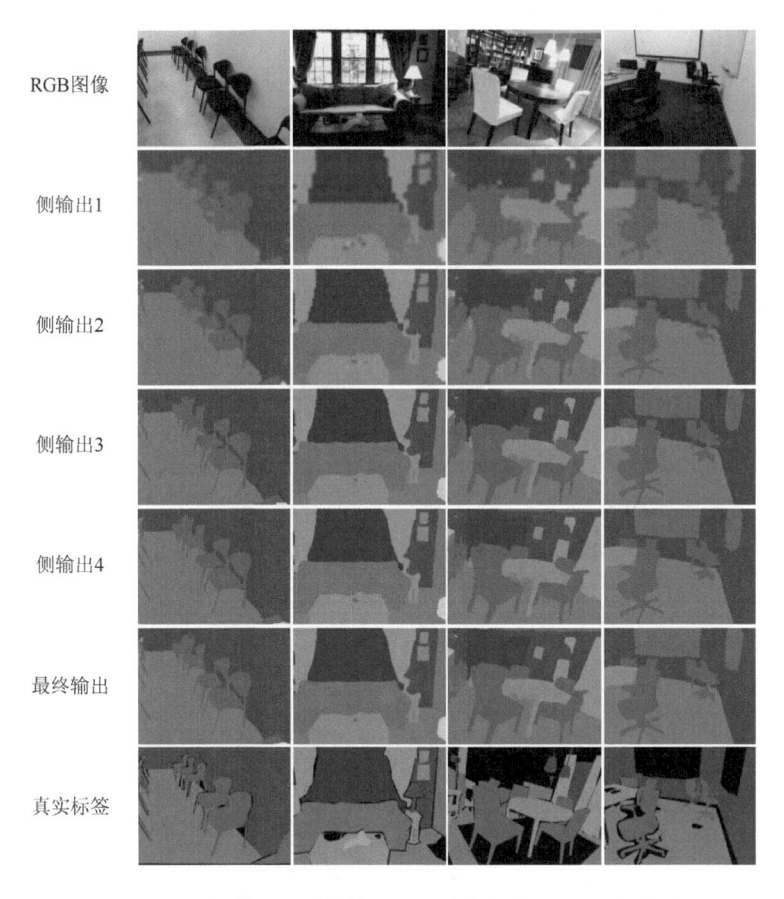

图 10-6　对比侧输出、最终输出以及真实标签图（后附彩图）

10.3　算法流程以及实现

本节将对 RedNet 的实际网络细节进行详细介绍，同时给出 RedNet 模型的完整实现代码。在本节中读者需要学习 RedNet 网络以及如何实现双流网络，并思考双流网络和以前针对 RGB 图像数据集的单流网络有何不同。

10.3.1 算法流程

RedNet 的网络架构如图 10-7 所示，图中的 RedNet 主干网络使用 ResNet-50。为了清晰地说明，图 10-7 中使用不同颜色的块来表示不同类型的层，下文也会按照层的名称给出详细细节描述。请注意，RedNet 中的每个卷积操作后均有 BN 层和 ReLU 函数，为了简化图 10-7 中已省略。

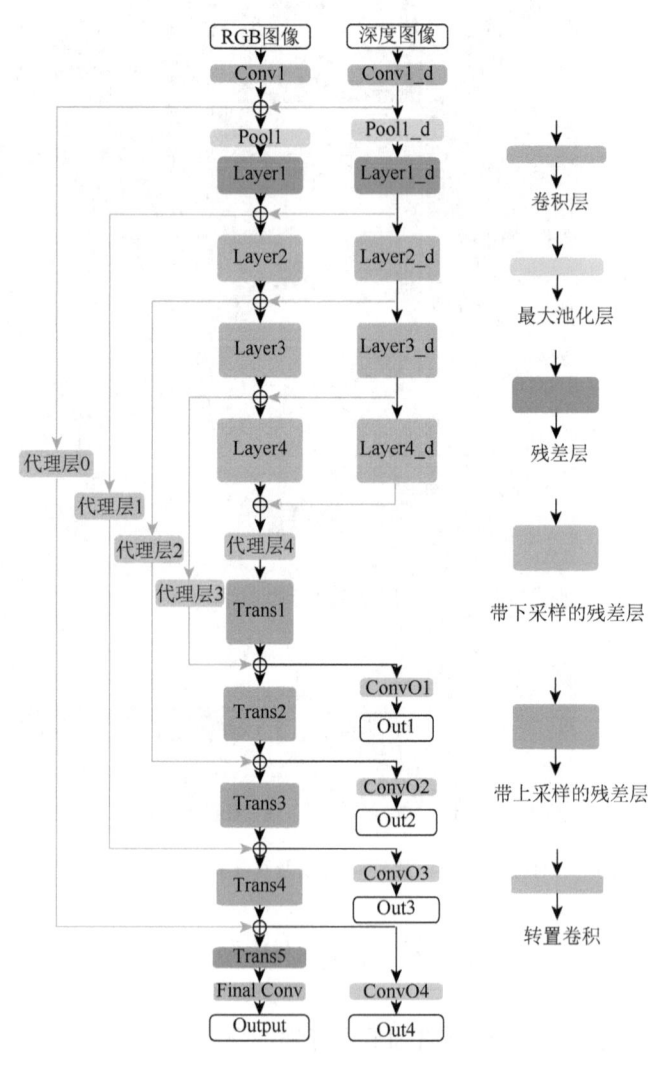

图 10-7 基于 ResNet-50 的 RedNet 网络结构

（1）如图 10-7 所示，图的上半部分（从 Conv1/Conv1_d 一直到 Layer4/Layer4_d）是网络的编码器，它有两个卷积分支，即 RGB 分支和深度分支（即双流网络的两个分支输入）。这两个编码器分支的结构都可以采用文献[3]提出的五种 ResNet 架构（表 7-1，分别是 ResNet-18、ResNet-34、ResNet-50、ResNet-101、ResNet-152）中的一种实现，其中 RedNet 结构去掉 ResNet 结构的最后两层，即去掉全局平均池化层和全连接层。注意，图 10-7 中两个分支是使用 ResNet-50 实现的。

（2）RedNet 模型中的 RGB 分支和深度分支具有相同的网络配置，深度分支上的 Conv_1d 卷积核只有一个特征通道（呈现为单通道灰度图像），而 RGB 分支上的 Conv_1 卷积核则和以前的网络输入一样，有三个特征通道。

编码器从两个下采样操作（Conv1/Conv1_d，Pool1/Pool1_d）开始，即步长为 2 的 7×7 卷积和步长为 2 的 3×3 最大池化。这里的最大池化是整个网络中唯一的池化层，此后网络中所有其他的下采样和上采样操作都采用步长为 2 的卷积和转置卷积实现。

（3）在编码器 Pool1 后的其他层是具有不同的残差单元数的残差层。表 10-2 是基于 ResNet-50 的 RedNet 中的编码器和解码器参数设置，其中 m 表示输入特征通道数，n 表示输出特征通道数，l_{unit} 表示该层中残差单元的数量。

表 10-2 基于 ResNet-50 的 RedNet 编码器和解码器参数设置

模块	编码器			模块	解码器		
	m	n	l_{unit}		m	n	l_{unit}
Layer4	1024	2048	3	Trans1	512	256	6
Layer3	512	1024	6	Trans2	256	128	4
Layer2	256	512	4	Trans3	128	64	3
Layer1	64	256	3	Trans4	64	64	3
Conv1	3	64	—	Trans5	64	64	3

这里需要注意的是，编码器中只有 Layer1 没有下采样单元，而其他层（Layer2、Layer3、Layer4）都有且仅有一个残差单元对特征图进行下采样并将特征通道增加 2 倍，残差单元的结构如图 10-8（a）所示，并且其他层（Layer2、Layer3、Layer4）的第一个残差块都进行下采样且将特征通道增加 2 倍。特别注意的是，解码器中每一层最后一个残差单元才进行上采样和通道缩减 1/2，上采样的残差单元如图 10-8（c）所示。深度分支以 Layer4_d 结束，其特征与 RGB 分支的 Layer4 输出结果进行融合。这里融合 ⊕ 是采用逐像素相加作为特征融合方法（区别于 Concat）。

（4）图 10-7 的下半部分（从 Trans1 开始）是 RedNet 网络的解码器。其中，除了 Final Conv 层是一个单一的 2×2 转置的卷积层，其他层都是解码器中的残差层，并且前四层（即 Trans1、Trans2、Trans3 和 Trans4）均有且仅有一个上样本残差单元对特征图进行 2 倍上采样。与编码器中的残差块不同，RedNet 在解码器使用的标准的残差块中有两个连续的 3×3 卷积层进行残差计算。

（5）如图 10-8 所示，其中图 10-8（a）是基于 ResNet-50 的 RedNet 编码器中的下采样残差单元，图 10-8（b）是基于 ResNet-34 的 RedNet 编码器中的下采样残差单元，图 10-8（c）是 RedNet 中首次提出的上采样残差单元。对于图 10-8 中的 Conv[(k, k), s, /c]，(k, k)表示卷积核大小，参数 s 为该卷积的步长，c 为输出特征图通道的增减因子。例如，图 10-8（c）的上采样残差单元中 Conv[(2, 2), 0.5, /2] 表示 2×2 的转置卷积，将特征图进行 2 倍上采样，并将特征通道减少一半。

（6）如表 10-2 所示，由于在编码器中使用通道扩展，基于 ResNet-50 的 RedNet 编码器中残差层的输出具有较大的通道尺寸，如果编码器中每一层的输出直接通过长跳融合到解码器，将有很大的内存消耗。因此，RedNet 采用图 10-7 所示的 Agent 层，Agent 层实质上是单个的 1×1 卷积，且步长为 1，其作用是对特征进行通道裁剪，以降低解码器的内存消耗。需要注意的是，Agent 层仅在主干网络为 ResNet-50 时存在，当主干网络为 ResNet-34 时，建议不使用 Agent 层，因为 ResNet-34 的残差单元没有使用通道扩展（如表 7-1 的 ResNet 结构所示），所以当主干网络为 ResNet-34 时，直接使用长跳连接即可，无须 Agent 层。此外，基于 ResNet-34 的 RedNet 编码器部分删除了 Conv1 的输出和 Trans4 的输出之间的跳跃连接，以获得更好的性能。

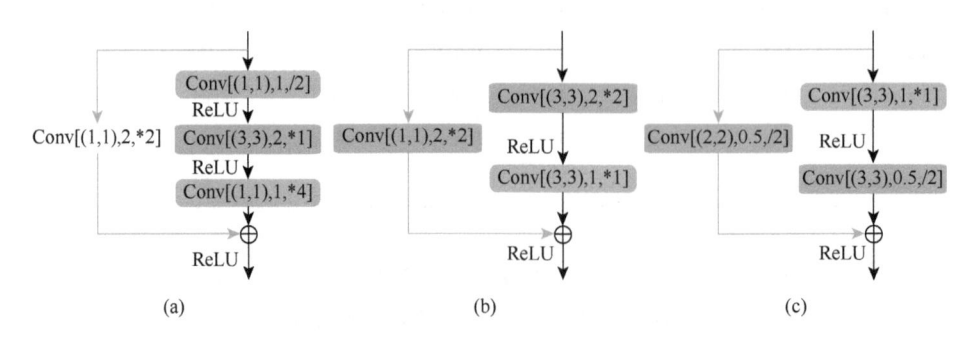

图 10-8　下采样和上采样残差单元

10.3.2　实现

本节将会给出 RedNet 的具体实现，RedNet 的网络结构与参数见图 10-7、

图 10-8 以及表 10-2。以下代码是构建 RedNet 中 ResNet 基础残差块的代码，也可见电子资源。

例 10-1 构建 ResNet 基础残差块。

```
# 可设置步长的 3*3 卷积
def conv3x3(in_planes,out_planes,stride=1):
    return nn.Conv2d(in_planes,out_planes,kernel_size=3,stride=stride,
                     padding=1,bias=False)


''' 定义 ResNet-50 模型(表 7-1)中最基础的残差块(对应图 10-8(a)),逻辑 1*1 卷积
-->3*3 卷积-->1*1 卷积,每个卷积后都带有 batchnorm 和 relu
参数 downsample 表示该残差块中是否进行下采样操作(ResNet-50 的 Layer2,Layer3,
Layer4 的第一个残差块进行下采样)对应图 10-8(a),conv1,conv2,conv3 的通道数变
化(注意在输入参数 inplanes 和 planes
本来就是 1/2 关系)
'''
class Bottleneck(nn.Module):
    expansion=4

    def __init__(self,inplanes,planes,stride=1,downsample=None):
        super(Bottleneck,self).__init__()
        self.conv1=nn.Conv2d(inplanes,planes,kernel_size=1,
                    bias=False)
        self.bn1=nn.BatchNorm2d(planes)
        self.conv2=nn.Conv2d(planes,planes,kernel_size=3,
                    stride=stride,padding=1,bias=False)
        self.bn2=nn.BatchNorm2d(planes)
        self.conv3=nn.Conv2d(planes,planes * 4,kernel_size=1,bias=
                    False)
        self.bn3=nn.BatchNorm2d(planes * 4)
        self.relu=nn.ReLU(inplace=True)
        self.downsample=downsample
        self.stride=stride
```

```python
    def forward(self,x):
        residual=x

        out=self.conv1(x)
        out=self.bn1(out)
        out=self.relu(out)

        out=self.conv2(out)
        out=self.bn2(out)
        out=self.relu(out)

        out=self.conv3(out)
        out=self.bn3(out)

        if self.downsample is not None:
            residual=self.downsample(x)# 进行下采样

        out+=residual  # 跳跃连接
        out=self.relu(out)

        return out


''' 对应图10-8(c)的上采样残差块，逻辑：先是3*3卷积，然后是3*3的反卷积，并且通道数减半
    同上，参数upsample表示此残差块是否进行上采样操作，如果不上采样则普通3*3卷积
'''
class TransBasicBlock(nn.Module):
    def __init__(self,inplanes,planes,stride=1,upsample=None):
        super(TransBasicBlock,self).__init__()
        self.conv1=conv3x3(inplanes,inplanes)
        self.bn1=nn.BatchNorm2d(inplanes)
        self.relu=nn.ReLU(inplace=True)
        if upsample is not None and stride! =1:
```

```
                self.conv2=nn.ConvTranspose2d(inplanes,planes,
                                  kernel_size=3,stride=stride,
                                  padding=1,
                                   output_padding=1,bias=False)
            else:
                self.conv2=conv3x3(inplanes,planes,stride)
            self.bn2=nn.BatchNorm2d(planes)
            self.upsample=upsample
            self.stride=stride

    def forward(self,x):
        residual=x

        out=self.conv1(x)
        out=self.bn1(out)
        out=self.relu(out)

        out=self.conv2(out)
        out=self.bn2(out)

        if self.upsample is not None:
            residual=self.upsample(x)

        out+=residual
        out=self.relu(out)

        return out
```

基于上面的基础构建块，结合图 10-7、图 10-8 以及表 10-2，下面构建 RedNet 模型。

例 10-2 构建 RedNet 模型。

相关代码请见电子资源。

在训练以及测试中使用模型可调用以下方法：

```
net=RedNet( )
out=net(rgb,depth)
```

10.4 小结及相关研究

本节对 RedNet 进行小结,并且对其他相关研究进行简单的叙述,对这部分叙述感兴趣的读者,可以根据文献标注阅读对应的参考文献。

10.4.1 小结

RedNet 是将一种 RGB-D 编码器-解码器的残差网络应用于室内 RGB-D 的语义分割。RedNet 结合残差块中的短跳连接和编码器-解码器之间的长跳连接,以实现更准确的语义推理。同时,RedNet 还在编码器中应用融合结构合并深度信息。此外,RedNet 中还提出金字塔监督训练方案,在解码器的多个层上应用监督学习以提升网络性能。SUN RGB-D 数据集上的测试结果如表 10-3 所示,测试结果表明所提出的带有金字塔监督的 RedNet 体系结构在 SUN RGB-D 数据集上取得了当时最好(state-of-the-art)的研究结果。

表 10-3　SUN RGB-D 数据集上的测试结果　　　(单位:%)

模型	像素准确率	平均准确率	MIoU
FCN-32s	68.4	41.1	29.0
SegNet	71.2	45.9	30.7
Context-CRF	78.4	53.4	42.3
RefineNet-152	80.6	58.5	45.9
CFN(RefineNet-152)	—	—	48.1
FuseNet-SF5	76.3	48.3	37.3
DFCN-DCRF	76.6	50.6	39.3
RedNet(ResNet-34)	80.8	58.3	46.8
RedNet(ResNet-50)	81.3	60.3	47.8

10.4.2 相关研究

近年来,随着自动驾驶技术的飞速发展,其研究领域不断扩大。在自动驾驶中，如何获取车辆、行人等目标的深度信息，是当前很多研究中较为重要的技术点，如 3D 重建、障碍物检测、SLAM（simultaneous localization and mapping，即时定位与地图构建或并发建图与定位）。传统上获取高精度目标深度信息通常是利用激光雷达或结构光在物体表面的反射获取深度点云，但因其价格昂贵和同步困难，未在自动驾驶领域大规模应用和部署。相机因为其价格低廉、获取信息内容丰富且体积小巧等优点，已成为自动驾驶领域较为热门的传感器之一。相应地，深度估计也受到了研究的热捧，受到了较多的关注。图像是立体场景的投影，而投影只捕获了场景的平面信息，因此深度估计很具挑战性。深度估计可以用于 3D 建模、场景理解、深度感知的图像合成等领域。深度估计的实现方式分为单目和双目两种方式，单目估计以单张图片为线索，相当于从二维图像推测三维空间，因此效果不好。人们更着重于研究立体视觉，即从多张图片中得到深度信息。双目估计使用两张图片就可以根据视角的变化得到图片之间的视差，从而达到求取深度的目的。Eigen 等[14]通过设计使用两个尺度输入的网络，一个分支在整个图像上做粗糙的全局预测，而另一个分支完成局部精细化的预测，并且选择使用尺度不变误差帮助衡量深度关系，最后通过大的训练数据训练，在 NYU Depth 和 KITTI 数据集上都达到了最好的结果。David Eigen 团队提出了一个通用的多尺度卷积神经网络结构（从前面的两个尺度变为三尺度）[15]，只需要通过微调即可适应多种任务，如深度估计、表面法向量估计以及语义分割，并且网络的输出是实时的，最后在上述三项任务中都获得了当前最佳性能，证明了网络的多面性。由于深度估计和语义分割相类似，都是端到端、像素到像素，因此很多语义分割的方法（如全卷积网络 FCN）可以应用到深度估计的研究中[16-18]，并且取得了相当不错的效果。

  近年来，随着 RGB-D 相机的发展与流行，涌现出大量基于 RGB-D 相机的研究工作，如使用 RGB-D 相机进行室内三维重建、物体和人脸的室内三维重建、自动驾驶、增强现实等。虽然 RGB-D 相机具有很广泛的应用前景，但是受制于物理硬件，当前深度相机输出的深度图像还存在很多问题，如光滑物体表面反射、半/透明物体、深色物体、超出量程等都会造成深度图缺失，从而严重影响深度图像质量，因此深度图补全的相关工作至关重要。Zhang 等[19]对深度传感器中没有返回值的像素点进行全新的深度预测，由于这些像素在原始深度中缺失，因此只在原始深度上训练的方法不能很好地预测缺失的深度信息，该研究提到的方法只需要输入一张彩色图和一张深度图，即可补全任意范围的深度缺失。Jeon 等[20]提出了一个大规模由原始噪声的图像和没有噪声的图像所组成的数据集，可以用于深度图像增强的监督学习，并且提出一种基于深度图像增强的具有多尺度跳跃连接的深度拉普拉斯金字塔网络，以级联的方式降低噪声和空洞；实验结果表明，网络训练的损失函数使原始几何结构在深度图像增强过程中得以保留，其特性有助于加速密集三维表面重建的收敛。Yan 等[21]提出了 DDRNet，主要针对 comsumer depth cameras，网络主要包括三个部分：encoder、nonlinearity 和 decoder，其中 encoder 编码特征，nonlinearity 增加非线性，decoder 解码特征，最后重建高质量的深度图，可同时在低频和高频上提高深度图的质量。

受 RedNet 模型启发，浙江大学现代光学仪器国家重点实验室[22]提出了一种注意力互补网络 ACNet（attention complementary network），通过注意力互补模块（attention complementary module，ACM）可以选择性地从 RGB 分支和深度分支中收集特征。ACM 是一个基于通道注意力的模块，保留了原始 RGB 和深度分支的特征提取，并融合两个分支，最后在 SUN RGB-D 和 NYUD Depth Dataset V2 数据集上评估模型的性能。上海交通大学系统控制与信息处理教育部重点实验室[23]针对当前 RGB 和深度图像特征缺乏有效的融合机制，考虑充分利用来自多模态的互补信息，提出一种用于 RGB-D 语义分割的深度多模态网络 RFBNet，通过自底向上的交互式融合结构对 RGB 和深度图像信息的相互依赖关系建模，使用残差融合块明确地表示两个编码器的相互依赖关系，最后在两个数据集（ScanNet 和 Cityscapes 数据集）的实验证明了模型的有效性。

参 考 文 献

[1] Jiang J D, Zheng L N, Luo F, et al. Rednet: Residual encoder-decoder network for indoor rgb-d semantic segmentation[C/OL].（2018-06-04）[2022-09-04]. https://arxiv.org/pdf/1806.01054v1.pdf.

[2] Szegedy C, Liu W, Jia Y, et al. Going deeper with convolutions[C]//2015 IEEE Conference on Computer Vision and Pattern Recognition（CVPR），Boston，IEEE，2015：1-9.

[3] Silberman N, Hoiem D, Kohli P, et al. Indoor segmentation and support inference from rgbd images[C]//Fitzgibbon A, Lazebnik S, Perona P, et al. Computer Vision—ECCV 2012，12th European Conference on Computer Vision. Berlin：Springer-Verlag，2012：746-760.

[4] Song S R, Lichtenberg S P, Xiao J X. SUN RGB-D：A RGB-D scene understanding benchmark suite[C]//2015 IEEE Conference on Computer Vision and Pattern Recognition（CVPR），Boston，IEEE，2015：567-576.

[5] Janoch A, Karayev S, Jia Y Q, et al. A category-level 3D object dataset：Putting the kinect to work[C]//2011 IEEE International Conference on Computer Vision Workshops（ICCV Workshops），Barcelona，IEEE，2011：116841-1174.

[6] Xiao J, Owens A H, Torralba A. SUN3D：A database of big spaces reconstructed using SfM and object labels[C]//2013 IEEE International Conference on Computer Vision，Sydney，IEEE，2013：1625-1632.

[7] Koppula H S, Anand A, Joachims T, et al. Semantic labeling of 3D point clouds for indoor scenes[C]//Proceedings of the 24th International Conference on Neural Information Processing Systems，2011：244-252.

[8] Huang H, Jiang H, Brenner C, et al. Object-level segmentation of RGBD data[J]. ISPRS Annals of Photogrammetry，Remote Sensing and Spatial Information Sciences，2014，2（3）：73-78.

[9] Gupta S, Arbeláez P, Malik J. Perceptual organization and recognition of indoor scenes from RGB-D images[C]/2013 IEEE Conference on Computer Vision and Pattern Recognition，Portland，IEEE，2013：564-571.

[10] Gupta S, Girshick R, Arbeláez P, et al. Learning rich features from RGB-D images for object detection and

segmentation[C]//Fleet D, Pajdla T, Schiele B, et al. Computer Vision—ECCV 2014. 13th European Conference. Cham: Springer, 2014: 345-360.

[11] Shelhamer E, Long J, Darrell T. Fully convolutional networks for semantic segmentation[J]. IEEE Transactions on Pattern Analysis and Machine Intelligence, 2017, 39 (4): 640-651.

[12] Hazirbas C, Ma L, Domokos C, et al. Fusenet: Incorporating depth into semantic segmentation via fusion-based cnn architecture[C]//Lai S-H, Lepetit V, Nishino K, et al. Computer Visoion—ACCV 2016, 13th Asian Conference on Computer Vision. Cham: Springer, 2016: 213-228.

[13] Jiang J D, Zhang Z J, Huang Y Q, et al. Incorporating depth into both cnn and crf for indoor semantic segmentation[C]//2017 8th IEEE International Conference on Software Engineering and Service Science (ICSESS), Beijing, IEEE, 2017: 525-530.

[14] Eigen D, Puhrsch C, Fergus R. Depth map prediction from a single image using a multi-scale deep network[C]//Proceedings of the 27th International Conference on Neural Information Processing Systems - Volume 2, 2014: 2366-2374.

[15] Eigen D, Fergus R. Predicting depth, surface normals and semantic labels with a common multi-scale convolutional architecture[C]//2015 IEEE International Conference on Computer Vision (ICCV), Santiago, IEEE, 2015: 2650-2658.

[16] Mancini M, Costante G, Valigi P, et al. Fast robust monocular depth estimation for obstacle detection with fully convolutional networks[C]//2016 IEEE/RSJ International Conference on Intelligent Robots and Systems (IROS), Daejeon, IEEE, 2016: 4296-4303.

[17] Afifi A J, Hellwich O. Object depth estimation from a single image using fully convolutional neural network[C]//2016 International Conference on Digital Image Computing: Techniques and Applications (DICTA), Gold Coast, IEEE, 2016: 1-7.

[18] Laina I, Rupprecht C, Belagiannis V, et al. Deeper depth prediction with fully convolutional residual networks[C]//2016 Fourth International Conference on 3D Vision (3DV), Stanford, IEEE, 2016: 239-248.

[19] Zhang Y D, Funkhouser T. Deep depth completion of a single RGB-D image[C]//2018 IEEE/CVF Conference on Computer Vision and Pattern Recognition, Salt Lake City, IEEE, 2018: 175-185.

[20] Jeon J, Lee S. Reconstruction-based pairwise depth dataset for depth image enhancement using CNN[C]//Ferrari V, Hebert M, Sminchisescu C, et al. Computer Vision—2018, 15th European Conference. Berlin: Springer, 2018: 422-438.

[21] Yan S, Wu C, Wang L, et al. Ddrnet: Depth map denoising and refinement for consumer depth cameras using cascaded cnns[C]//Ferrari V, Hebert M, Sminchisescu C, et al. Computer Vision—2018, 15th European Conference. Berlin: Springer, 2018: 151-167.

[22] Hu X X, Yang K L, Fei L, et al. Acnet: Attention based network to exploit complementary features for rgbd semantic segmentation[C]//2019 IEEE International Conference on Image Processing (ICIP), Taipei, IEEE, 2019: 1440-1444.

[23] Deng L Y, Yang M, Li T Y, et al. RFBNet: Deep multimodal networks with residual fusion blocks for RGB-D semantic segmentation[C/OL]. (2019-05-16) [2022-09-04]. https://arxiv.org/pdf/1907.00135.pdf.

第 11 章 RDFNet

第 10 章介绍了 RGB-D 语义分割的基本任务和挑战，以及 RGB-D 室内语义分割的基准数据集 NYU Depth Dataset V2 和 SUN RGB-D，本章将介绍室内 RGB-D 语义分割的另一项研究工作——RDFNet[1]，并介绍两项与 RDFNet 相关的工作——RefineNet[2]和 Light-Weight RefineNet[3]，分别与其他章节介绍的 RGB 语义分割和实时分割相对应。

11.1 引　　言

经过前面章节的介绍，读者对 RGB 语义分割、实时分割以及室内 RGB-D 语义分割已经有了一定的理解。11.1.1 节将介绍 RDFNet 的背景以及相关工作，11.1.2 节将介绍 RefineNet 的发展历程。

11.1.1　背景以及相关工作

近年来，全卷积网络（FCN）由于高效的特征提取能力以及端到端训练，已经成为语义分割中最常用的选择。FCN 也被广泛应用于其他密集预测任务中，如深度估计、图像恢复和图像超分辨率。但经过阅读前面系列章节的内容可知，连续的卷积和池化使得下采样中最终输出的特征图在每个维度上减少至原来的 1/32，因此失去了很多更精细的图像结构，如图像中的轮廓、边界信息，导致最终的分割结果比较粗糙。尽管许多研究（如 FCN、DeconvNet、SegNet）通过反卷积对低分辨率特征图进行上采样，但反卷积操作无法恢复下采样操作后丢失的低层次视觉特征。因此，它们无法得到十分精准的高分辨率预测图，因为低级的视觉信息对于准确预测边界或细节是必不可少的。此外，DeepLab 系列算法应用空洞卷积输出中分辨率特征图，其在不缩小图像比例的情况下能获得更大的接受域，从而得到广泛应用。然而，尽管 DeepLab 系列算法具备优秀的性能，但也因为空洞卷积策略而至少有两个局限性。首先，它需要对大量（高分辨率）特征进行卷积，这些特征映射通常是高维特征（特征图尺寸大并且通道数多），因此计算成本很高，大量高维、高分辨率的特征图消耗了大量图形处理器（GPU）

内存资源。其次，空洞卷积引入特征的粗子采样，也可能导致重要细节的丢失。此外，深度估计方法采用超像素池化来输出高分辨率的预测结果[4]。

同样，近年来的相关工作也提出要充分利用中间层特征提高网络性能，因为来自中间层的特征仍保留空间信息，这些信息被认为是对早期卷积层特征的互补，它编码低级的空间信息，如边缘、角、圆等，也是对更深层次的编码高级语义信息的补充（高级语义信息是指物体或类别级的信息，但缺少空间信息）。例如，U-Net 和 SegNet 在编码器-解码器结构中应用跳跃连接来利用中间层的特征；DeepLab v1 使用多尺度（MSc）预测的方法提高边界定位的准确性。

由于对象种类很多，且具有严重遮挡等问题，室内语义分割仍然是最具挑战性的问题之一。随着微软 Kinect 等商业 RGB-D 传感器的推出，相关研究工作证明，利用从深度信息中提取的特征对室内语义分割是有用且有效的。因为深度信息的特征可以补充描述在 RGB 图像中可能会遗漏的三维几何信息。尽管已经有许多研究工作尝试以不同的方式利用深度信息进行语义分割，不同架构的 RGB-D 语义分割如图 11-1 所示，其中"C"、"T"和"+"分别表示连接、转换和元素级求和。图 11-1（a）为早期融合，在输入网络前就通过简单地连接输入的颜色 RGB 和深度 Depth 通道，虽然底层 RGB-D 特征能很好地保留空间线索，但融合后得到的特征信息较少。图 11-1（b）为晚期融合，即 RGB 图像和深度图像分别通过不同的 DCNN 网络，最终在输入结果时通过 Sum 融合，但是 RGB 图像和深度图像高级特征中的互补空间线索在 DCNN 中多次池化后已经被削弱。图 11-1（c）为多模态的反卷积结构[5]，它包含了额外的特征转换网络，通过发现共同的和模态特

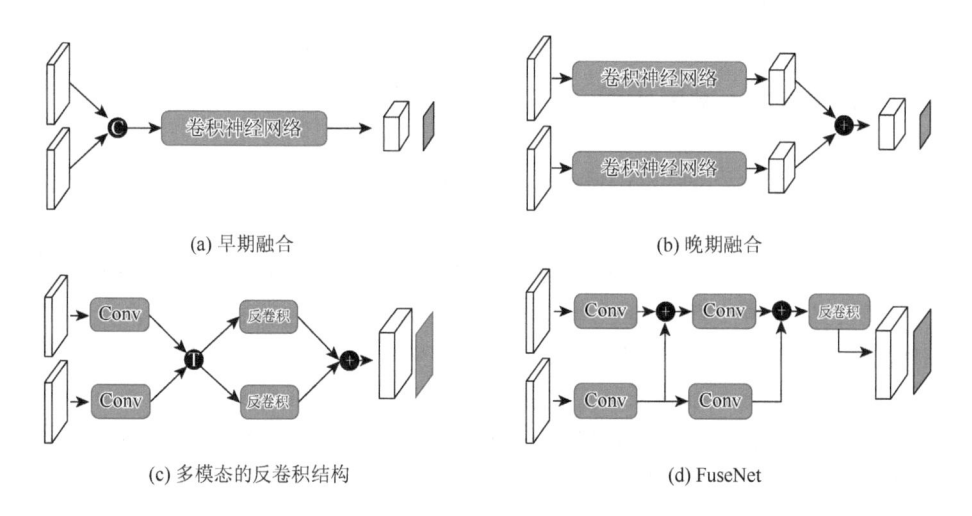

(a) 早期融合

(b) 晚期融合

(c) 多模态的反卷积结构

(d) FuseNet

图 11-1 不同架构的 RGB-D 语义分割

定的特征，将这两种模态关联起来，从图中可知，它不利用两种模式的任何中间特征，只是在网络的末端采用两种模态的简单得分图融合进行最终预测，该网络训练是分阶段进行的，而不是端到端训练。Hazirbas 等[6]提出了一种利用中间层深度特征的方法即 FuseNet [图 11-1（d）]，只是对编码器的中间 RGB 和深度特征进行求和，没有充分利用深度信息，因此其准确性并不如当时最先进的仅使用 RGB 的 CNN 架构[7]。先前的研究并没有充分利用多模态特征融合的潜力，而只是简单地连接 RGB 和深度特征或平均 RGB 和深度得分图。如何有效且高效地提取和利用深度信息仍然是室内语义分割的突破点和难点。

语义分割已成功地在多个领域得到应用，如医学图像分割、道路场景理解、遥感图像分割。但在这些应用上更需要的是对高分辨率输入的实时处理，大多数现代语义分割网络难以实现。前面提到的大多数语义分割网络要么包含大量参数，要么包含大量浮点操作，或者两个都有。这正是实时分割处理开发中的重大缺点。当然，除了第 9 章介绍的 ENet、BiSeNet、DFANet 等实时分割网络外，还有很多有意义的研究工作。例如，Zhao 等提出 ICNet[8]，采用 PSPNet[9]逐步处理多个图像尺度，最终能够在分辨率 1024×2048 的图像上达到 30 FPS 的速度，并且在 Cityscapes 验证集上达到 67%的 MIoU。这些实时分割网络遵循编码器-解码器结构，但未能获得良好的性能水平。具体来说，SegNet[1]在大小为 360×480 的输入上达到 40 FPS，但在 Cityscapes 验证集上仅有 57.0%的 MIoU，而 ENet 虽然能够对大小为 1920×1080 的输入进行 20 FPS 的推断，但其在 Cityscapes 验证集上仅有 58.3%的 MIoU。因此，如何在高分辨率输入下保持良好的性能水平正是实时分割研究的重点和难点。

11.1.2 RefineNet 发展历程

尽管在 RGB 和深度特征的融合方面有一些相关研究工作，但如何有效地利用中间层特征仍然是一个有待解决的问题。2017 年 Lin 等[2]提出了一个新的网络 RefineNet 来解决这个问题。他们认为，网络中来自各个层次的特征都有助于语义分割。高级语义特征有助于图像区域的分类识别，而低级视觉特征有助于高分辨率预测中清晰、详细地识别边界。RefineNet 是一种多路径强化网络，它能够利用下采样过程的所有信息，使用长跳跃连接实现高分辨率的预测。RefineNet 在 7 个公开数据集（PASCAL VOC 2012，PASCAL-Context，NYUD v2，SUN RGB-D，Cityscapes，ADE20K 和 Human Parsing 数据集）上取得了最新的性能（the state-of-the-art），充分说明了模型的强泛化能力，特别是，RefineNet 在 PASCAL VOC 2012 数据集上获得了 83.4%的 IoU，优于当时最好的 DeepLab v1。

同样，对于室内 RGB-D 语义分割，尽管存在一些相关研究工作，但如何有效且高效地提取、融合深度特征和颜色特征仍然是一个有待解决的问题。2017 年 Park 等提出了一个新的网络架构 RDFNet 来获得多模态特征（深度特征和颜色特征）的最优融合[1]。RDFNet 通过多模态特征融合 MMFNet 块和多级特征细化 RefineNet 块，有效地捕获多级 RGB-D 特征，其中多模态特征融合 MMFNet 块能充分利用 RGB 和深度信息的互补特征，多级特征细化 RefineNet 块从多个层次学习融合特征的组合，以实现高分辨率预测。实验表明，RDFNet 架构在 NYUD v2 和 SUN RGB-D 2 个数据集上达到了最先进的精度（the state-of-the-art）。

2018 年，针对需要高分辨率输入的实时性能的任务，受 RefineNet 的启发，Nekrasov 等[3]提出轻量级的实时分割网络 Light-Weight RefineNet，通过对原始 RefineNet 进行大量消融实验进而确定计算成本昂贵的块，提出了两个相应的修改来减少参数和浮点操作。通过上述操作减少了一半以上的模型参数，同时性能水平几乎保持不变。最后在一个通用 GPU 显卡上进行相关实验，在 PASCAL VOC 2012 验证集的 512×512 输入上获得 55 FPS 的同时，也达到 81.1%的 MIoU（使用原始 RefineNet 能获得 83.4%的 MIoU 和 20 FPS 的处理速度，Light-Weight RefineNet 基于其他更深的主干网络能获得 82.7%的 MIoU 以及 32 FPS 的处理速度）。该方法可与其他轻量级网络混合使用，能获得更轻量级的参数并保持良好的性能。

11.2　网　络　结　构

前面提到名词如 RefineNet、MMFNet、Light-Weight RefineNet 等，本节将对这些名词进行更详细的原理解析。首先介绍 RefineNet 和 Light-Weight RefineNet，然后介绍 RDFNet 中另外一个创新点 MMFNet（RDFNet 中还有一个创新点 RefineNet 模块）。

11.2.1　网络结构介绍

从前面的介绍中可以知道，RefineNet 的学习是重点，并且本章主要介绍的室内 RGB-D 的 RDFNet 也是参考了 RefineNet 模块，因此需要重点学习 RefineNet 模块的构成以及设计思想。同时，基于 RefineNet 进行修改的轻量级 Light-Weight RefineNet 的经验操作也值得读者学习，在日后研究工作中也可以作为优化使用。

1. RefineNet

RefineNet 沿用了 FCN 中全卷积的思想,并主要针对语义分割任务中如何高效利用中间层特征进行高分辨率预测的问题。下面将从 RefineNet 的特点和原理入手,讨论 RefineNet 的搭建细节,最后给出 RefineNet 的实现代码。

RefineNet 的特点如下。

(1) RefineNet 是一种多路径细化网络,利用下采样过程中多个抽象层次的特征进行高分辨率的语义分割。RefineNet 以递归的方式,用细粒度的低级特征来细化低分辨率(粗粒度)的语义特征,以生成高分辨率的语义特征映射。同时 RefineNet 模型是灵活的,可以很容易地进行级联和修改。

(2) RefineNet 可以有效地进行端到端训练,这对于最佳预测性能至关重要。更具体地说,RefineNet 中的所有组件都采用残差连接,这样梯度可以通过短程和远程残差连接直接传播,允许有效和高效的端到端训练。

(3) RefineNet 提出了一种新的网络模块——链式残差池化(chained residual pooling,CRP)模块,能够从一个大的图像区域捕获背景上下文。它通过有效地汇集具有多个窗口大小的特征,将特征与残差连接并和可学习的权值融合来实现这一点。

(4) RefineNet 在 7 个公共数据集(PASCAL VOC 2012,PASCAL-Context,NYUD v2,SUN RGB-D,Cityscapes,ADE20K 和 Human Parsing 数据集)上取得了最新的性能(the state-of-the-art),充分说明了模型的强泛化能力。特别地,RefineNet 在 PASCAL VOC 2012 数据集上获得了 83.4%的 MIoU,如表 11-1 所示,优于当时最好的 DeepLab v1。

RefineNet 的网络结构图,如图 11-2 和图 11-3 所示,图 11-2 和图 11-3 等价,注意图 11-2 并不完整。RefineNet 实际上是编码器-解码器结构,其中编码器使用的是 ResNet 网络(可以使用其他先进的分类或分割网络替换)。因为文献[2]没有修改 ResNet 的前面部分网络,所以图 11-2 中隐藏原图和 1/2 特征图。如图 11-2 所示,RefineNet 利用下采样过程中不同阶段的不同细节特征,将它们融合以获得高分辨率预测。需要注意的是,RefineNet-4 只有一个输入路径,而其他的 RefineNet 模块(RefineNet-3、RefineNet-2、RefineNet-1)都有两个输入路径。

图 11-3 中 RefineNet 模块组建的细节如图 11-4 所示。每个 RefineNet 模块中在输入时都首先经过两个残差卷积(residual convolution unit,RCU)模块,其次经过一个多分辨率融合(multi-resolution fusion,MRF)模块对多路径输入的 RCU 进行特征融合,然后经过一个链式残差池化模块(CRP 模块),最后再经过一个残差卷积模块(RCU 模块)后输出。

第 11 章 RDFNet

表 11-1 RefineNet 在 PASCAL VOC 2012 测试集上的结果

（单位：%）

模型	飞机	自行车	鸟	船	瓶子	公共汽车	小汽车	猫	椅子	奶牛	桌子	狗	马	摩托车	人	盆栽	羊	沙发	火车	电视机	平均
FCN-8s	76.8	34.2	68.9	49.4	60.3	75.3	74.7	77.6	21.4	62.5	46.8	71.8	63.9	76.5	73.9	45.2	72.4	37.4	70.9	55.1	62.2
DeconvNet	89.9	39.3	79.7	63.9	68.2	87.4	81.2	86.1	28.5	77.0	62.0	79.0	80.3	83.6	80.2	58.8	83.4	54.3	80.7	65.0	72.5
CRF-RNN	90.4	55.3	88.7	68.4	69.8	88.3	82.4	85.1	32.6	78.5	64.4	79.6	81.9	86.4	81.8	58.6	82.4	53.5	77.4	70.1	74.7
BoxSup	89.8	38.0	89.2	68.9	68.0	89.6	83.0	87.7	34.4	83.6	67.1	81.5	83.7	85.2	83.5	58.6	84.9	55.8	81.2	70.7	75.2
DPN	89.0	61.6	87.7	66.8	74.7	91.2	84.3	87.6	36.5	86.3	66.1	84.4	87.8	85.6	85.4	63.6	87.3	61.3	79.4	66.4	77.5
Context	94.1	40.7	84.1	67.8	75.9	93.4	84.3	88.4	42.5	86.4	64.7	85.4	89.0	85.8	86.0	67.5	90.2	63.8	80.9	73.0	78.0
DeepLab	89.1	38.3	88.1	63.3	69.7	87.1	83.1	85.0	29.3	76.5	56.5	79.8	77.9	85.8	82.4	57.4	84.3	54.9	80.5	64.1	72.7
Deeplab2-Res101	92.6	60.4	91.6	63.4	76.3	95.0	88.4	92.6	32.7	88.5	67.6	89.6	92.1	87.0	87.4	63.3	8R.3	60.0	86.8	74.5	79.7
CSupelec-Res101	92.9	61.2	91.0	66.3	77.7	95.3	88.9	92.4	33.8	88.4	69.1	89.8	92.9	87.7	87.5	62.6	89.9	59.2	87.1	74.2	80.2
RefineNet-Res101	94.9	60.2	92.8	77.5	81.5	95.0	87.4	93.3	39.6	89.3	73.0	92.7	92.4	85.4	88.3	69.7	92.2	65.3	84.2	78.7	82.4
RefineNet-Res152	94.7	64.3	94.9	74.9	82.9	95.1	88.5	94.7	45.5	91.4	76.3	90.6	91.8	88.1	88.0	69.9	92.3	65.9	88.7	76.8	83.4

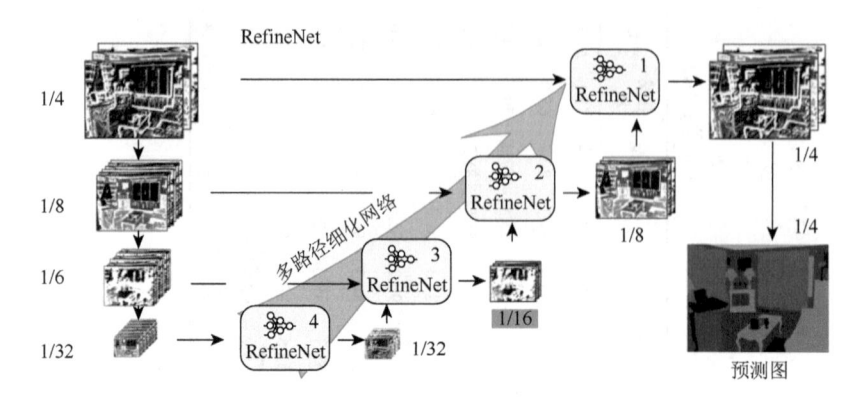

图 11-2 RefineNet 网络结构图 1

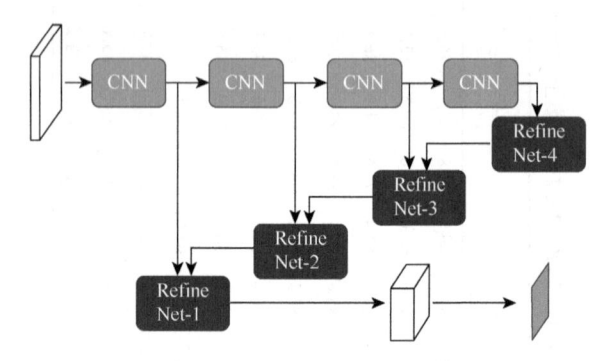

图 11-3 RefineNet 网络结构图 2

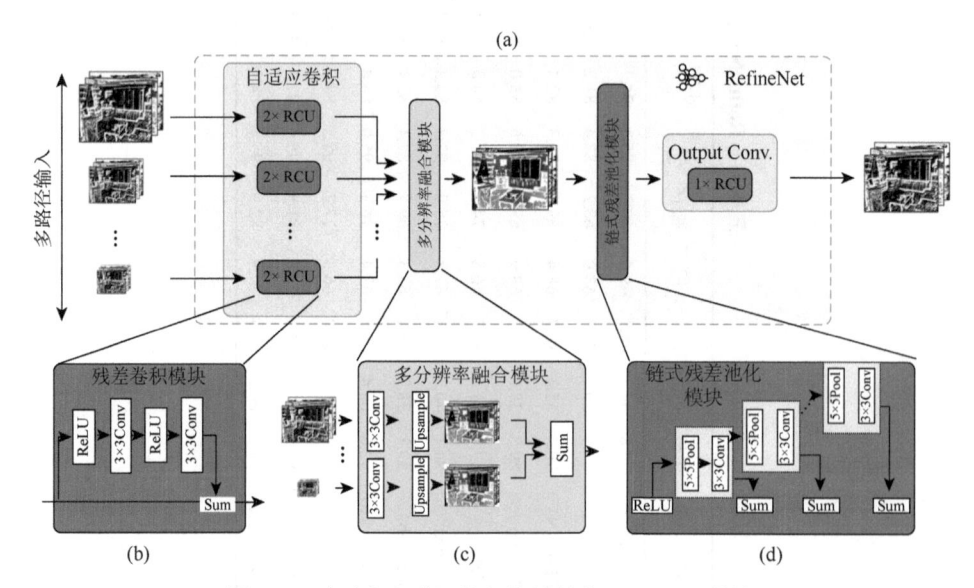

图 11-4 多路径细化网络架构的单个 RefineNet 模块

第 11 章 RDFNet

根据图 11-4 可知，多路径输入实际上有两个输入或一个输入（RefineNet-4 块中就只有一个输入），但也可以根据需求将下采样中多个层的输出作为多路径输入。RefineNet 模块中主要包括残差卷积模块（RCU 模块）、多分辨率融合模块（MRF 模块）以及链式残差池化模块（CRP 模块）。

（1）残差卷积模块：每个 RefineNet 模块的第一部分均由一个卷积集组成，如图 11-5 所示，包括两个 ReLU 激活、两个 3×3 卷积和一个残差连接，它主要的作用是微调预训练的 ResNet 权重。其中，每个输入路径都是按顺序通过两个残差卷积模块，实际上 RCU 模块在设计上受到 ResNet 思想的启发，但其中 BN 层被删除。在实验中，RefineNet-4 中每个输入路径上的 RCU 卷积个数设置为 512，其余模块中设置为 256。

（2）多分辨率融合模块：将所有路径输入通过多分辨率的融合块融合成一个高分辨率的特征图，如图 11-4（c）以及图 11-6 所示。RCU 模块将前面多种分辨率的特征图输入到多分辨率融合模块后，首先采用 3×3 卷积层获得尺寸不变的特征图；然后使用上采样操作将所有特征图扩展为尺寸相同的新特征图（这是一个上采样的过程，通过上采样得到最大分辨率的特征图所对应的分辨率），注意这里的上采样实际应该是 2 倍上采样（对应下采样的过程）；最后使用 Sum 操作融合所有的特征图，其中采样之前的卷积模块是为了调整不同特征的通道数，便于求和，也有助于沿着不同的路径适当地重新缩放特征值，这对后续的求和 Sum 融合很重要。如果只有一个输入路径（例如，图 11-3 中的 RefineNet-4 就只有一个输入路径，其他 RefineNet 模块均有两个输入路径），输入路径将直接通过这个块而没有更改。

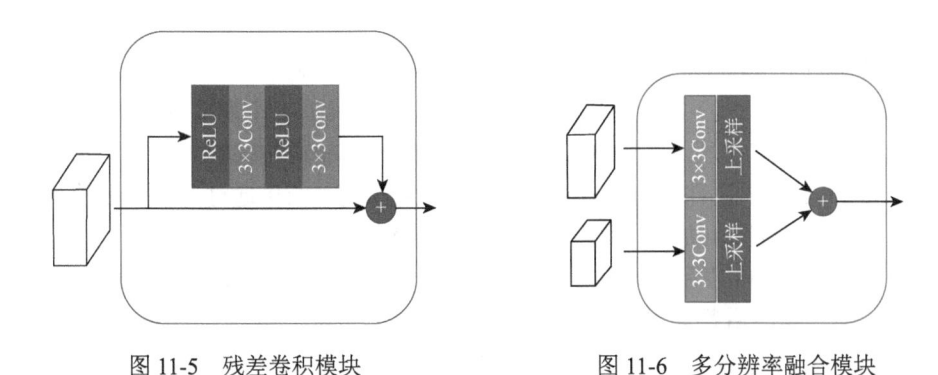

图 11-5 残差卷积模块

图 11-6 多分辨率融合模块

（3）链式残差池化模块：如图 11-4（d）以及图 11-7 所示，此模块的目的是从大的背景区域中捕获上下文信息，多个池化窗口能获得有效的特征，并使用学习到的权重进行融合。

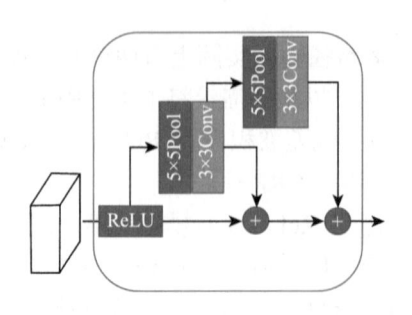

图 11-7　链式残差池化模块

特别地，这个模块由多个池化块的链组成，而每个池化块由一个最大池化层和一个卷积层组成，使用前一个池化块的输出作为输入。因此，当前的池化块能够重用来自前一个池化操作的结果，从一个大的区域获取特征，这种操作使得在不使用大的池化窗口的前提下捕获上下文信息。特别注意的是，实验中使用两个池化块，池化操作中步长为 1。通过跳跃连接的求和，可以将所有池化块的输出特征与输入特征融合在一起。同时，使用跳跃连接再次促进了在训练期间的梯度传播。此外，在一个池化块中，每个池化操作之后都有卷积，作为求和融合的加权层，即每个池化块中的卷积层将学习在训练过程中该池化块的重要性。

（4）Output convolutions 块：每个 RefineNet 块的最后一个部分是另一个 RCU 模块，即每个 RefineNet 块中有三个 RCU 模块，并且在最后的 Softmax 预测步骤之前放置两个额外的 RCU 模块。Output convolutions 块的目的是在多路径融合的特征映射上使用非线性操作生成用于进一步处理或最终预测的特征，并且通过此块后特征维度保持不变。

在具体网络搭建中，RefineNet 选择使用 ResNet 作为主干网络，即网络中进行了 5 次下采样。实验中对比了 ResNet-101 与 ResNet-152 作为主干网络的性能。ResNet 构成如表 7-1 所示，RefineNet 中编码器 ResNet 结构仅添加额外的卷积操作，如图 11-2 所示，并且将 ResNet 中多个下采样块的结果通过远程跳跃连接的方式输入到 RefineNet 块中。网络搭建过程的细节如下。

将 RefeneNet-m 表示为连接第 m 个 ResNet 输出的 RefineNet 模块。在实现中，每个 ResNet 输出后都通过一个卷积层进一步提取特征。尽管所有的 RefineNet 模块共享相同的内部架构，但它们的参数并没有共享，这样可更灵活地适应各个级别的细节信息。如图 11-4(c)所示，从 ResNet 的最后一个块开始，将 ResNet-4 的输出连接到 RefineNet-4。这里，RefineNet-4 只有一个输入，RefineNet-4 作为一个额外的卷积集，使预先训练的 ResNet 权重适应当前任务。在下一阶段，RefineNet-4 和 RefineNet-3 的输出作为多路径输入到 RefineNet-3。RefineNet-3 的作用是使用 ResNet-3 的高分辨率特征来细化 RefineNet-4 在前期的低分辨率特征图输出。类似地，RefineNet-2 和 RefeneNet-1 是通过融合来自后期层（前一个 RefineNet 的输出）的高级信息和来自早期层（对应 ResNet 块的远程跳跃连接输入）的高分辨率特征重复这种逐步细化。最后一步是将最终的高分辨率特征图输入到一个密集的 Softmax 层，以一个密集的分数图的形式进行最终的预测，并使用双线性插值法对该分数图进行上采样，以匹配原始图像。

例 11-1 RefineNet 的实现。

RefineNet 的实现代码请见电子资源。

2. Light-Weight RefineNet

Light-Weight RefineNet 只是对 RefineNet 做了一些修改，能在保持性能的同时大幅减少参数量以及浮点数操作。下面来看 Light-Weight RefineNet 的两点修改。

（1）使用 1×1 卷积取代 3×3 卷积。首先，RefineNet 中普遍使用 3×3 卷积，这直接导致了网络的参数量多且浮点计算量大。图 11-8（a）是原来的 RefineNet，图 11-8（b）～（d）分别是 RefineNet 中的残差卷积模块、链式残差池化模块和多分辨率融合模块。从图 11-8 中可以看到 RefineNet 的设计中有很多 3×3 卷积。因此，Light-Weight RefineNet 中使用没有性能下降的、更简单的 1×1 卷积来替换 3×3 卷积，替换后的结果如图 11-8（e）～（g）所示。

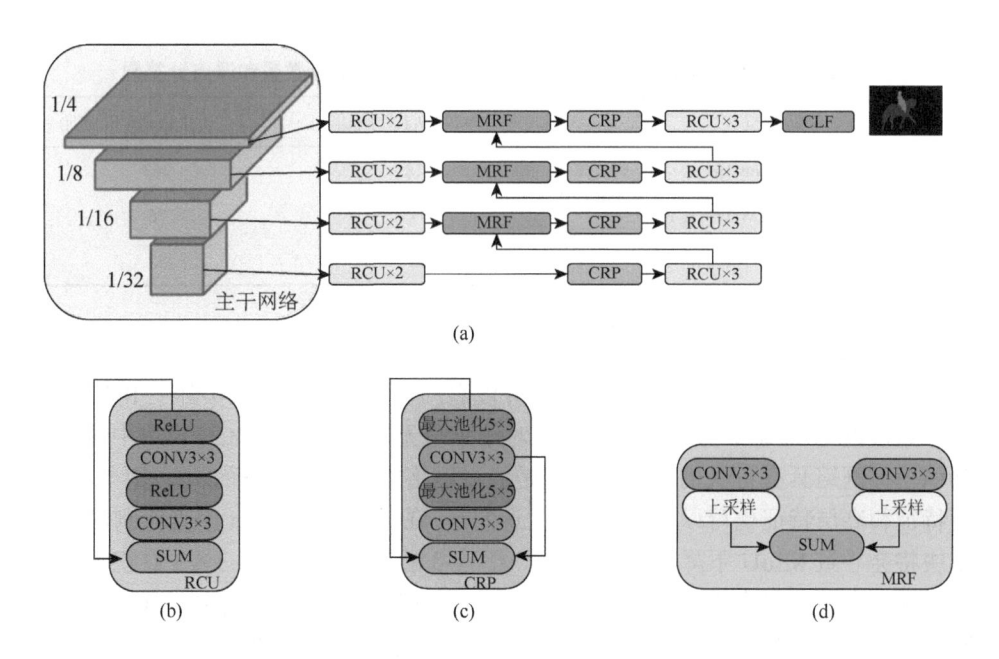

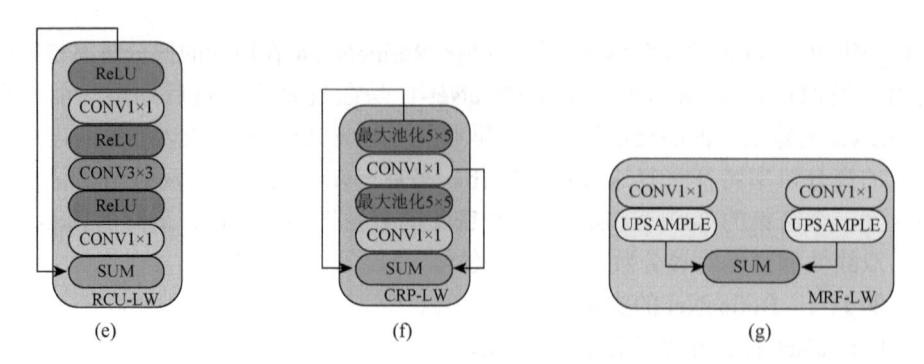

图 11-8　RefineNet 结构图以及修改后的 Light-Weight RefineNet 模块图

使用大卷积的目的是增大感受野，而 1×1 卷积只是将周围像素特征从一个空间映射到另一个空间。可以将 3×3 卷积替换成 1×1 卷积的理由是，通过实验和经验证明，RefineNet 中不需要昂贵的 3×3 卷积，使用 1×1 卷积替换它们不会影响性能。此外，通过实验证明，这两种情况下的感受野大小并没有任何显著差异。特别是，Light-Weight RefineNet 中 CRP 模块和 MRF 模块的 3×3 卷积替换成 1×1 卷积，将 RCU 模块中原来的两个 3×3 卷积替换成 1×1 卷积，并且新增一个 3×3 卷积。经过这番操作以后，Light-Weight RefineNet 中参数量减少一半以上，浮点计算量（floating point operations，FLOPs）减少 $\frac{2}{3}$ 以上，如表 11-2 所示。

表 11-2　比较 RefineNet 和 Light-Weight RefineNet 的参数量和浮点计算量

模型	参数量/(10^6 个)	浮点计算量/(10^9FLOPs)
RefineNet-101	118	263
RefineNet-101-LW-WITH-RCU	54	76
RefineNet-101-LW	46	52

（2）删除 RCU 模块。如表 11-3 所示，在 PASCAL VOC 2012 验证集上的实验表明，经过 RCU 模块后精度和性能并没有产生显著变化，但实际上 RCU 模块的参数接近饱和（即参数值不为 0 但又对结果毫无影响）。虽然 RCU 模块中的 3×3 卷积使得网络具有更大的感受野，但是通过网络中本来的残差跳跃连接结构，底层特征和高层特征也可以共享。值得注意的是，在原始 RefineNet 中直接删除 RCU 模块将会导致 MIoU 下降（超过 5%），表 11-3 的实验是在替换 3×3 卷积为 1×1 卷积后的实验。删除 RCU 模块背后的原理是，在 1×1 卷积机制中，RCU 模块是冗余的，因为增加上下文覆盖（感受野）本质上是通过 CRP 模块中的池化来实现的，即 CRP 模块是准确分割和分类的主要驱动力。

表 11-3　比较 CRP 模块和 RCU 模块的消融实验

模型	MIoU/%	Acc/%
RCU 之前	54.63	95.39
RCU 之后	55.16	95.42
CRP 之后	57.83	97.71

因此 Light-Weight RefineNet 架构中不包含任何 RCU 模块，只依赖内部带有 1×1 卷积和 5×5 最大池化的 CRP 模块，使 Light-Weight RefineNet 非常快并且非常轻量。

正如前面 11.2.2 节中所说，使用 RefineNet 的一个重要优点是，它可以替换成其他主干网络，并且不需要进行太多具体的更改，但使用 RefineNet 必须要主干网络中有几个子采样操作。Light-Weight RefineNet 也同样具备这个优点，使用高效的 NASNet-Mobile[10]网络和 MobileNet-v2[11]网络作为主干网络，结果是在参数量和计算时间大幅降低的情况下，Light-Weight RefineNet 仍然取得了稳定的性能。

Light-Weight RefineNet 的实现较为简单，只是在 RefineNet 上做一些简单修改，因此，读者可以根据前面的代码和图 11-8 做相应修改，这里不再给出相应的实现代码。

11.2.2　MMFNet 模块

MMF 模块的示意图如图 11-9 所示。MMF 模块对于利用不同形式的 RGB 特征和深度特征至关重要。该模块借鉴了 RefineNet 模块的构建思想，但两者有不同的输入，操作上也略有不同。MMF 模块输入的是 RGB 特征和深度特征，而 RefineNet 模块输入的是后期层（前一个 RefineNet 的输出）的高级特征和来自早

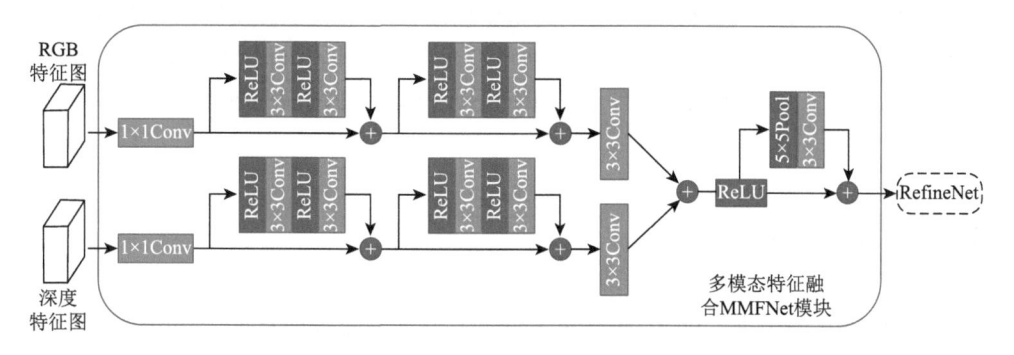

图 11-9　MMF 模块示意图

期层（对应 ResNet 块的远程跳跃连接输入）的高分辨率的低级特征。MMF 模块通过残差卷积模块和 3×3 自适应卷积融合不同的模态特征，然后再经过可选的链式残差池化模块。MMF 模块能自适应训练残差特征，有效融合不同模态中的互补特征，同时融合前的 3×3 卷积学习每个模态特征的相对重要性。MMF 模块之后是 RefineNet 块，用于进一步处理融合特征，进行高分辨率语义分割。

具体来说，MMFNet 首先通过一个卷积降低每个特征（RGB 特征和深度特征，下同）的维数，在进行高效训练的同时减少参数量。然后，和 RefineNet 一样，每个特征经过两个 RCU 模块和一个 3×3 卷积。但 MMFNet 中使用 RCU 模块的目的与 RefineNet 有所不同，MMFNet 中 RCU 模块实际上是对多模态融合的非线性变换，使不同模态（RGB 和深度模态）的两个特征互补，而 RefineNet 模块中的 RCU 模块主要是通过采用高分辨率的低级特征细化粗糙的高级特征。MMFNet 中在两个 RCU 模块后的 3×3 卷积至关重要，它能够自适应地融合不同模式下的特征并适当地重新缩放特征值以进行总和。由于 RGB 特征通常具有比深度特征更好的辨别力，因此在块中的求和融合主要是为了学习补充深度特征，这能够改善 RGB 特征以区分混淆模式。其中每个模态特征的重要性可以通过 RCU 模块后 3×3 卷积中的可学习参数控制。最后，MMF 模块经过一个 CRP 模块，在融合特征中捕获特定的上下文信息。实验证明，在 MMFNet 中只需要连接一个 CRP 模块，更强的上下文信息可以通过后面连接的 RefeneNet 模块进一步合并到下面的多层次融合中。请注意，MMFNet 在链式残差池化后并没有连接 RCU 模块，因为 MMF 模块后连接的 RefineNet 模块中已连接两个 RCU 模块。

综上，MMF 模块参考了 RefineNet 的设计思想，通过多层的残差学习和跳跃连接，能够有效地促进多级 RGB 特征和深度特征提取，以及高效的端到端训练。

11.3　算法流程及实现代码

11.2 节中介绍了 RDFNet 网络中的重要构成模块 MMFNet 模块以及 RefineNet 模块。本节将对 RDFNet 的实际网络细节进行详细介绍，同时给出 RDFNet 的完整实现代码。在本节中读者需要学习 RDFNet 网络、针对复杂网络的代码实现思想等。

11.3.1　RDFNet

RefineNet 的出现，对 RGB-D 语义分割具有非常重要的意义。RefineNet 利用跳跃连接的残差学习，可以在训练中轻松地反向传播梯度，并且 RefineNet 中的多路径特征通过短距离和长距离残差连接可以合并到高分辨率特征图中并进行有效的端到端训练。RGB-D 语义分割的主要问题是如何有效地提取深度特征和 RGB 特征，并将这些特征用于语义分割任务。因此，利用多层次特征对于高分辨率密集预测具有重要意义，然而现有的 RGB-D 语义分割方法并不能有效地提取或融合这深度图像和 RGB 图像中的这些特征。受 RefineNet 的启发，Park 等提出了一种新的 RGB-D 融合网络 RDFNet，它将残差学习的核心思想扩展到 RGB-D 语义分割[1]。RDFNet 示意图如图 11-10 所示，其中 MMFNet 模块和 RefineNet 模块的结构图分别如图 11-9 和图 11-4 所示。

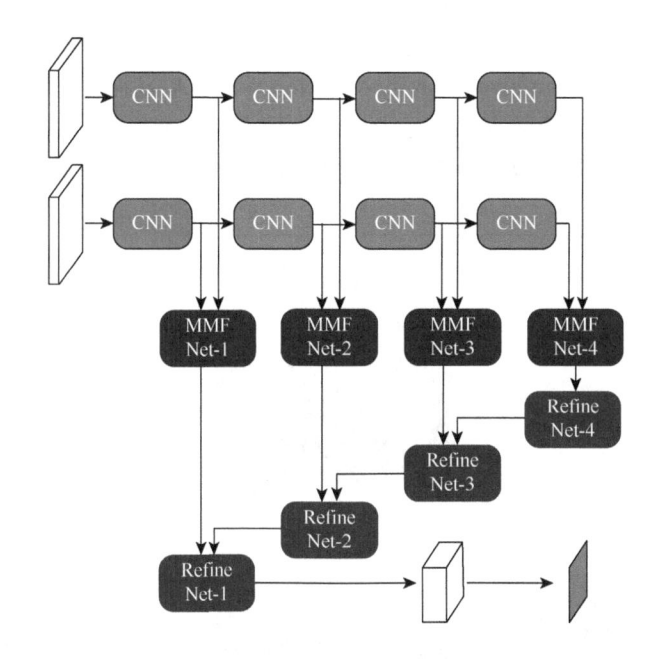

图 11-10　用于 RGB-D 语义分割的 RDFNet 示意图

在 RDFNet 中，经过 MMF 模块以及 RefineNet 模块可以有效地训练、融合多层 RGB 特征和深度特征，同时保留跳跃连接的关键优势，即可以进行高效的端到端梯度反向传播训练。RDFNet 经过训练后，通过残差学习可以获得两个互补模态特征的最优融合，对融合后的特征进行迭代细化，带有跳跃连接的 MMF 模块以及 RefineNet 模块允许梯度反向传播且能轻松地传播到 RGB 层和深度层。

和 RefineNet 一样，在 RDFNet 中同样使用 ResNet 作为主干网络（当然，和 RefineNet 一样，读者也可以使用其他网络替代 ResNet）。在文献[1]的综合实验中，表 11-4 是基于不同 ResNet 作为主干网络的 RDFNet 在 NYUD v2 测试集上的性能表现，使用 ResNet-101 和 ResNet-152 作为主干网络均能获得不错的性能。

表 11-4　不同 ResNet 作为主干网络的 RDFNet 在 NYUD v2 测试集上的性能（单位：%）

	像素准确率 PA	平均准确率	IoU
RDF-50	74.8	60.4	47.7
RDF-101	75.6	62.2	49.1
RDF-152	76.0	62.8	50.1

如图 11-10 所示，在 RDFNet 中选择使用从深度图计算出的 HHA 编码[8]作为深度模态输入。HHA 编码后的图像如图 11-11 所示，HHA 编码包括 3 个通道，分别是水平视差（horizontal disparity）、高于地面的高度（height above ground）和像素的局部表面与推断重力方向的倾角（the angle the pixel's local surface normal makes with the inferred gravity direction）。HHA 编码捕获图像中的地心姿态，比单纯使用深度通道有了明显的改进。因此，RDFNet 通过 ResNet 获取深度特征，该深度分支与 RGB 分支具有相同的结构（与 RGB 分支一样，都是 3 通道输入）。

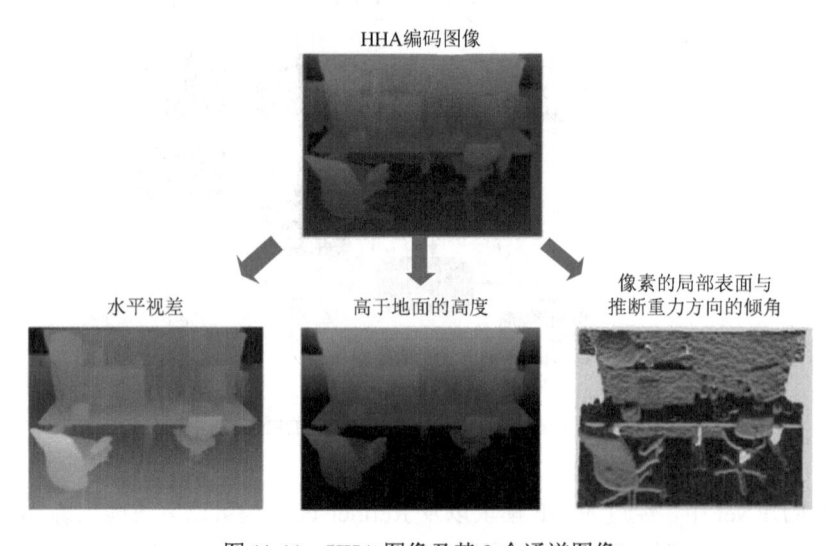

图 11-11　HHA 图像及其 3 个通道图像

如图 11-10 所示，RDFNet 中使用了与 RefineNet 类似的具有不同分辨率的 4 级 RGB 特征和深度特征，并且将 ResNet（表 7-1）中的 Layer5、Layer4、Layer3 和 Layer2 的输出特征作为 MMFNet 的输入。对于每个 MMFNet，在 1×1 卷积之前包含了一个比率为 0.5 的正则化 Dropout 层。如图 11-9 所示，MMFNet 由 ReLU、3×3 卷积和步长为 1 的 5×5 池化层组成，其中 MMFNet-4 块中 3×3 卷积的个数（通道）设置为 512，其他块设置为 256。

如图 11-10 中 RDFNet 结构所示，除 RefineNet-4 只接受 MMF 模块输出的融合特征外，其余 RefineNet 块都将 MMF 模块输出的融合特征和先前 RefineNet 输出的特征作为输入。和 11.2.2 节一样，RefineNet-4 不执行多分辨率融合，并且 RDFNet 中每个 RefeneNet 块的卷积数量（通道数）要设置成与之相连的 MMFNet 中卷积的数量。RefineNet-1 块获得最终特征图后连接两个额外的 RCU 模块，再连接一个 1×1 的卷积和一个比率为 0.5 的 Dropout 层进行预测，最后添加一个 Softmax 层输出。

实验证明，所设计的带有 MMF 模块的网络 RDFNet 可以在单个 GPU 上有效地训练，同时充分发挥极深的 RGB-D 网络的潜力。如表 11-5 和表 11-6 所示，实验结果表明，所设计的 RDFNet 在当时（2017 年）的两个数据集上达到了最优的性能（the state-of-the-art），其中 NYUD v2 和 SUN RGB-D 的 MIoU 分别为 50.1% 和 47.7%。第 10 章学习到的 RedNet 在 2018 年被提出，同样也获得了最优的性能，但只是在 SUN RGB-D 一个数据集上得到 47.8%的 MIoU。

表 11-5　RDFNet 在 SUN RGB-D 测试集上的性能表现　　　（单位：%）

	数据	像素准确率	平均准确率	IoU
文献[12]	RGB-D	—	36.3	—
文献[13]	RGB	71.2	45.9	30.7
文献[14]	RGB-D	—	48.1	—
文献[6]	RGB-D	76.3	48.3	37.3
文献[15]	RGB	78.4	53.4	42.3
文献[2]	RGB	80.6	58.5	45.9
RDF-152	RGB-D	81.5	60.1	47.7

表 11-6　RDFNet 在 NYUD v2 测试集上的性能表现　　　（单位：%）

	数据	像素准确率	平均准确率	IoU
文献[16]	RGB-D	—	35.1	—
文献[17]	RGB-D	65.6	45.1	34.1
文献[18]	RGB-D	65.4	46.1	34.0
文献[5]	RGB-D	—	47.3	—
文献[7]	RGB	70.0	53.6	40.6
文献[2]	RGB	72.8	57.8	44.9
文献[2]	RGB	73.6	58.9	46.5
RDF-152	RGB-D	76.0	62.8	50.1

11.3.2　RDFNet 实现

例 11-2　RDFNet 的实现代码。

首先需要定义 RDFNet 中所用到的 MMF 模块以及 RefineNet 模块，可对照图 11-9 以及图 11-4。注意，在 11.2.2 节的 RefineNet 网络实现中，没有单独定义 MRF 融合模块以及单个 RefineNet 模块，均是在网络前向传播中直接实现。而在 RDFNet 代码实现中，则选择分开定义，是由 RefineNet 中所用到的 MMF 模块以及 RefineNet 定义的，代码实现 blocks.py 文件请见电子资源。RDFNet 实现中主干网络使用 ResNet-101，ResNet-101 的定义可自行编写，也可从本书电子资源获取代码。

11.4　小结及相关研究

本节将对前面介绍的 RefineNet、RDFNet 和 Light-Weight RefineNet 进行总结，并且对相关研究进行简单的介绍，对相关研究感兴趣的读者，可根据文献标注阅读对应的文献。

11.4.1　小结

文献[2]主要围绕"网络中来自各个层次的特征都有助于语义分割"（即所有特征都是有用的）这一观点展开。首先，从网络设计上来说，RefineNet 可以接受不同层的特征并和解码器中上一个 RefineNet 的输出进行融合，即不在下采样时丢弃局部细节特征，这个细节特征也影响预测结果的分辨率。其次，从特征提取来看，在设计的 RefineNet 模块中，RCU 模块相当于是提取不同尺度的图像中的低层特征，而 MRF 模块相当于是提取中间层特征，除 RefineNet-4 以外，还起到融合不同分辨率特征图的作用，这样可以保留因为下采样导致信息丢失的缺陷。最后，CRP 模块，相当于是提取高层特征，这个模块里面不同池化相当于不同大小的窗口，整合不同尺度特征，然后通过卷积加权加在一起，从而捕获背景上下文信息。此外，RefineNet 利用跳跃连接可以在训练期间轻松地进行反向传播梯度，多路径 RefineNet 中的特征通过短程和远程残差连接可以有效地训练和合并成一个高分辨率的特征图。RefineNet 在 7 个公共数据集上取得了最好的性能（the state-of-the-art），充分说明了模型的泛化能力。

文献[1]主要围绕"有效且高效地提取和融合深度特征和颜色特征"（即如

何获得多模态特征的最优融合)这一观点展开。首先,从网络设计上来说,RDFNet参考了 RefineNet 的设计,参照 RefineNet 模块,设计了多模态特征融合 MMFNet块,它能充分利用 RGB 和深度信息的互补特征,并且在 RDFNet 的网络结构中也使用 RefineNet 模块进行多个层次融合特征以实现高分辨率预测。其次,从特征提取来看,所设计的 MMF 模块能有效地促进多级 RGB 特征和深度特征提取,随后的 RefineNet 模块能将 MMF 模块输出的多模态融合特征和先前 RefineNet输出的特征进行进一步的融合和细化,并捕获相应的上下文信息。此外,和RefineNet 设计思想一样,RDFNet 同样充分利用残差学习提取有效的多模态特征进行语义分割,并且进行高效的端到端训练。文献[1]的实验表明,RDFNet网络优于现有的方法(the state-of-the-art),在 2 个室内语义分割数据集获得了最好的 MIoU。

文献[3]主要围绕将语义分割体系结构修改为适合实时性能并保持完整性能的体系结构展开,当然,Light-Weight RefineNet 是基于 RefineNet 体系结构进行修改的。从 11.2.2 节可以看出,通过经验以及大量消融实验对 RefineNet进行修改,发现并删除冗余的操作,最后在保持网络性能的同时使得参数量和浮点计算量大幅下降,并且该方法可以与其他轻量级网络和网络压缩方法结合使用。修改后的 Light-Weight RefineNet 能在 512×512 分辨率的输入上从原始RefineNet 的 20 FPS 提升到 55 FPS。此外,实验还证明在分割网络的解码器部分,具有大内核的卷积可能是不必要的,这对后续研究中网络的设计有一定的参考价值。

11.4.2 相关研究

在室内 RGB-D 语义分割的其他相关研究[19]中,Cheng 等[20]提出 RGB 分支和深度分支的晚期融合,用一种门控融合方法学习基于网络输入的每个模态组合的有效权值。Li 等[14]使用长短期记忆网络 LSTM 从 RGB 通道和深度通道中捕获二维全局上下文信息,在 RGB 通道和深度通道分别进行多个卷积层后,再将水平 LSTM 应用于 RGB 和从每个垂直 LSTM 计算出的深度上下文的融合,以捕获二维全局上下文。有一些研究认为,虽然深度图像能增强 RGB 语义分割,但它们产生的语义效果远低于 RGB 图像。例如,Lin 等[21]展示了每幅图像的深度和场景分辨率之间的相关性,由于在低场景分辨率(高深度)中物体的存在比在高场景分辨率中更密集,因此,他们提出了一种基于场景分辨率的上下文感受野来整合深度特征的相关上下文信息,以级联的方式专门学习了每个场景分辨率的深度特征,从而利用街景的相关信息。此外,在 RGB-D 显著目标检测中,Chen 和 Li[22]提出了一种端到端 RGB-D 显著目标检测[23]网络,创新性地将包含 RGB 和深度数据在内的跨模态互补部分建模为 RGB-D 显著性检测的残差函数，这种重新建模表述方法能很好地利用跨模态互补性来近似残差，使多模态融合网络成为真正的互补感知网络，高层次上下文信息和低层次的空间线索得到了很好的整合，显著性图也得到逐步增强。

知识蒸馏[24, 25]（knowledge distillation，KD）是一种模型压缩方法，也是一种基于"教师-学生网络思想"的训练方法。不同于模型压缩中的剪枝和量化，知识蒸馏通过构建一个轻量化的小模型，利用性能更好的大模型的监督信息训练这个小模型，以期达到更好的性能和精度。知识蒸馏因为其简单、有效被广泛应用。继 Light-Weight RefineNet 后，2019 年 Nekrasov 等[26]解决了在计算受限的设备上部署多任务单模型（即在同一个深度学习网络中同时实现语义分割与深度估计）的问题，该模型使用基于 MobileNet-v2 作为主干网络的 Light-Weight RefineNet，并使用知识蒸馏用于非对称标注数据（并不是所有标注数据既有语义标注又有深度标注）的专家标注，取得了又好（达到 state-of-the-art 效果）又快（17ms/帧）的效果，可用于场景的密集 3D 语义重建。宋明黎团队提出使用编码器-解码器结构进行语义分割和深度估计的知识融合方法[27]，目的是在没有标记注释的情况下从多个预训练过的不同领域的教师那里学习一个通用的学生模型，并且在基准数据集（NYUD v2、Cityscape）上的实验表明学生模型通过学习可优于教师模型。

参 考 文 献

[1] Lee S, Park S-J, Hong K-S. RDFNet: RGB-D multi-level residual feature fusion for indoor semantic segmentation[C]//2017 IEEE International Conference on Computer Vision (ICCV), Venice, IEEE, 2017: 4990-4999.

[2] Lin G S, Milan A, Shen C H, et al. Refinenet: Multi-path refinement networks for high-resolution semantic segmentation[C]//2017 IEEE Conference on Computer Vision and Pattern Recognition (CVPR), Honolulu, IEEE, 2017: 5168-5177.

[3] Nekrasov V, Shen C H, Reid I. Light-weight refinenet for real-time semantic segmentation[C/OL]. (2018-10-08) [2022-09-04]. https://arxiv.org/pdf/1810.03272.

[4] Liu F Y, Shen C H, Lin G S, et al. Learning depth from single monocular images using deep convolutional neural fields[J]. IEEE Transactions on Pattern Analysis and Machine Intelligence, 2015, 38（10）: 2024-2039.

[5] Wang J, Wang Z, Tao D, et al. Learning common and specific features for RGB-D semantic segmentation with deconvolutional networks[C]//Leibe B, Matas J, Sebe N, et al. Computer Visino—2016, 14th European Conference. Berlin: Springer, 2016: 664-679.

[6] Hazirbas C, Ma L, Domokos C, et al. Fusenet: Incorporating depth into semantic segmentation via fusion-based cnn architecture[C]//Lai S-H, Lepetit V, Nishino K, et al. Computer Visoion—ACCV 2016, 13th Asian Conference on Computer Vision. Cham: Springer, 2016: 213-228.

[7] Lin G S, Shen C H, van den Hengel A, et al. Exploring context with deep structured models for semantic

[8] Zhao H S, Qi X J, Shen X Y, et al. Icnet for real-time semantic segmentation on high-resolution images[C]//Ferrari V, Hebert M, Sminchisescu C, et al. Computer Vision—ECCV 2018, 15th European Conference. Cham: Springer, 2018: 405-420.

[9] Zhao H S, Shi J P, Qi X Q, et al. Pyramid scene parsing network[C]//2017 IEEE Conference on Computer Vision and Pattern Recognition (CVPR), Honolulu, IEEE, 2017: 6230-6239.

[10] Zoph B, Vasudevan V, Shlens J, et al. Learning transferable architectures for scalable image recognition[C]//2018 IEEE/CVF Conference on Computer Vision and Pattern Recognition, Salt Lake City, IEEE, 2018: 8697-8710.

[11] Sandler M, Howard A, Zhu M, et al. Mobilenetv2: Inverted residuals and linear bottlenecks[C]//2018 IEEE/CVF Conference on Computer Vision and Pattern Recognition, Salt Lake City, IEEE, 2018: 4510-4520.

[12] Ren X F, Bo L F, Fox D. RGB- (D) scene labeling: Features and algorithms[C]//2012 IEEE Conference on Computer Vision and Pattern Recognition, Providence, IEEE, 2012: 2759-2766.

[13] Kendall A, Badrinarayanan V, Cipolla R. Bayesian SegNet: Model uncertainty in deep convolutional encoder-decoder architectures for scene understanding[C/OL]. (2015-11-09). https://arxiv.org/pdf/1511.02680.

[14] Li Z, Gan Y K, Liang X D, et al. LSTM-CF: Unifying context modeling and fusion with LSTMs for RGB-D scene labeling[C]//Leibe B, Matas J, Sebe N, et al. Computer Vision—ECCV 2016, 14th European Conference. Cham: Springer, 2016: 541-557.

[15] Lin G S, Shen C H, van den Hengel A, et al. Efficient piecewise training of deep structured models for semantic segmentation[C]//2016 IEEE Conference on Computer Vision and Pattern Recognition(CVPR), Las Vegas, IEEE, 2016: 3194-3203.

[16] Gupta S, Girshick R, Arbeláez P, et al. Learning rich features from RGB-D images for object detection and segmentation[C]//Fleet D, Pajdla T, Schiele B, et al. Computer Vision—ECCV 2014. 13th European Conference. Cham: Springer, 2014: 345-360.

[17] Eigen D, Fergus R. Predicting depth, surface normals and semantic labels with a common multi-scale convolutional architecture[C]//2015 IEEE International Conference on Computer Vision(ICCV), Santiago, IEEE, 2015: 2650-2658.

[18] Long J, Shelhamer E, Darrell T. Fully convolutional networks for semantic segmentation[C]//2015 IEEE Conference on Computer Vision and Pattern Recognition, Boston, IEEE, 2015: 3431-3440.

[19] Fooladgar F, Kasaei S. A survey on indoor RGB-D semantic segmentation: From hand-crafted features to deep convolutional neural networks[J]. Multimedia Tools and Applications, 2020, 79 (7): 4499-4524.

[20] Cheng Y H, Cai R, Li Z W, et al. Locality-sensitive deconvolution networks with gated fusion for RGB-D indoor semantic segmentation[C]//2017 IEEE Conference on Computer Vision and Pattern Recognition (CVPR), Honolulu, IEEE, 2017: 1475-1483.

[21] Lin D, Chen G Y, Cohen-Or D, et al. Cascaded feature network for semantic segmentation of RGB-D images[C]//2017 IEEE International Conference on Computer Vision (ICCV), Venice, IEEE, 2017: 1320-1328.

[22] Chen H, Li Y F. Progressively complementarity-aware fusion network for RGB-D salient object detection[C]//2018 IEEE/CVF Conference on Computer Vision and Pattern Recognition, Salt Lake City, IEEE, 2018: 3051-3060.

[23] Cong R M, Lei J J, Fu H Z, et al. Review of visual saliency detection with comprehensive information[J]. IEEE Transactions on circuits and Systems for Video Technology, 2018, 29 (10): 2941-2959.

[24] Hinton G, Vinyals O, Dean J. Distilling the knowledge in a neural network[J]. Computer Science, 2015, 14 (7): 38-39.

[25] Gou J P, Yu B S, Maybank S J, et al. Knowledge distillation: A survey[J]. International Journal of Computer Vision, 2021, 129 (6): 1789-1819.

[26] Nekrasov V, Dharmasiri T, Spek A, et al. Real-time joint semantic segmentation and depth estimation using asymmetric annotations[C]//2019 International Conference on Robotics and Automation (ICRA), Montreal, IEEE, 2019: 7101-7107.

[27] Ye J W, Ji Y X, Wang X C, et al. Student becoming the master: Knowledge amalgamation for joint scene parsing, depth estimation, and more[C]//2019 IEEE/CVF Conference on Computer Vision and Pattern Recognition (CVPR), Long Beach, IEEE, 2019: 2824-2833.

彩 图

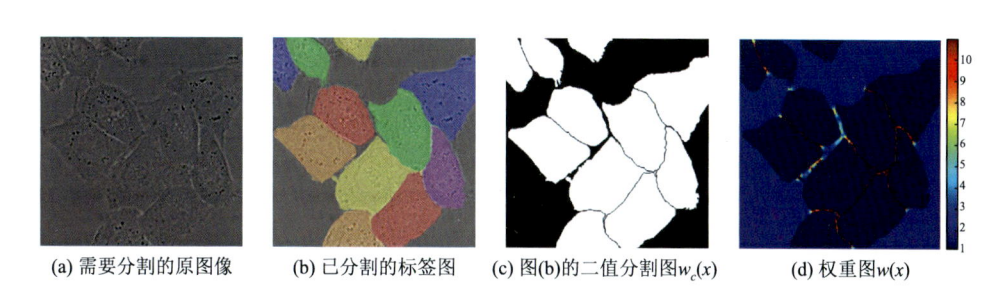

(a) 需要分割的原图像　(b) 已分割的标签图　(c) 图(b)的二值分割图 $w_c(x)$　(d) 权重图 $w(x)$

图 5-5　权重示意图

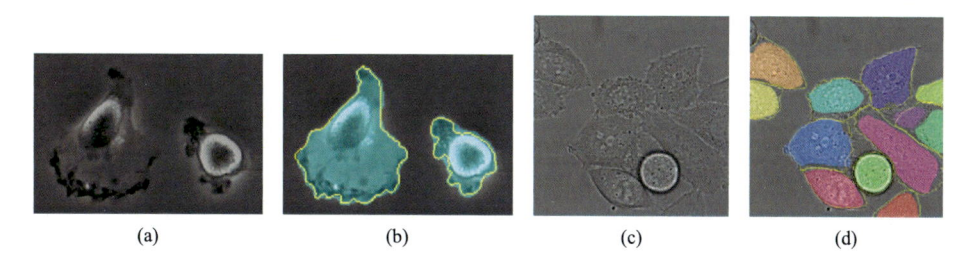

(a)　(b)　(c)　(d)

图 5-6　U-Net 分割结果图

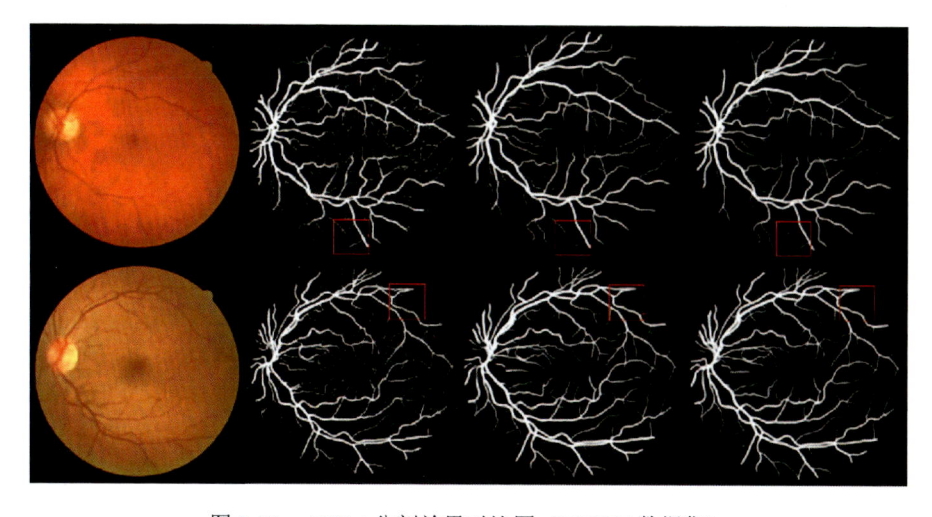

图 5-12　AFNet 分割效果对比图（DRIVE 数据集）

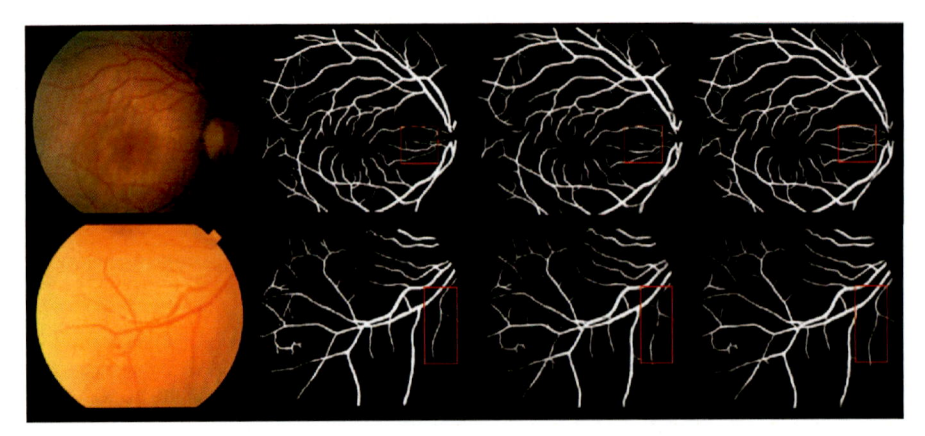

图 5-13　AFNet 分割效果对比图（STARE 数据集）

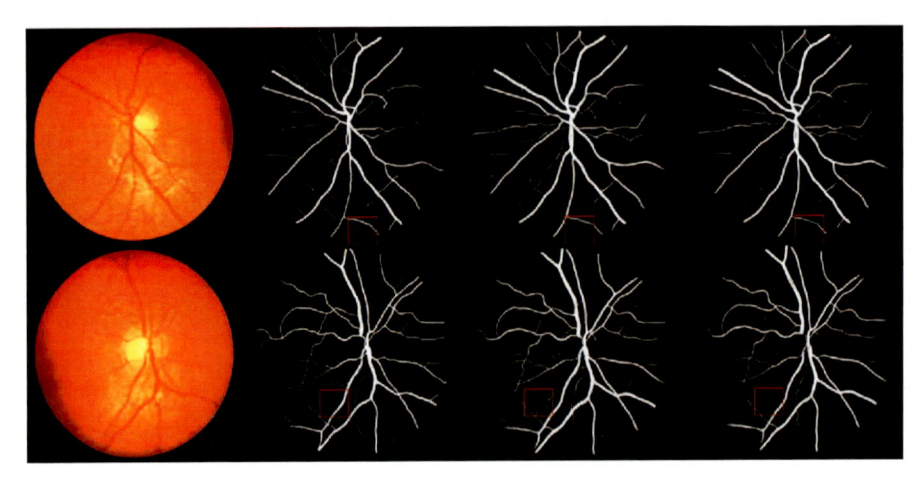

图 5-14　AFNet 分割效果对比图（CHASE_DB1 数据集）

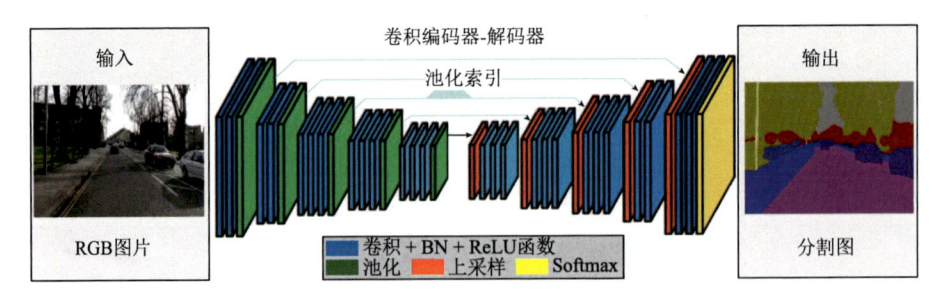

图 6-1　SegNet 网络结构

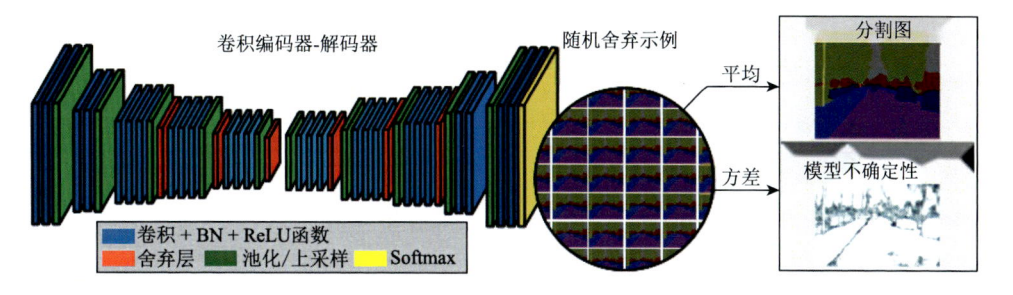

图 6-3 Bayesian SegNet 网络结构图

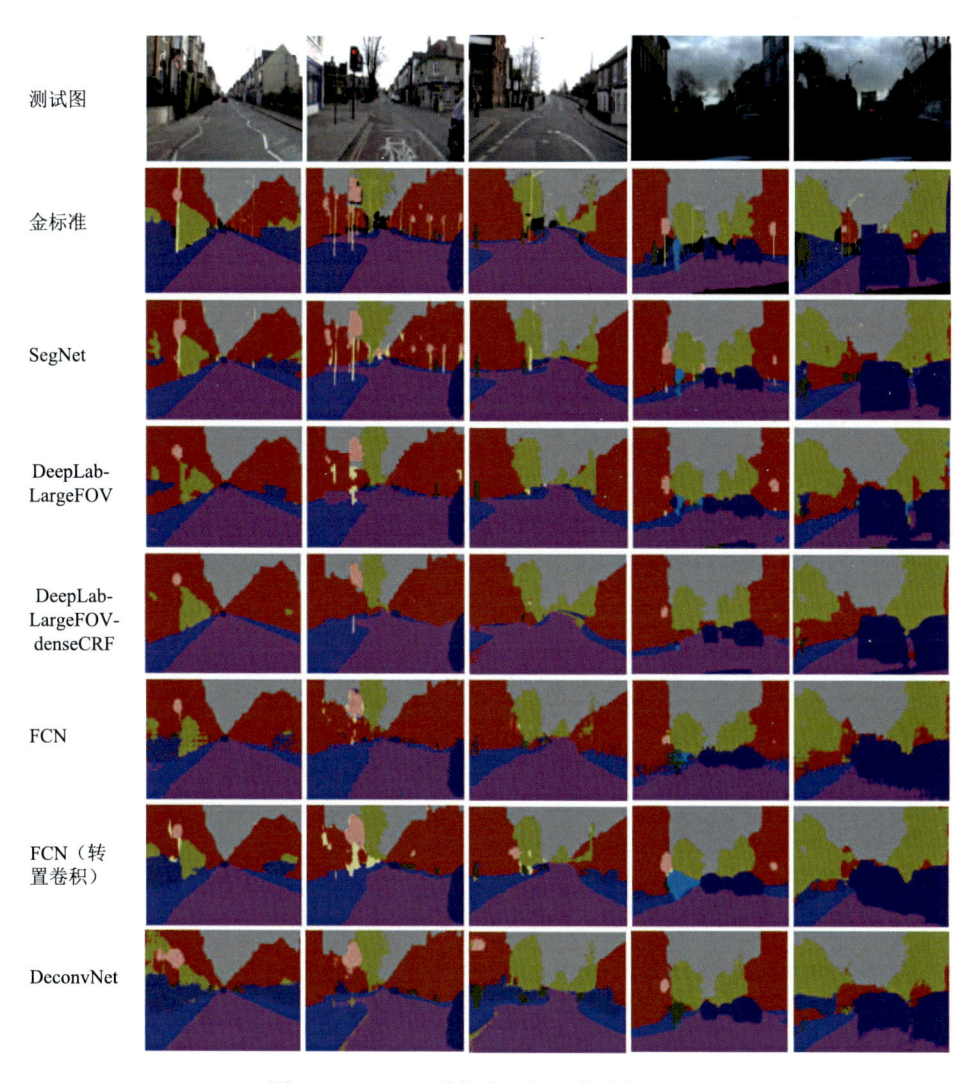

图 6-5 CamVid 数据集日间和黄昏场景测试

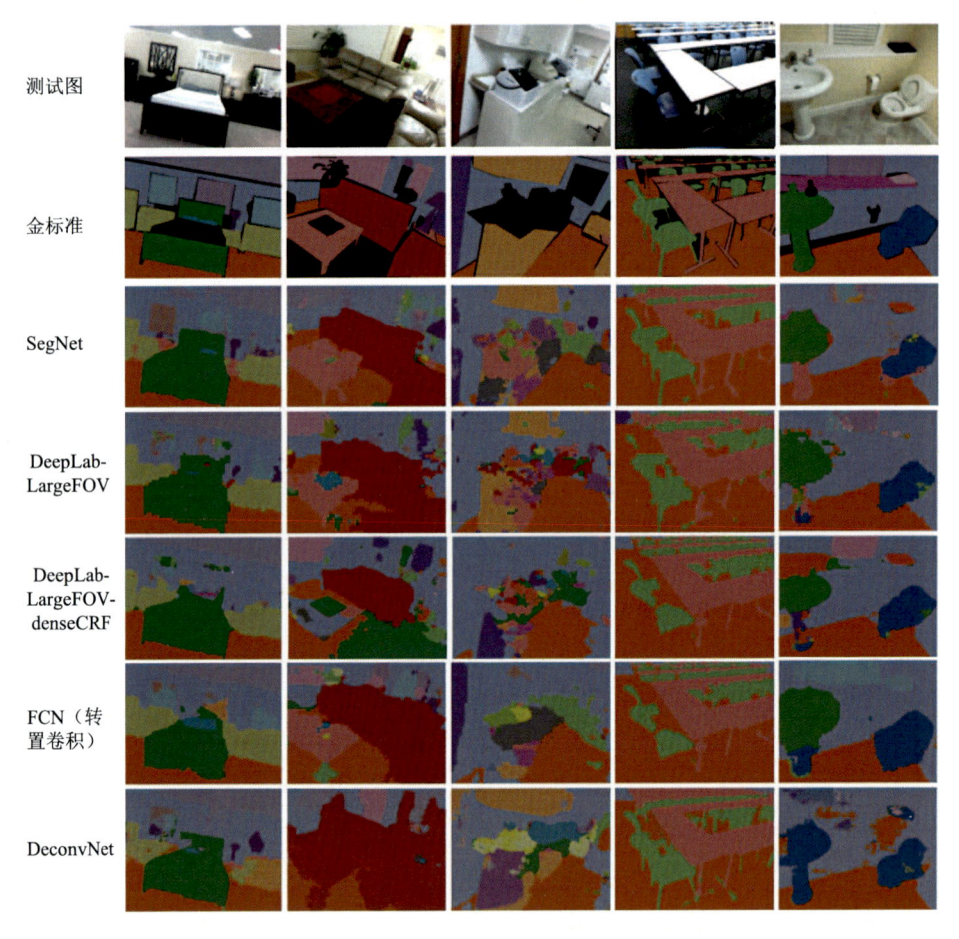

图 6-6　SUN RGB-D 数据集室内测试场景的测试

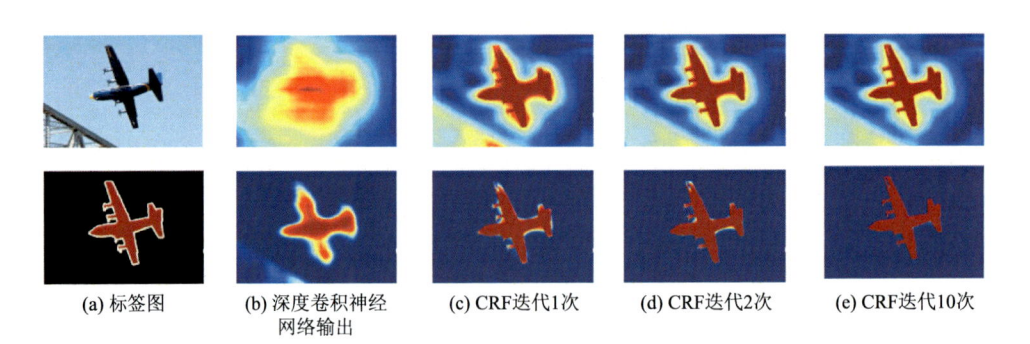

(a) 标签图　(b) 深度卷积神经网络输出　(c) CRF迭代1次　(d) CRF迭代2次　(e) CRF迭代10次

图 7-11　CRFs 后处理效果图

(a) 图像　　　(b) 基础模型　　　(c) GCN　　　(d) GCN + BR　　　(e) 人工标注

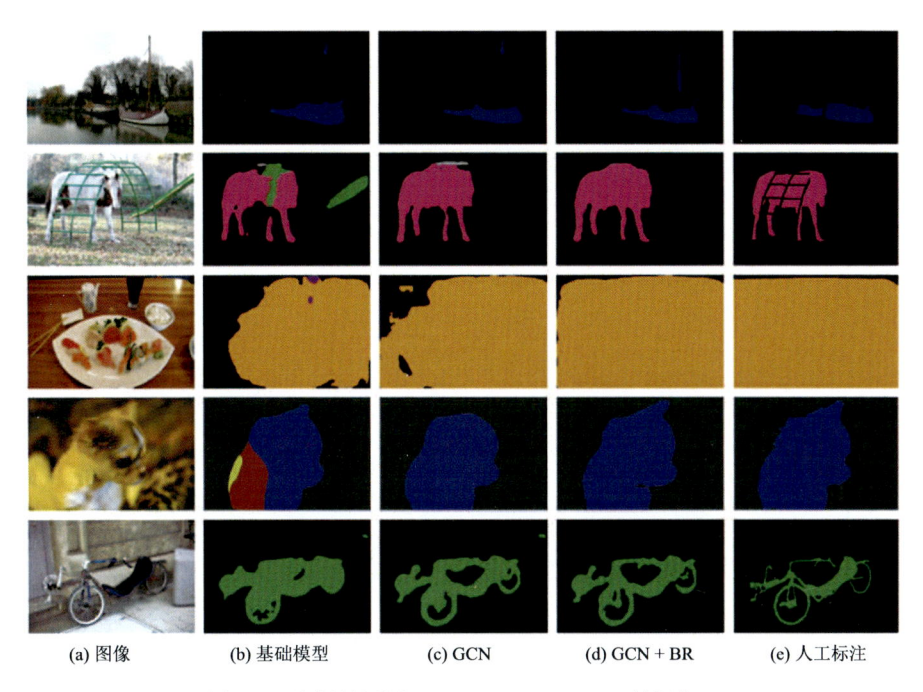

图 8-7　分割效果图（PASCAL VOC 2012 数据集）

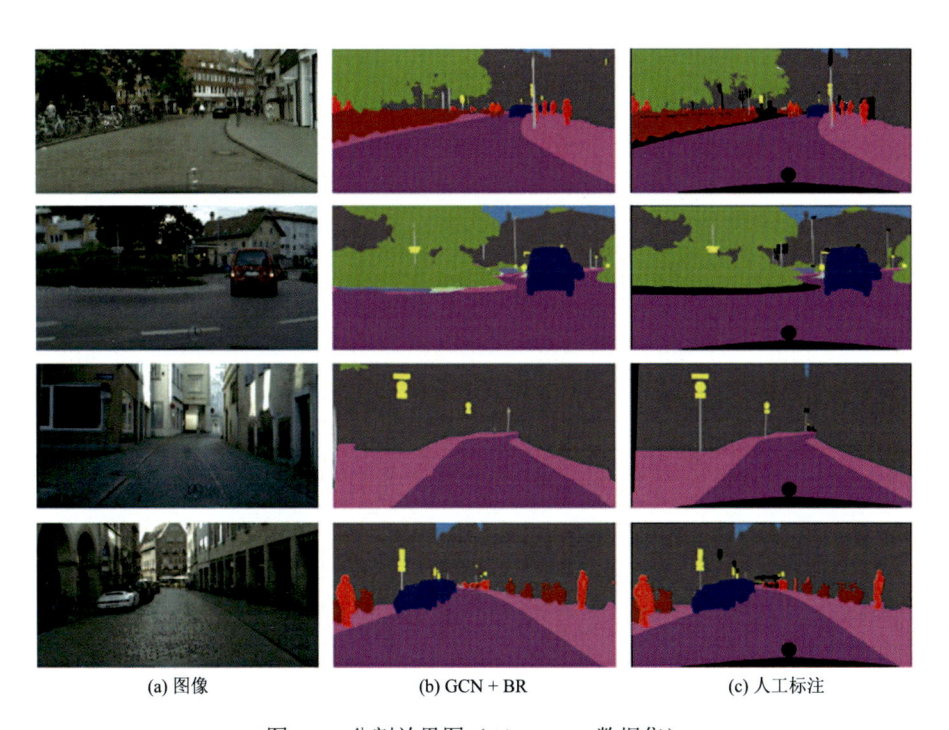

(a) 图像　　　　　　　(b) GCN + BR　　　　　　(c) 人工标注

图 8-8　分割效果图（Cityscapes 数据集）

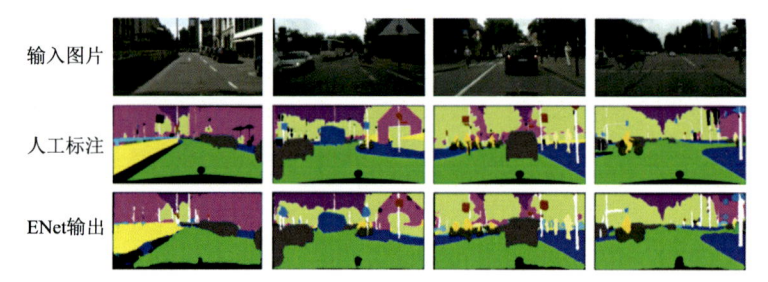

图 9-2 Cityscapes 的 ENet 预测

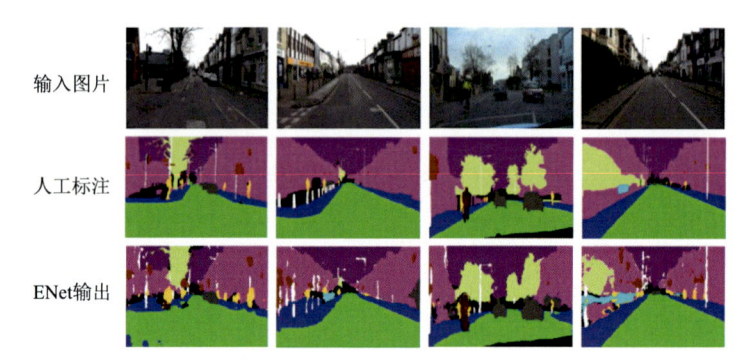

图 9-3 CamVid 测试集上的 ENet 预测

图 9-4 SUN RGB-D 测试集上的 ENet 预测

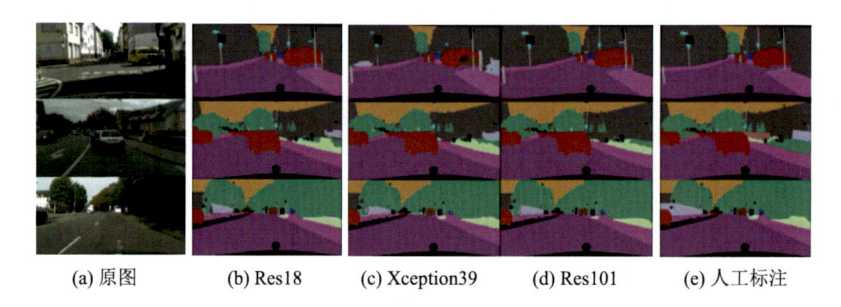

(a) 原图　　(b) Res18　　(c) Xception39　　(d) Res101　　(e) 人工标注

图 9-11 不同上下文路径模型的 BiSeNet 在 Cityscapes 的分割结果

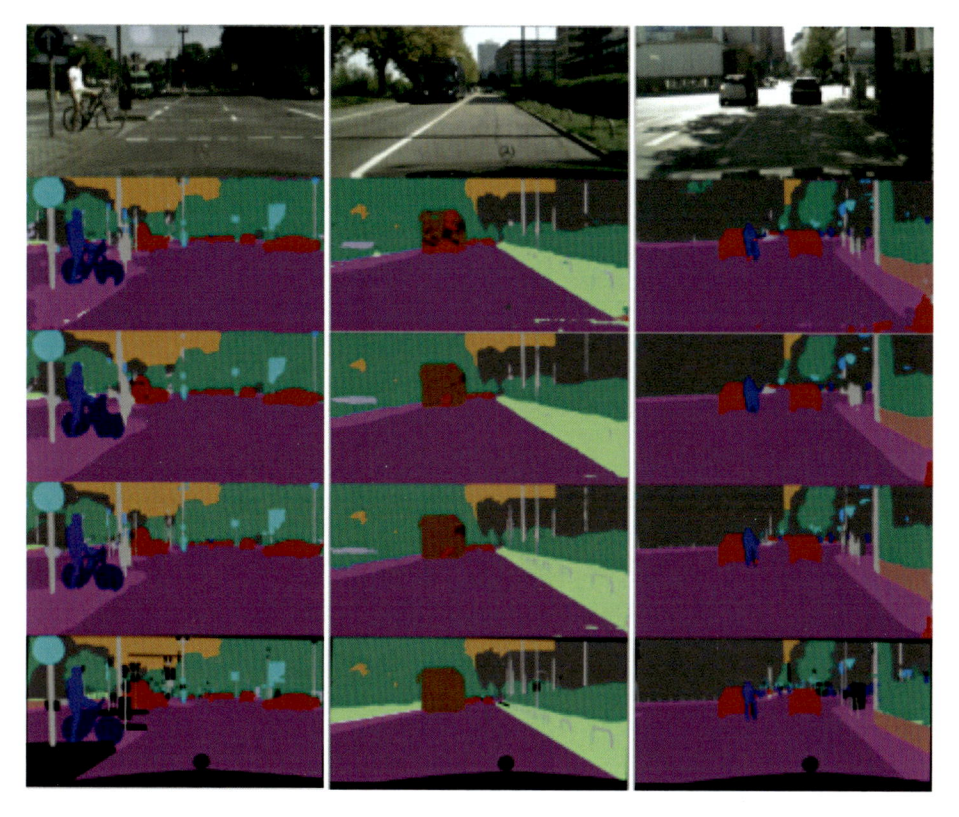

图 9-14　Cityscapes 验证集上 DFANet 分割结果

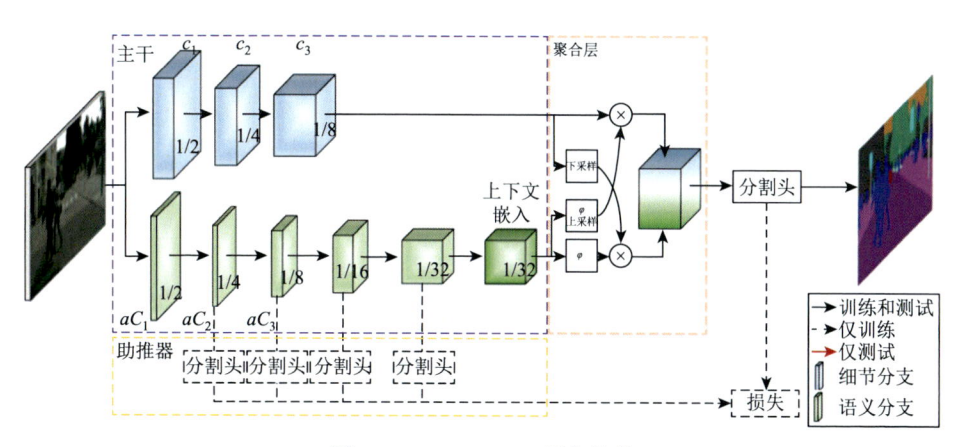

图 9-15　BiSeNet V2 网络结构

图 10-3　NYU Depth Dataset V2

左侧为 RGB 图像，中间为深度图像，右侧为类别图

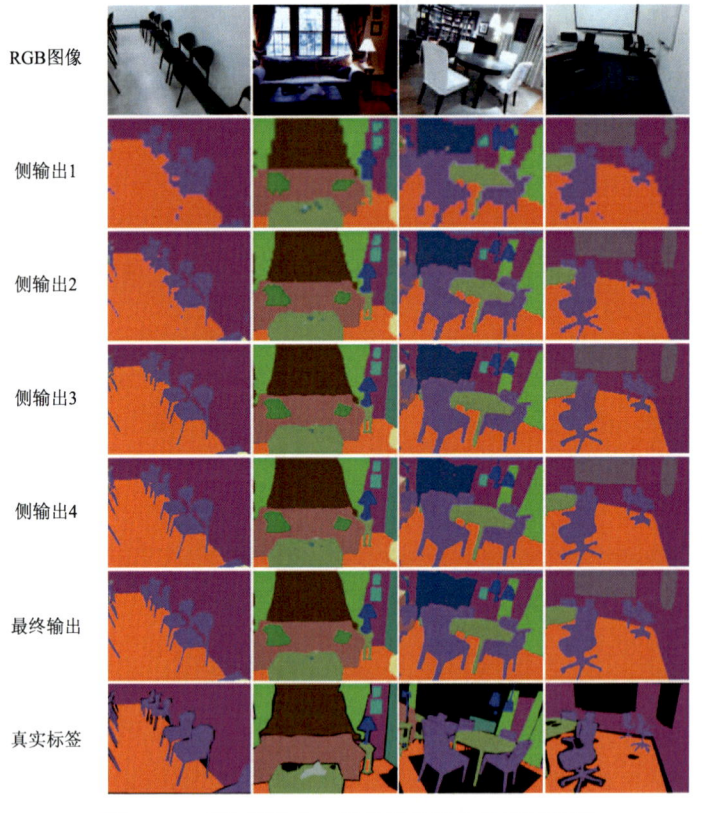

图 10-6　对比侧输出、最终输出以及真实标签图